U0239083

主　编　周　钟
副主编　杨静熙　张　敬　蔡德文
　　　　蒋　红　廖成刚　游　湘

大国重器

中国超级水电工程·锦屏卷

水生生态保护研究与实践

蒋红　刘杰　郎建　何月萍 等　编著

中国水利水电出版社
www.waterpub.com.cn
·北京·

内 容 提 要

本书系国家出版基金项目——《大国重器　中国超级水电工程·锦屏卷》之《水生生态保护研究与实践》分册。本书在研究雅砻江流域特别是锦屏河段环境背景和水生生态系统特征的基础上，梳理了工程引发的主要水生生态影响；通过对主要问题分析及锦屏工程长达十余年的生态保护实践经验的总结，构建了水生生态保护措施体系；深入论述了生态水文过程维护、大型水库水温影响与分层取水、鱼类增殖与放流、锦屏大河湾鱼类栖息地保护、梯级电站生态调度等措施的关键技术成果。锦屏工程作为国家西部大开发“西电东送”的关键工程，其水生生态保护主要措施系国内首创，引领了水生生态保护工作的不断探索与发展。

本书可为环境科学、环境工程、生态学、水利水电工程等多学科的研究者提供案例借鉴，也可供环境保护、水资源等管理部门和水电企业的管理者参考。

图书在版编目（CIP）数据

水生生态保护研究与实践 / 蒋红等编著. -- 北京 : 中国水利水电出版社, 2022.3
（大国重器　中国超级水电工程. 锦屏卷）
ISBN 978-7-5226-0584-5

Ⅰ. ①水… Ⅱ. ①蒋… Ⅲ. ①水利水电工程—水环境—生态环境保护—研究—凉山彝族自治州 Ⅳ. ①X143

中国版本图书馆CIP数据核字(2022)第052035号

书　　名	大国重器　中国超级水电工程·锦屏卷 **水生生态保护研究与实践** SHUISHENG SHENGTAI BAOHU YANJIU YU SHIJIAN
作　　者	蒋红　刘杰　郎建　何月萍　等 编著
出版发行	中国水利水电出版社 （北京市海淀区玉渊潭南路1号D座　100038） 网址：www.waterpub.com.cn E-mail：sales@mwr.gov.cn 电话：（010）68545888（营销中心）
经　　售	北京科水图书销售有限公司 电话：（010）68545874、63202643 全国各地新华书店和相关出版物销售网点
排　　版	中国水利水电出版社微机排版中心
印　　刷	北京印匠彩色印刷有限公司
规　　格	184mm×260mm　16开本　16印张　389千字
版　　次	2022年3月第1版　2022年3月第1次印刷
定　　价	**150.00元**

《大国重器　中国超级水电工程·锦屏卷》编撰委员会

高级顾问	马洪琪　钟登华　王思敬　许唯临
主　　任	王仁坤
常务副主任	周　钟
副 主 任	杨静熙　张　敬　蔡德文　蒋　红 廖成刚　游　湘
委　　员	李文纲　赵永刚　郎　建　饶宏玲 唐忠敏　陈秋华　汤雪峰　薛利军 刘　杰　刘忠绪　邢万波　张公平 刘　跃　幸享林　陈晓鹏
主　　编	周　钟
副 主 编	杨静熙　张　敬　蔡德文　蒋　红 廖成刚　游　湘

《水生生态保护研究与实践》
编 撰 人 员

主　　编　蒋　红

副 主 编　刘　杰　郎　建　何月萍

参编人员　吉小盼　刘盛赟　刘　猛　张宏伟
　　　　　　唐剑韬　刘　园　康昭君　彭金涛
　　　　　　李　舸　游　湘　文　典

序 一

锦绣山河，层峦叠翠。雅砻江发源于巴颜喀拉山南麓，顺横断山脉，一路奔腾，水势跌宕，自北向南汇入金沙江。锦屏一级水电站位于四川省凉山彝族自治州境内，是雅砻江干流中下游水电开发规划的控制性水库梯级电站，工程规模巨大，是中国的超级水电工程。电站装机容量3600MW，年发电量166.2亿kW·h，大坝坝高305.0m，为世界第一高拱坝，水库正常蓄水位1880.00m，具有年调节功能。工程建设提出“绿色锦屏、生态锦屏、科学锦屏”理念，以发电为主，结合汛期蓄水兼有减轻长江中下游防洪负担的作用，并有改善下游通航、拦沙和保护生态环境等综合效益。锦屏一级、锦屏二级和官地水电站组成的“锦官直流”是西电东送的重点项目，可实现电力资源在全国范围内的优化配置。该电站的建成，改善了库区对外、场内交通条件，完成了移民及配套工程的开发建设，带动了地方能源、矿产和农业资源的开发与发展。

拱坝以其结构合理、体形优美、安全储备高、工程量少而著称，在宽高比小于3的狭窄河谷上修建高坝，当地质条件允许时，拱坝往往是首选的坝型。从20世纪50年代梅山连拱坝建设开始，到20世纪末，我国已建成的坝高大于100m的混凝土拱坝有11座，拱坝数量已占世界拱坝总数的一半，居世界首位。1999年建成的二滩双曲拱坝，坝高240m，位居世界第四，标志着我国高拱坝建设已达到国际先进水平。进入21世纪，我国水电开发得到了快速发展，目前已建成了一批300m级的高拱坝，如小湾（坝高294.5m）、锦屏一级（坝高305.0m）、溪洛渡（坝高285.5m）。这些工程不仅坝高、库大、坝身体积大，而且泄洪功率和装机规模都位列世界前茅，标志着我国高拱坝建设技术已处于国际领先水平。

锦屏一级水电站是最具挑战性的水电工程之一，开发锦屏大河湾是中国几代水电人的梦想。工程具有高山峡谷、高拱坝、高水头、高边坡、高地应力、深部卸荷等“五高一深”的特点，是“地质条件最复杂，施工环境最恶劣，技术难度最大”的巨型水电工程，创建了世界最高拱坝、最复杂的特高拱坝基础处理、坝身多层孔口无碰撞消能、高地应力低强度比条件下大型地下洞室群变形控制、世界最高变幅的分层取水电站进水口、高山峡谷地区特高拱坝施工总布置等多项世界第一。工程位于雅砻江大河湾深切高山峡谷，地质条件极其复杂，面临场地构造稳定性、深部裂缝对建坝条件的影响、岩体工程地质特性及参数选取、特高拱坝坝基岩体稳定、地下洞室变形破坏等重大工程地质问题。坝基发育有煌斑岩脉及多条断层破碎带，左岸岩体受特定构造和岩性影响，卸载十分强烈，卸载深度较大，深部裂缝发育，给拱坝基础变形控制、加固处理及结构防裂设计等带来前所未有的挑战，对此研究提出了复杂地质拱坝体形优化方法，构建了拱端抗变形系数的坝基加固设计技术，分析评价了边坡长期变形对拱坝结构的影响。围绕极低强度应力比和不良地质体引起的围岩破裂、时效变形等现象，分析了三轴加卸载和流变的岩石特性，揭示了地下厂房围岩渐进破裂演化机制，提出了洞室群围岩变形稳定控制的成套技术。高拱坝泄洪碰撞消能方式，较好地解决了高拱坝泄洪消能的问题，但泄洪雾化危及机电设备与边坡稳定的正常运行，对此研究提出了多层孔口出流、无碰撞消能方式，大幅降低了泄洪雾化对边坡的影响。高水头、高渗压、左岸坝肩高边坡持续变形、复杂地质条件等诸多复杂环境下，安全监控和预警的难度超过了国内外现有工程，对此开展完成了工程施工期、蓄水期和运行期安全监控与平台系统的研究。水电站开发建设的水生生态保护，尤其是锦屏大河湾段水生生态保护意义重大，对此研究阐述了生态水文过程维护、大型水库水温影响与分层取水、鱼类增殖与放流、锦屏大河湾鱼类栖息地保护和梯级电站生态调度等生态环保问题。工程的主要技术研究成果指标达到国际领先水平。锦屏一级水电站设计与科研成果获1项国家技术发明奖、5项国家科技进步奖、16项省部级科技进步奖一等奖或特等奖和12项省部级优秀设计奖一等奖。2016年获“最高的大坝”吉尼斯世界纪录称号，2017年获中国土木工程詹天佑奖，2018年获菲迪克（FIDIC）工程项目杰出奖，2019年获国家优质工程金奖。锦屏一级水电站已安全运行6年，其创新技术成果在大岗山、乌东德、白鹤滩、叶巴滩等水电工程中得到推广应用。在高拱坝建设中，特别是在300m级高拱坝建设中，锦屏一级水电站是一个新的里程碑！

本人作为锦屏一级水电站工程建设特别咨询团专家组组长，经历了工程建设全过程，很高兴看到国家出版基金项目——《大国重器　中国超级水电工程·锦屏卷》编撰出版。本系列专著总结了锦屏一级水电站重大工程地质问题、复杂地质特高拱坝设计关键技术、地下厂房洞室群围岩破裂及变形控制、窄河谷高拱坝枢纽泄洪消能关键技术、特高拱坝安全监控分析、水生生态保护研究与实践等方面的设计技术与科研成果，研究深入、内容翔实，对于推动我国特高拱坝的建设发展具有重要的理论和实践意义。为此，推荐给广大水电工程设计、施工、管理人员阅读、借鉴和参考。

中国工程院院士 马洪琪

2020 年 12 月

序　二

千里雅江水，高坝展雄姿。雅砻江从青藏高原雪山流出，聚纳众川，切入横断山脉褶皱带的深谷巨壑，以磅礴浩荡之势奔腾而下，在攀西大地的锦屏山大河湾，遇世界第一高坝，形成高峡平湖，它就是锦屏一级水电站工程。在各种坝型中，拱坝充分利用混凝土高抗压强度，以压力拱的型式将水推力传至两岸山体，具有良好的承载与调整能力，能在一定程度上适应复杂地质条件、结构形态和荷载工况的变化；拱坝抗震性能好、工程量少、投资节省，具有较强的超载能力和较好的经济安全性。锦屏一级水电站工程地处深山峡谷，坝基岩体以大理岩为主，左岸高高程为砂板岩，河谷宽高比 1.64，混凝土双曲拱坝是最好的坝型选择。

目前，高拱坝设计和建设技术得到快速发展，中国电建集团成都勘测设计研究院有限公司（以下简称“成都院”）在 20 世纪末设计并建成了二滩、沙牌高拱坝，二滩拱坝最大坝高 240m，是我国首座突破 200m 的混凝土拱坝，沙牌水电站碾压混凝土拱坝坝高 132m，是当年建成的世界最高碾压混凝土拱坝；在 21 世纪初设计建成了锦屏一级、溪洛渡、大岗山等高拱坝工程，并设计了叶巴滩、孟底沟等高拱坝，其中锦屏一级水电站工程地质条件极其复杂、基础处理难度最大，拱坝坝高世界第一，溪洛渡工程坝身泄洪孔口数量最多、泄洪功率最大、拱坝结构设计难度最大，大岗山工程抗震设防水平加速度达 0.557g，为当今拱坝抗震设计难度最大。成都院在拱坝体形设计、拱坝坝肩抗滑稳定分析、拱坝抗震设计、复杂地质拱坝基础处理设计、枢纽泄洪消能设计、温控防裂设计及三维设计等方面具有成套核心技术，其高拱坝设计技术处于国际领先水平。

锦屏一级水电站拥有世界第一高拱坝，工程地质条件复杂，技术难度高。成都院勇于创新，不懈追求，针对工程关键技术问题，结合现场施工与地质条件，联合国内著名高校及科研机构，开展了大量的施工期科学研究，进行科技攻关，解决了制约工程建设的重大技术难题。国家出版基金项目——《大国重器　中国超级水电工程·锦屏卷》系列专著，系统总结了锦屏一级水电站重大工程地质问题、复杂地质特高拱坝设计关键技术、地下厂房洞室群围岩破裂及变形控制、窄河谷高拱坝枢纽泄洪消能关键技术、特高拱坝安全监控分析、水生生态保护研究与实践等专业技术难题，研究了左岸深部裂缝对建坝条件的影响，建立了深部卸载影响下的坝基岩体质量分类体系；构建了以拱端抗变形系数为控制的拱坝基础变形稳定分析方法，开展了抗力体基础加固措施设计，提出了拱坝结构的系统防裂设计理念和方法；创新采用围岩稳定耗散能分析方法、围岩破裂扩展分析方法和长期稳定分析方法，揭示了地下厂房围岩渐进破裂演化机制，评价了洞室围岩的长期稳定安全；针对高拱坝的泄洪消能，研究提出了坝身泄洪无碰撞消能减雾技术，研发了超高流速泄洪洞掺气减蚀及燕尾挑坎消能技术；开展完成了高拱坝工作性态安全监控反馈分析与运行期变形、应力性态的安全评价，建立了初期蓄水及运行期特高拱坝工作性态安全监控系统；锦屏一级工程树立“生态优先、确保底线”的环保意识，坚持“人与自然和谐共生”的全社会共识，协调水电开发和生态保护之间的关系，谋划生态优化调度、长期跟踪监测和动态化调整的对策措施，解决了大幅消落水库及大河湾河道水生生物保护的难题，积极推动了生态环保的持续发展。这些为锦屏一级工程的成功建设提供了技术保障。

锦屏一级水电站地处高山峡谷地区，地形陡峻、河谷深切、断层发育、地应力高，场地空间有限，社会资源匮乏。在可行性研究阶段，本人带领天津大学团队结合锦屏一级工程，开展了“水利水电工程地质建模与分析关键技术”的研发工作，项目围绕重大水利水电工程设计与建设，对复杂地质体、大信息量、实时分析及其快速反馈更新等工程技术问题，开展水利水电工程地质建模与理论分析方法的研究，提出了耦合多源数据的水利水电工程地质三维统一建模技术，该项成果获得国家科技进步奖二等奖；施工期又开展了“高拱坝混凝土施工质量与进度实时控制系统”研究，研发了大坝施工信息动态采集系统、高拱坝混凝土施工进度实时控制系统、高拱坝混凝土施工综合信息集成系统，建立了质量动态实时控制及预警机制，使大坝建设质量和进度始终处于受控状态，为工程高效、优质建设提供了技术支持。本人多次到过工程建设现场，回忆起来历历在目，今天看到锦屏一级水电站的成功建设，深感工程建设的艰辛，点赞工程取得的巨大成就。

本系列专著是成都院设计人员对锦屏一级水电站的设计研究与工程实践的系统总结，是一套系统的、多专业的工程技术专著。相信本系列专著的出版，将会为广大水电工程技术人员提供有益的帮助，共同为水电工程事业的发展作出新的贡献。

欣然作序，向广大读者推荐。

中国工程院院士 钟登华

2020年12月

前言

河流作为人类文明的发源地，在滋养人类文明的同时，也遭受着人类活动的干扰和破坏，部分河流重要的生态战略地位与服务功能之间的矛盾日益突出。河流的健康发展越来越引起大家的关注和忧心。

《大国重器　中国超级水电工程·锦屏卷》之《水生生态保护研究与实践》分册，是“雅砻江流域梯级电站联合运行生态调度研究”“雅砻江水生生态研究”“锦屏一级水电站分层取水研究”“锦屏一级水电站环评文件”等专题成果的总结。通过紧密结合生态学若干理论及雅砻江锦屏一级水电站的水生生态保护实践，开展了较系统和深入的研究，既加深对水生生态保护的认识，也推动水电开发生态保护与修复的发展。本书既是研究与实践的总结，也是研究的拓展。

雅砻江是金沙江的最大支流，藏语称尼雅曲，意为多鱼之水，也是我国水能资源最富集的河流之一；发源于巴颜喀拉山南麓，河水自西北向东南流至洼里、自南向北再折向南绕锦屏山形成长约150km的锦屏大河湾，在攀枝花市的倮果注入金沙江。河流全长1535km，流域面积12.84万km^2，河口多年平均流量为1860m^3/s。锦屏一级水电站是雅砻江干流下游河段的控制性梯级电站，采取堤坝式开发方式，最大坝高305m，正常蓄水位1880.00m，库容77.6亿m^3，具有年调节性能，电站装机容量3600MW，是一座以发电为主，兼有拦沙、蓄洪、蓄能等综合效益的大型水利水电工程。工程于2005年9月正式核准开工，2006年12月实现大江截流，2013年8月锦屏一级电站第一批机组发电，2014年8月锦屏一级水库蓄水至正常蓄水位1880.00m，随即投入正常运行。

本书根据多年的科研、设计、评价成果编撰而成。全书共9章。第1章绪论，介绍河流水生生态系统的基本概念、水电开发和水生生态保护历程以及锦屏工程水生生态保护的意义；第2章论述了雅砻江及锦屏河段的区域概况，工程规模及特征，以及地貌特征、河流水系及土壤植被等环境背景；第3章在分析水电站工程活动对水生生态的影响、明确保护目标的基础上，提出了保护措施体系的原则，从生态水文过程维护、分层取水、鱼类增殖放流、栖息地保护和生态调度五个方面构建了水生生态保护措施体系；第4～8章分别阐述了生态水文过程维护、大型水库水温影响与分层取水、鱼类增殖与放流、锦屏大河湾鱼类栖息地保护和梯级电站生态调度的研究与实践的成果，包括现状、研究方法与要点、工程实践与应用及其效果等方面的内容；第9章对全书进行了总结并提出了展望。

本书第1章由刘杰、李舸、蒋红编写，第2章由刘杰、何月萍编写，第3章由刘杰、郎建、刘猛编写，第4章由吉小盼、何月萍、蒋红编写，第5章由刘盛赟、刘园、游湘编写，第6章由唐剑韬、张宏伟、郎建、康昭君、文典编写，第7章由刘猛、刘园编写，第8章由吉小盼、彭金涛编写，第9章由蒋红、彭金涛、刘杰编写。全书由蒋红、周钟、刘杰总体策划，由蒋红、刘杰统稿，由四川大学李克锋教授审稿。

本书总结、凝练了锦屏一级水电站可行性研究、招标施工图设计阶段完成的各项设计和锦屏二级水电站环境保护竣工验收专题研究成果，参与的科研单位有水利部中国科学院水工程生态研究所、长江水产研究所、四川大学、四川省农业科学院、西南大学，锦屏一级水电站施工期科研项目由雅砻江流域水电开发有限公司资助，各项成果的形成均得到各级生态环境管理部门、水电水利规划设计总院以及建设单位雅砻江流域水电开发有限公司的大力帮助和支持，在此谨对以上单位表示诚挚的谢意！

本书在编写过程中得到了中国电建集团成都勘测设计研究院有限公司各级领导和同事的大力支持与帮助，中国水利水电出版社为本书的出版付出了诸多辛劳，在此一并表示衷心感谢！

我们深知，本书还有许多不足、缺点和错误，恳请读者批评指正。

作者

2020年12月

目　录

第 1 章

绪论

人类活动对生态系统造成的不利影响，在生态学中被称为胁迫（stress）。20世纪以来，世界各地的诸多学者逐渐重视生态学的研究，尤其是近几十年在河流生态学理论和实践研究中均取得了长足进展，使人们越来越关注水电工程的生态胁迫作用。众所周知，水电工程建设带来了发电、防洪、灌溉、航运等多重效益，为经济发展和社会进步作出了重要贡献，同时也造成了一定程度的负面影响，尤其在水生生态环境方面的影响较为突出。

纵观我国的水电开发历程，先后经历了技术制约、投资制约、市场制约和生态制约四个历史阶段（汪恕诚，2004），水电开发中的水生生态保护工作逐渐被重视起来，"在保护生态的基础上有序开发水电"的战略方针逐步贯彻执行，"开发"和"保护"的关系更加趋于合理。锦屏一级水电站所在的锦屏河段是雅砻江流域水生态保护的重点，诸多保护措施开创了国内水生生态保护的先河，是我国水电开发水生生态保护历程中浓墨重彩的一笔，对我国水电工程水生生态保护事业的发展发挥了重要作用。

1.1 河流水生生态系统

1.1.1 概念的形成和发展

生态学是人们在认识与改造自然的实践活动中产生并逐渐发展起来的。生态学"Ecology"一词来自古希腊文"oikas"（栖所）和"logos"（研究），意即生物栖息场所的研究（李振基，等，2007）。

随着科技的进步，生产力日益提高、人口快速增长和城市化进程加快等原因导致生态平衡受到破坏，环境受到污染，生态学研究也日益引起人们的重视，并逐渐成为一个独立的领域。1935年，英国生态学家Tansley首先提出了生态系统的概念，他将生物与环境之间关系的研究高度地概括起来，标志着生态学的发展进入了一个新的阶段。随后，Lindman、Whittaker和Odum等众多生态学家对这一概念进行了多样的解释和定义，丰富并加快了生态系统理论体系的发展。

随着数十年的理论研究发展，学术界对生态系统有了比较统一的定义。生态系统是自然界的基本功能单元，是指一定的时间与空间范围内，生物群落之间、生物与环境之间，通过不断的物质循环、能量流动与信息传递，相互联系、相互影响、相互作用、相互依存的统一整体。因此，任何生物群落及其环境都可看作生态系统，比如一块草地、一片森林、一条河流等。

在生态学研究中，按照生态性质划分的生态系统类型，第一级划分为陆地生态系统、海洋生态系统和淡水生态系统等，在此基础上又分别以生境和生物群落的特点再细分为若干次级的类型。其中，河流生态系统作为典型的淡水生态系统，是联系陆地和海洋的纽带，在生物圈的物质循环中起着主要作用，是自然界最重要的生态系统之一。

广义的河流生态系统是指在河流内生物群落和河流环境相互作用的统一体（栾建国，

等，2004），包括河流水流区以及与此发生水力联系的承载着水环境和水生生物群落的区域，是由水生生态系统、陆地河岸生态系统、湿地及沼泽生态系统等在内的一系列子系统组合而成的复合系统（鲁春霞，2001）。狭义的河流生态系统就是指河流水生生态系统（张文鸽，2008），是由生活在河流水体的水生生物及其依存的生态环境组成的生态系统，范围介于河流两岸变动的水边线之间，往往具有较为明显的边界。本书研究河流生态系统的主要目的在于明晰水电工程的水生生态效应，进而探讨水电工程水生生态影响及其保护措施，因此本书所研究的河流生态系统采用狭义的概念，即河流水生生态系统。

1.1.2 组成要素

一般认为，生态系统由生物要素和生境要素组成。生物个体形成不同的生物种群，生活在同一生境下的不同种群相互作用形成生物群落（动物、植物、微生物），进而组成生态系统中的生物要素，即生命系统。生境要素是生命系统的生境（Habitat），即生命支持系统。生态系统组成见图 1.1-1。

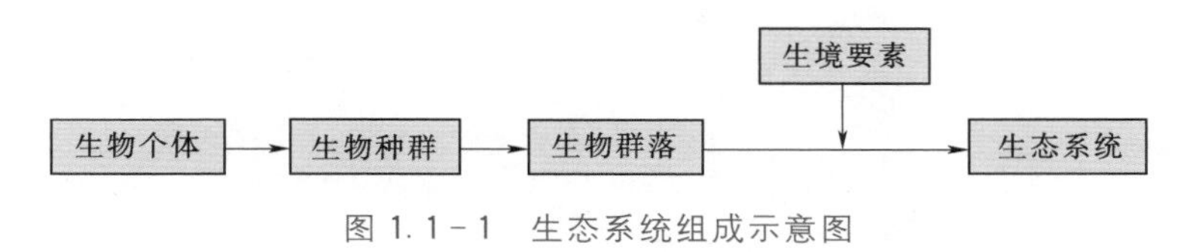

图 1.1-1　生态系统组成示意图

对于河流水生生态系统而言，生境要素主要包括气候、水文情势、水温、水质、地貌等组成成分，生物要素主要包括浮游植物、浮游动物、底栖动物、水生维管束植物、鱼类、其他水生生物等生物群落。河流水生生态系统的组成要素见图 1.1-2。

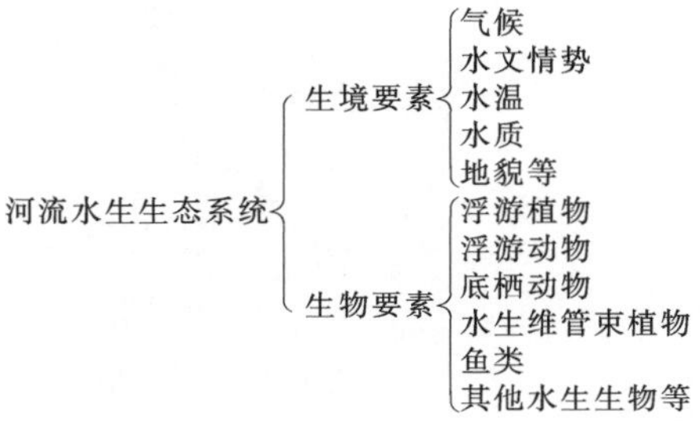

河流水生生态系统
- 生境要素：气候、水文情势、水温、水质、地貌等
- 生物要素：浮游植物、浮游动物、底栖动物、水生维管束植物、鱼类、其他水生生物等

图 1.1-2　河流水生生态系统的组成要素（柳劲松，等，2003）

1.1.3 结构和功能

1. 结构

从生态系统角度讲，河流生态系统是陆地与海洋联系的纽带，在生物圈的物质循环与能量流动中起着重要作用。河流生态系统的结构是指系统内各组成因素在时间、空间上相互作用的形式和相互联系的规则。正是依靠这种结构，河流生态系统能保持相对的稳定性，在外界的干扰下产生恢复力，维持生态系统的可持续性（董哲仁，等，2007）。河流生态系统具有开放性、流动性和连续性等特点，其空间结构特征可从纵向、横向和垂向三个方面来描述。

（1）纵向特征。从源头到河口，河流的物理、化学、地貌和生物特征均发生一定的变化。生物物种和群落随着上游、中游、下游河道生境条件的连续变化而不断进行调整和适应（Vannote et al.，1980），其典型特征是河流形态的多样性，通常呈现出图 1.1-3 中的纵向结构特点：

1）上、中、下游生境的异质性。河流大多发源于高山，流经丘陵，穿过冲积平原而

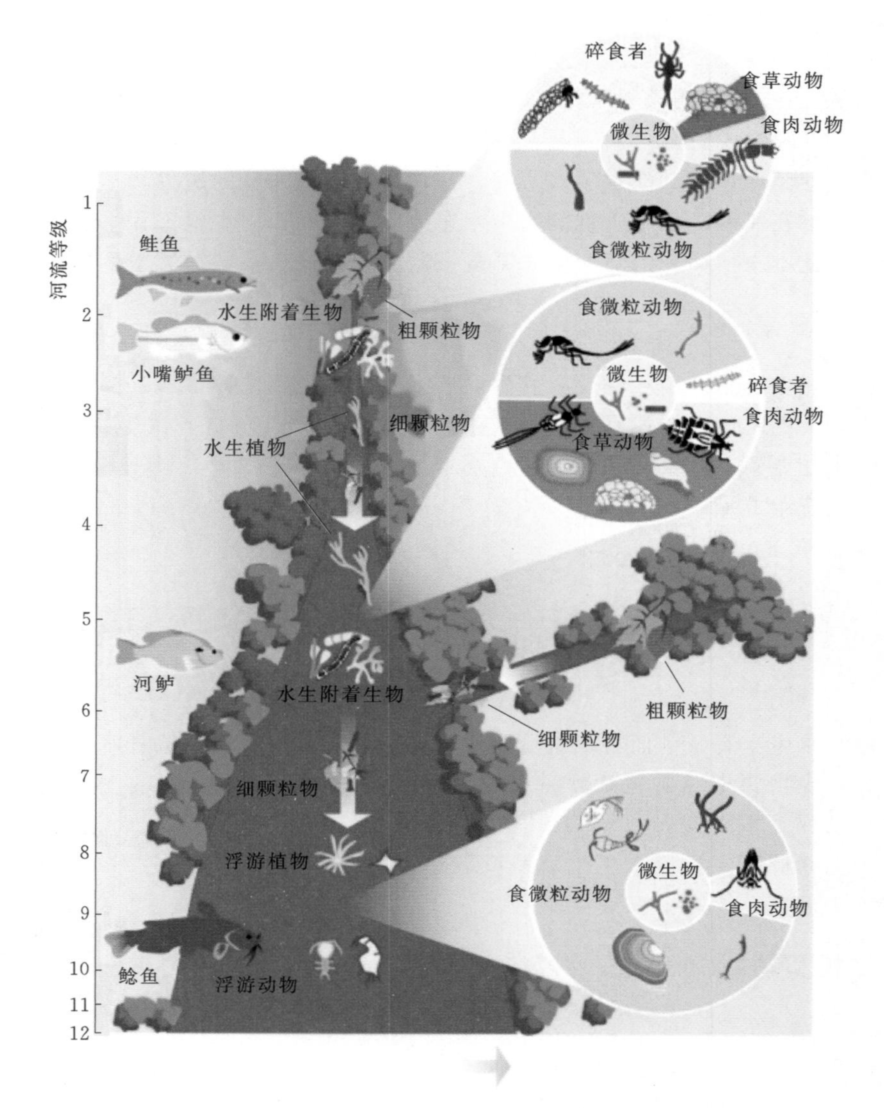

图 1.1－3 河流的纵向结构（Vannote et al.，1980）

到达河口。上、中、下游所流经地区的气象、水文、地貌和地质条件等有很大差异，从而形成主流、支流、河湾、湿地、沼泽、冲积平原、洪泛平原等，其流态、流速、流量、水质以及水文周期等呈现不同的变化，从而造就了丰富多样的生境。

2）河流生态系统纵向的蜿蜒性。自然界的河流都是蜿蜒曲折的，使得河流生态系统的水生生态系统子系统内形成急流、瀑布、跌水、缓流，同时陆地河岸生态系统子系统和湿地及沼泽生态系统子系统也随着蜿蜒曲折的河流产生多样性，这样为生物提供了丰富多样的生境。

3）河流生态系统横断面形状的多样性。表现为水中浅滩、深潭交替出现。浅滩增加水流的紊流，促进河水充氧，是很多水生动物的主要栖息地和觅食的场所；深潭是鱼类的保护区和缓慢释放到河流中的有机物储存区；同时，岸边湿地、沼泽、森林、草原等交替，为两栖动物、鸟类、哺乳动物等提供了生存环境。

(2) 横向特征。从横向看，河流生态系统由河道、洪泛区、河岸地带、河流附近的湿地及沼泽地带等组成（图 1.1-4）。河道是水生生态系统的主体，也是河流生态系统的主体，同时还是连接陆地生态系统与水生生态系统、淡水生态系统与海洋生态系统的纽带和通道。洪泛区是河道两侧受洪水周期性影响而高度变化的河漫滩区域，包括沼泽和湿地等，洪泛区可以吸纳滞后洪水、保持土壤等，是生物重要的栖息地。河流沿岸的森林、草原、湿地及沼泽等可以保持土壤，防止泥沙冲入河流；可以截流降水、涵养水源，减缓降水的地表径流，在枯水季节又可以补充河水等。

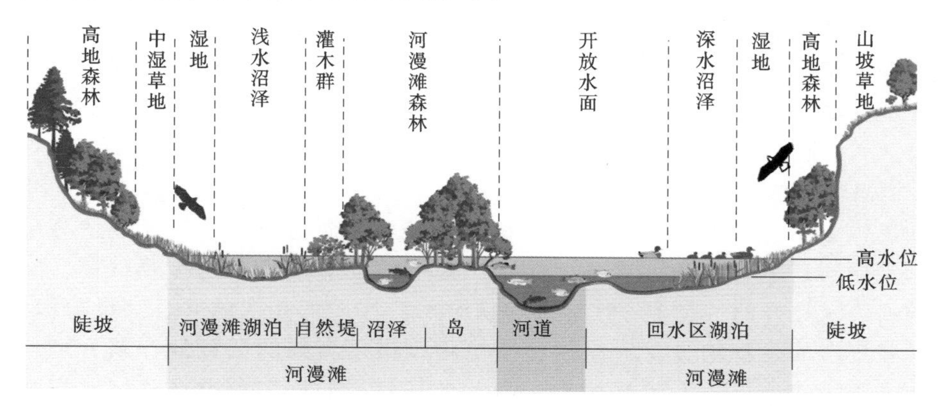

图 1.1-4 河流的横向结构（Sparks，1995）

(3) 垂向特征。在垂向上，河流生态系统的水生生态系统子系统可分为表层、中层、底层和基底（图 1.1-5）。在表层，由于河水流动，与大气接触面大，水气交换良好，特别是急流、跌水和瀑布河段，河水含有较丰富的氧气，这有利于喜氧性水生生物的生存和

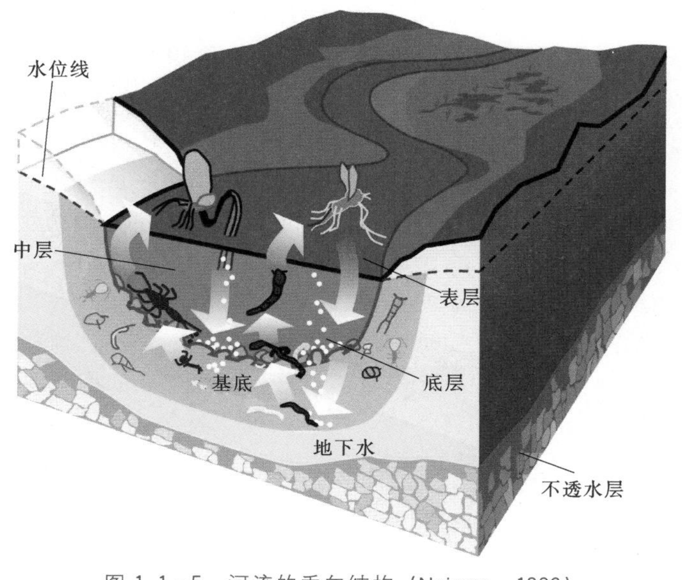

图 1.1-5 河流的垂向结构（Naiman，1993）

好气性微生物的分解作用；光照充足有利于植物进行光合作用，表层是水生生态系统子系统初级生产最主要的水层。在中、底层，随着氧气、阳光等的减弱，浮游生物等随之减少；而鱼类等有在营表层生活的，有在营底层生活的，还有大量生活在水体中下层的。大部分河流的基底由卵石、砾石、砂土、黏土等组成，是许多生物的栖息地。同时，水生生态系统子系统又不断地与陆地河岸生态系统子系统、湿地及沼泽生态系统子系统进行着物质、能量等交换，构成了完整的河流生态系统。

2. 功能

河流是自然界物质循环和能量流动的主要通道之一，在生物圈的物质循环中起着主要作用，是形成和支持地球上许多生态系统的重要因素，没有河流的纽带作用，各种生态系统无法交流。河流为河流内以及流域内和近海地区的生物提供营养物，为它们运送种子、排走和分解废弃物，并以各种形态为它们提供栖息地，是多种生态系统生存和演化的基本保证条件。董哲仁等（2013）和蔡晓辉（2008）对河流生态系统的功能进行了归纳总结，其主要包括栖息地功能、通道作用、过滤和屏障作用、源汇功能等方面。

（1）栖息地功能。栖息地功能是指河流为植物和动物的正常生活、生长、觅食、繁殖等活动提供必需空间以及庇护所的要素。河道通常会为很多物种提供适合生存的条件，它们利用河道进行生活、觅食、饮水、繁殖以及形成重要的生物群落。宽阔、互相连接的河道是良好的栖息地，比起那些狭窄的、性质都相似的并且高度分散的河道，通常会存在更多的生物物种。河流为一些生物提供了良好的栖息地和繁育场所，河边较平缓的水流为幼种提供了较好的生存与活动环境。如许多鱼类喜欢将卵产在水边的草丛中，适宜的环境结构和水流条件为鱼卵的孵化、幼鱼的生长以及鱼类躲避捕食提供了良好的环境。

（2）通道作用。通道作用是指河道系统可以作为能量、物质和生物流动的通路。河道中流动的水体，为收集、转运河水和沉积物服务，很多物质和生物群系通过该系统进行运移。河道既可以作为横向通道也可以作为纵向通道，生物和非生物物质向各个方向移动和运动。对于迁徙性野生动物和运动频繁的野生动物来说，河道既是栖息地同时又是通道。河流通常也是植物分布和植物在新的地区扎根生长的重要通道。流动的水体可以长距离地输移和沉积植物种子；在洪水泛滥时期，一些成熟的植物可能也会连根拔起、重新移位，并且会在新的地区重新沉积下来并存活、生长。野生动物也会在整个河道系统内的各个部分通过摄食植物种子或是携带植物种子而形成植物的重新分布。生物的迁徙促进了水生动物与水域发生相互作用，因此，连通性对于水生物种的移动是非常重要的。

（3）过滤和屏障作用。河道的过滤和屏障作用是吸纳、过滤、稀释污染，减少污染物对河流系统的毒性，保持水体环境和土壤环境良好。河岸带在农田与河道之间起着一定的缓冲作用，它可以减缓径流、截留污染物。河流两岸一定宽度的河岸带可以过滤、渗透、吸收、滞留、沉积物质和消解能量，减弱进入地表和地下水的污染物毒性，降低污染程度。

（4）源汇功能。“源”的作用是为其周围流域提供生物、能量和物质；“汇”的作用是不断从周围流域中吸收生物、能量和物质。河岸一般通常是作为“源”向河流中供给泥沙沉积物，当洪水在河岸处沉积新的泥沙沉积物时它们又起到"汇"的作用。在整个流域范围内，河道是流域中其他各种斑块栖息地的连接通道，在整个流域内起到了提供原始物质的"源"和通道的作用。

生物和遗传基因方面的"源"和"汇"的关系则更为复杂。不同的区域环境、气候条件以及交替出现的洪水和干旱，使河流在不同的时间和地点具有很强的不均一性和差异性，这种不均一性和差异性形成了众多的小环境，为种间竞争创造了不同的条件，使物种的组成和结构也具有很大的分异性，使得众多的植物、动物物种能在这一交错区内可持续生存繁衍，从而使物种的多样性得以保持。如在洪水期间，涨水时洪水向河漫滩两侧漫溢，大量营养物质进入河漫滩，鱼类等水生生物进入河漫滩觅食、避难和产卵，这时河道具备"源"的功能，周围河漫滩发挥"汇"的功能；随着洪水消退，河漫滩大量的残枝败叶等腐殖质随退水进入河道，鱼类等水生生物也回归主槽，这时河道又具有"汇"的功能，而周围的河漫滩具有"源"的功能。

1.1.4 河流水文过程及其生态响应机制

水文过程、物理化学过程、地貌过程和生物过程是河流水生生态系统的关键生态过程，四者之间存在相互影响、相互调节的耦合关系。其中水文过程作为河流水生生态系统最重要的生态过程，对河流的物理化学过程、地貌过程和生物过程起着驱动作用，其他生态过程将作出相应的动态响应，可以视其为河流生态系统的一个"主变量"。反之，其他生态过程也会在一定程度上调节水文过程。总体而言，在水文过程和其他生态过程的耦合关系中，前者对后者的驱动力作用强于后者对前者的反调节作用（廖文根，等，2013）。

1.1.4.1 自然河流水文过程

河流流量受到降雨、蒸发、融雪、地下水等水循环过程的影响，一年之内呈现出丰水期、平水期、枯水期流量高低的变化。根据流量大小，年内的水文过程可以分为低流量过程、高流量过程和洪水脉冲过程 3 种环境水流组分。而每种环境及水流组分均可以通过流量、频率、出现时机、持续时间和变化率这 5 种水文要素描述。

1. 低流量过程

低流量过程是指河流枯水期的流量过程。大自然保护协会建议将多年日流量过程的 50%以下的流量称为低流量过程（The Nature Conservancy，2007），具体应用时可根据当地河流的水温特点有所变化。以 1983 年雅江水文站流量过程为例（图 1.1-6），低流量过程出现在河流的枯水期（1—3 月、12 月），此时期河流流量较低，连通性较差，河漫滩区干涸，相应的水生生物活动空间减少。

不同周期的低流量，是水文过程的重要组成部分，在维持河道基本生态功能的同时，能够维持河漫滩区一定的地下水水位及土壤水分，给河漫滩区植物提供繁殖发育的机会，为候鸟越冬提供必要的生存空间，带来一定的生态效益。另外，有研究表明低流量过程能驱逐外来入侵物种（Postel et al.，2003）。

2. 高流量过程

高流量过程指发生在暴雨期或短暂融雪期的大于低流量且小于平滩流量的流量过程。以 1983 年雅江水文站流量过程为例（图 1.1-6），高流量过程出现在 5—6 月、8—10 月，

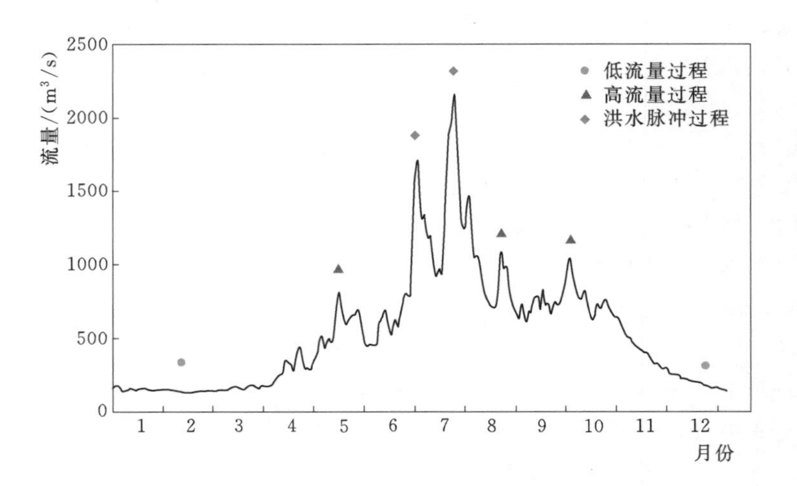

图 1.1-6 雅砻江雅江水文站 1983 年环境水流组分示意图

此时期河流流量增加，水生生物栖息地扩大，水体溶解氧和营养物质增加，河流水生生物食物来源增加（Richter et al.，2006）。

对于很多水生生物而言，高流量过程改善了低流量过程时的生境条件。在河道纵向上，高流量过程使泥沙输移率增大，同时夹带大量的碎石和附带的营养盐，使河道内的生物群落重现生机，促使生命周期较短、繁殖能力强的生物快速地完成生命过程；在横向上，高流量过程增强了河道的横向连通性，使生物栖息地的多样性明显增强，维持了生态系统较高的生产力（Poff et al.，1997）。

3. 洪水脉冲过程

洪水脉冲过程是指汛期大于平滩流量的流量过程（Richter et al.，2006）。图 1.1-6 中，1983 年雅江的洪水脉冲过程发生在 6—8 月间，此时期河流水位急剧上升，主河道、支流、湿地等连通性显著增强，水生生物栖息地面积大大增加。

洪水脉冲过程与高流量过程有相似的地方，主要的生态效应是使河流的横向连通性增强，促进陆生生物与水生生物的种间物质循环和能量交换，为鱼类的索饵以及繁殖营造适合的生境，同时也为躲避大洪水的生物提供良好的避难场所（董哲仁，等，2009）。

1.1.4.2 水文过程的生态响应机制

水文过程作为河流水生生态系统最重要的生态过程，对其他生态过程起驱动力的作用，水文过程的改变将使其他生态过程产生相应的动态响应。王俊娜（2011）对河流的水文过程、物理化学过程、地貌过程和生物过程的资料进行归类整理，寻找出水文过程的不同环境水流组分与各类种群之间的直接或间接关系，将同一时段内的水文过程与其他生态过程一一对应，构建出了水文过程和生态过程耦合的概念模型，见图 1.1-7。

由图 1.1-7 可见，河流流量的丰枯变化过程与水体中各项物理化学指标以及河流地貌的变化过程之间存在着一种天然的匹配关系，而水生生物的生活史过程又正好随着水文过程、物理化学过程和地貌过程同步变化。

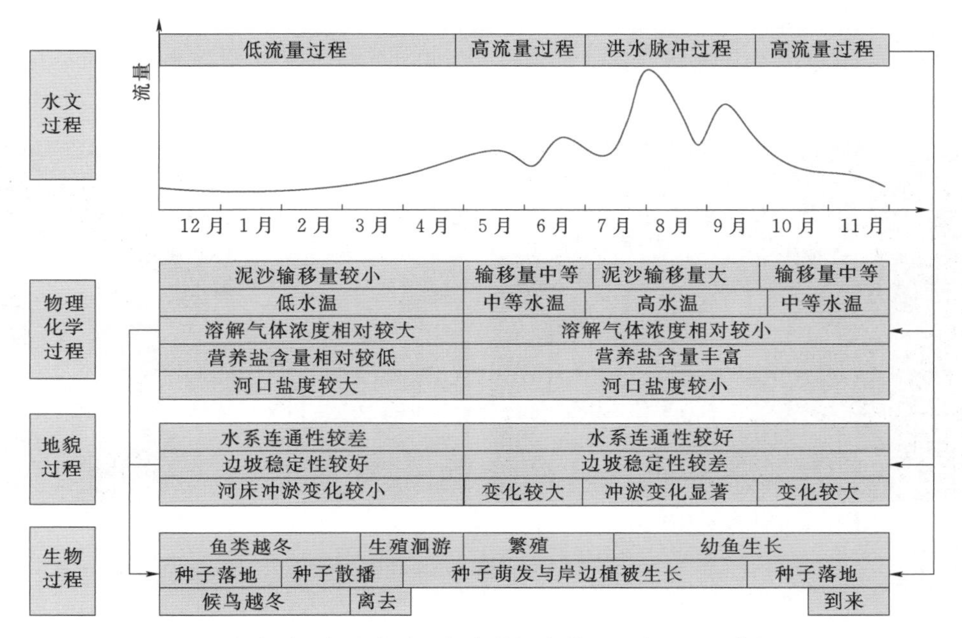

图 1.1-7 水文过程与生态过程耦合的概念模型示意图（王俊娜，2011）

1.2 水电开发和水生生态保护

1.2.1 河流水电开发基本概念

水电开发工程是指将天然水能资源转化为电能资源的工程。根据水电开发工程集中水头方式的不同，水电站可分为坝（闸）式水电站、引水式水电站和混合式水电站三种类型。

坝（闸）式水电站是指在河道上兴建挡水建筑物，并利用坝前壅水集中发电水头的水电站。引水式水电站是利用天然河道落差，在河道上游筑低坝（或无坝）取水，并通过人工修建的引水系统（渠道、隧洞、管道等）引水至河道下游集中发电水头来发电。与坝（闸）式水电站不同的是，引水式水电站通过截弯取直引水发电，造成原河道坝址与厂址间河段水量减少，甚至断流，形成减水河段或脱水河段。混合式水电站则是通过坝（闸）和引水系统共同形成发电水头的水电站，即发电水头一部分由坝前壅水取得，另一部分靠引水系统集中落差取得，因此混合式水电站同时兼有坝（闸）式水电站和引水式水电站的特点。

水电工程一般由水工建筑物、发电厂房、水轮发电机组等组成。水工建筑物包括挡水建筑物、引水建筑物、泄水建筑物、过鱼建筑物等。其中，挡水建筑物是最重要的水工建筑物，按照大坝的建筑材料划分，可分为土坝、堆石坝、干砌石坝、混凝土坝、橡胶坝等；按照大坝的受力情况和结构特点，可分为重力坝、拱坝和支墩坝等。溪洛渡水电站和锦屏一级水电站均属于典型的坝式水电站，具有高大的挡水建筑物（图 1.2-1）。发电厂房是安装水轮发电机组及其配套设备的建筑物，有地面厂房、地下厂房和坝内厂房等多种类型。水轮发电机组及其辅助设备由水轮机、发电机、主轴等组成，水轮机可分为反击式和冲击式两大类（王景福，2006）。

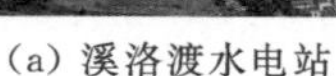

(a) 溪洛渡水电站

(b) 锦屏一级水电站

图 1.2-1 典型坝式水电站挡水建筑物现场面貌图

水电站的挡水建筑物汇集水流，挡水建筑物上游河段水位抬升，淹没土地，形成能够拦蓄一定水量、发挥径流调节作用的水库。水库的主要功能是拦洪蓄水、调节水流，从而发挥其发电、防洪、灌溉、供水、航运、旅游等用途。通常而言，单纯为发电建设的水电工程以中小型水电站为主，大型水电工程往往属于多目标水利水电枢纽工程。水电工程的水库具有多种重要的特征水位，如死水位、正常蓄水位、防洪限制水位、校核洪水位等，不同的特征水位对应着不同的库容，如死库容、调节库容、防洪库容、总库容等。

1.2.2 我国水电开发历程

水电开发和生态环保的关系，其本质就是人与自然的关系。在人类历史进程中，人与自然关系的发展经历了依存、开发、掠夺、和谐四大时期。我国水电开发也是在这样的大规律下一步一步地发展，从粗放式、掠夺式、无序性的开发模式，逐步转变为精细化、生态化、可持续性的开发模式。这样的转变历时大半个世纪，是一段充满困难和挫折的历程，总结起来，可以将其分为技术制约、投资制约、市场制约和生态制约四个历史阶段（汪恕诚，2004），在每个阶段都面临并克服着不同的制约因素。

新中国成立初期，水电开发处在技术制约阶段。当时，由于缺乏科学的筑坝技术和现代化的建筑材料、施工设备，修建水电工程主要靠人扛肩挑，机械化水平极低，严重制约我国水电事业发展。而目前我国水电技术水平早已今非昔比，连许多外国权威机构和专家都认为中国工程师“能够在任何江河上修建他们认为需要的大坝和水电站”。

随着筑坝技术水平和装备水平逐步提高，我国水电发展进入投资制约阶段。水力发电虽然总体上来看是较经济的，但与单纯为发电而建的火电站相比投资更大，回报周期更长。在当时计划经济体制下，一切基建经费都由国家投入，为尽快摆脱电力紧缺的窘境，有限的国家资金自然会优先修建火电厂，当时要修建一个大水电站非常困难，需要通过所谓的“两分钱”政策来刺激投资，即水电输出的每度电附加两分钱，以调动各地开发水电的积极性。在国家经济迅速增长，综合国力极大提高，特别是电力体制改革后，这些已成为过去。相反，出现了各大发电集团、独立发电企业和众多民营企业“跑马圈河”、争相开发水电的局面，银行也踊跃投资，大中型水电开发出现了前所未有的势头。

改革开放之后，我国水电开发逐渐步入市场制约阶段。这个时期我国经济实力逐步增强，国家增大了水电的投资，极大地缓解了资金困难的局面。由于我国降水在时空分布上的极度不均匀，发、供、用电领域缺乏沟通，长距离超高压送电必然导致投入增加、成本提高和其他许多问题，因此水能资源丰富的区域发电后难以输出，市场成为影响水电发展和电力布局的主要制约因素。有了市场，电站就可以建；没有市场，项目就上不了。为此，既需要修建必要的调节水库特别是龙头水库，还需要国家宏观调控，西电东送、南北互补、全国联网、水火互济的政策应运而生，特高压输电技术也提上议事日程，逐渐地克服了这一制约。

21 世纪，水电事业在走出技术、资金、市场等因素的制约之后，又步入了生态制约阶段。关于如何看待和解决水电开发带来的生态环境问题，国内外各界围绕这一焦点展开了激烈的讨论，如怒江该不该开发水电、都江堰的杨柳湖水电站该不该建等标志性议题，这些议题的核心都是生态问题。此时中国经济正处在高速发展阶段，电力紧缺的矛盾正在日益加剧，水电开发势在必行，但只有把生态问题解决好了，我国的水电事业才能得到进一步发展。因此，中央审时度势，在党的十六届五中全会审议通过的《中共中央关于制定国民经济和社会发展第十一个五年规划的建议》中，明确了我国水电建设要“在保护生态的基础上有序开发水电”的战略方针，为我国水电开发指明了生态化发展的方向。2010 年 11 月，原环境保护部组织了金沙江上游、澜沧江干流水电开发环境保护工作调研，进一步梳理了我国水电开发与环境保护的总体情况，形成了“生态优先、统筹考虑、适度开发、确保底线”的原则共识，明确了我国水电开发环境管理的重点工作，为实现水电的可持续发展，破解水电开发与生态保护的困局指出了工作方向。

纵观我国水电事业的发展历程，途中遇到了各种困难和挫折，但始终在突破重重制约，努力探索正确的方向。水电工程的生态环境保护技术日新月异地发展，这正是人与自然和谐相处理念的体现。

1.2.3 水电开发的水生态问题及保护必要性

水电工程在建设期和运行期会对水环境、大气环境、声环境、陆生生态环境、水生生态环境、社会环境等方面造成不同程度的影响，随着社会的进步和人民环保意识的提高，水电开发的生态环保问题受到社会各界广泛关注。水电工程依河而建，通常需要建设拦河闸坝，对河流水生生态系统造成最直接的干扰，因此在水电开发进入生态制约阶段的大背景下，水生生态保护工作自然成为重中之重。

河流作为生物和营养元素的重要交流廊道，其连通性是保障河流水生生态系统连续性的必要条件。我国绝大部分大中型水电站是坝式水电站，如三峡、溪洛渡、向家坝、锦屏一级等，其修建必然对河流产生阻隔效应，影响河流的连通性。

水电开发使河流水生生态系统产生一系列复杂的连锁反应，从而改变河流的生境要素和生物要素，且各个要素的影响又是紧密相连、不可分割的。对于如何直观地描述筑坝的影响及影响产生的过程，有诸多学者进行了思考，并提出了相应的概念模型。Petts et al.（1984）认为，筑坝的影响可分为3个层次（图1.2-2）。

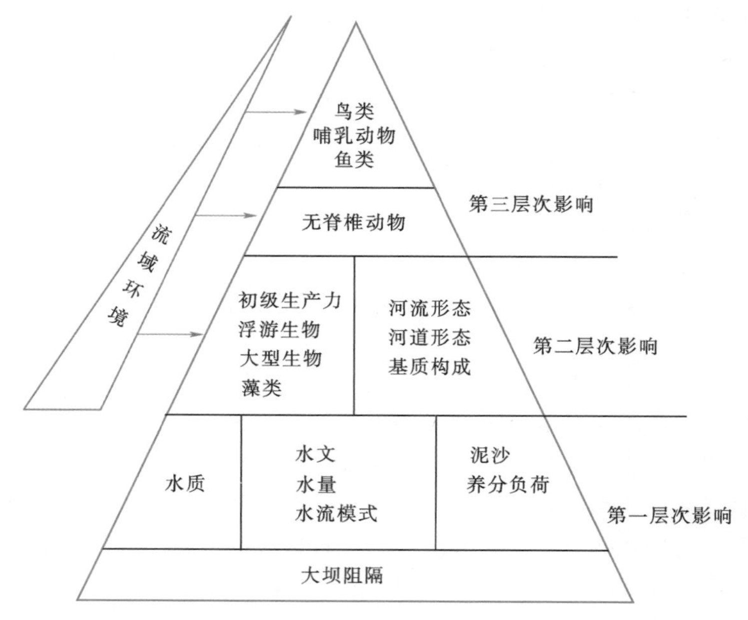

图1.2-2 大坝对河流生态系统的影响（Petts et al.，1984）

（1）第一层次影响：水电工程最先是对自然河流生态系统形成阻隔影响，引起河流水生生态系统中的生境要素的变化。水库蓄水后使库区水位抬高，形成变动回水区，在水库进行防洪和发电等调度时，库区水位可能会出现反季节上涨和消落期迅速下降等非自然的变化，显著改变了河流天然的水文过程。高坝大库型水电站还可能导致库区水温分层现象，打破自然河流水温从源头至河口呈现沿程逐渐增加的连续变化的规律。

（2）第二层次影响：面对水生生境从“河流型”向“湖泊型”转变，浮游生物种群会逐渐发生相应的自然选择和演替，改变河流水生生态系统的初级生产力。通常这种转变对浮游植物和浮游动物的繁殖生长是有利的，其种群数量总体呈现增加趋势，水库的初级生产力提高。但浮游生物的种群结构也会出现相应的变化调整，适于缓流和开阔水面生长的生物种群数量会增加，如蓝藻门和绿藻门等；而只适宜于流水环境的种群将受到抑制，生物量比重将逐渐减少。水电站建成运行后，还进一步对河流形态、河床基质等非生物要素造成影响，原来河流上中下游蜿蜒曲折的形态在库区中消失，干流、支流、河湾、沼泽、急流、浅滩等丰富多样的生境被单一的水库生境所替代，生境的异质性大幅降低，水域生态系统的结构与功能随之发生变化，生物群落多样性也随之降低。

（3）第三层次影响：第一、二层次影响的综合作用下，将引发较高级（无脊椎动物、鱼类等）和高级（哺乳动物等）生物要素的变化，其中对鱼类的影响是最大的，也是关注度最高的。首先，第一层次影响中的阻隔效应将造成生境破碎化，这对生活史过程中需要进行大范围迁移的鱼类造成重大影响。其次，水文情势的改变可能导致自然河流原有鱼类种群丧失适宜生境，引起鱼类群落组成发生变化。此外，河流水温、气体过饱和、饵料生物丰度的变化也将显著影响鱼类资源，甚至造成某些鱼类种群在受影响区域绝迹。

可见，水电开发对河流水生生态系统的影响是从第一层次到第三层次发生了一系列复杂的连锁反应，最开始改变水文节律、水温、水质和河流形态等生境条件，进而影响浮游植物、浮游动物、鱼类等生物要素，最终打破原有河流水生生态系统的稳定，损害河流水生态系统功能和价值。若水电工程不开展保护和修复工作，对水生生态系统的损害是难以挽回的。我国在水电开发技术和经验不断累积的基础上，也在一步步发展着水生生态保护技术。

1.2.4 我国水电开发水生生态保护工作历程

自新中国成立以来，我国水电事业蓬勃发展，与其他发达国家相比，我国的水电开发水生生态系统保护工作相对滞后。纵观水生生态保护工作历程，大致可以分为 3 个阶段，即探索阶段、发展阶段和强化阶段。

1. 探索阶段

新中国成立至 20 世纪 70 年代末，是我国水电开发水生生态保护的探索阶段。当时我国水电开发工作在重重困难中前行，前期的开发工作主要侧重于工程效益和资源利用，生态环境保护相关的法律、法规和政策尚未出台，水电工程的水生生态环境保护工作并未受到重视。在此期间，国外发达国家的水生生态专家已经开展了大量研究和实践，国内部分学者作为先行者也启动了过鱼设施、鱼类增殖放流、水温分层、生态基流等方面的探索和实践。

1958 年在规划开发浙江省富春江七里垄水电站时首次提及鱼道，并进行了一系列科学实验和水系生态环境的调查，但因鱼道内流速偏大等原因，导致鱼道不能完全发挥其作用，后来被“绿化隐蔽”。20 世纪 50 年代“四大家鱼”人工繁殖取得成功，并在部分地区向湖泊和水库中放养、移植“四大家鱼”及其他一些经济鱼类。由于在农业生产中逐渐意识到灌溉水温、冷害问题对农作物的不利影响，20 世纪 60 年代中期开始，广西、湖南等省针对当时已建的中小型水库陆续修建了一些分层取水工程，主要思路是从改建深式取水建筑物着手，探求结构简单、操作管理方便、取水效果好的取水结构型式。1963 年前后水利部黄河水利委员会曾利用三门峡水库进行国内人造洪峰的尝试，首次人造洪峰时间为 1963 年 12 月 2—15 日，第二次人造洪峰时间为 1964 年 3 月 29 日至 4 月 2 日，两次造峰期间花园口断面最大日均流量为 $2920m^3/s$ 和 $3160m^3/s$，但由于造峰流量较小、大流量持续历时短，未达到调水冲淤的目的。

2. 发展阶段

20 世纪 80 年代至 20 世纪末，我国水电开发水生生态保护工作随着环境保护管理制度的逐步健全，进入发展阶段。

1979 年 9 月 13 日第五届全国人民代表大会常务委员会第十一次会议通过了《中华人民共和国环境保护法（试行）》，明确在进行新建、改建和扩建工程时，必须提出项目环境影响报告书，经环境保护部门和其他有关部门审查批准后才能进行设计。1981 年 5 月 11 日，国家计划委员会、国家基本建设委员会、国家经济委员会、国务院环境保护领导小组联合发布了《基本建设项目环境保护管理办法》，明确把环境影响评价制度纳入基本项目审批程序。随后原水利电力部水利水电规划设计院于 1984 年委托成都勘测设计院负责，编制了《水利水电工程环境影响评价规范》（SDJ 302—88），该规范于 1989 年 7 月 1 日起生效，填补了水电工程环评规范的空白。

进入 20 世纪 90 年代，河流生态流量受重视程度进一步提高，1994 年出版的《环境水利学导论》中明确界定了环境用水的概念。针对黄河断流和水环境问题，水利部明确提出在水资源配置研究中应考虑生态环境用水。除此之外，国家“九五”科技攻关项目的多个课题对西北地区内陆河流生态基流计算方法开展了研究。

20 世纪 80 年代，国外分层取水工程已取得了长足的进步，日本所兴建的分层取水工程已被国际大坝会议环境特别委员会作为典型工程推荐。我国随着水库水温监测资料的积累，水库水温计算经验方法不断涌现，并写入《水利水电工程水文计算规范》（SL 278—2002）和《混凝土拱坝设计规范》（SL 282—2003）。水库水温的数学模拟方法也得到迅猛发展，如中国水利水电科学研究院引进国外的 MIT 模型，其根据我国实际情况对模型进行了扩充和修改，命名为“湖温一号”，在诸多工程中得到了应用。邓云等（2003）建立了适用于大型深水库的立面二维水温模型，采用二滩水库原型观测资料对模型进行了验证。陈小红（1992）、雒文生（1997）将 $k-\varepsilon$ 方程引入到大水体研究中，耦合水动力方程与水温方程，考虑水流运动与水温之间的关系，分别对红枫潮水库的水温进行了计算。

受葛洲坝水利枢纽过鱼工程措施争论的影响，在之后的 20 年间，我国鱼道研究进入了停滞期（易伯鲁，等，1988）。相反，在葛洲坝水利枢纽工程经历“救鱼措施之争”并最终决定通过建设鱼类增殖放流站来保护中华鲟等珍稀物种之后，鱼类增殖放流措施的关注度逐渐提高。在长江水产研究所等单位实现中华鲟人工增殖技术后，国家在葛洲坝工程局设立了中华鲟研究所，专门从事中华鲟的增殖放流工作，迄今为止中华鲟研究所和长江水产研究所已累计向长江放流各种规格的中华鲟苗种 800 多万尾（危起伟，等，2005）。

3. 强化阶段

进入 21 世纪之后，我国水电开发的水生生态保护工作进入强化阶段。首先，国家和主管部门出台了一系列的法律、法规和政策性文件，强化后的管理制度对水电开发的水生生态保护提出了更高的要求。其次，我国水电开发在 2000 年后已经逐步摆脱了技术、投资和市场等因素的制约，上马了一大批大型水电工程，尤其是高坝大库水电站对水生生态保护工作也提出了更大的挑战。

2003 年 9 月 1 日起实施的《中华人民共和国环境影响评价法》，将环境影响评价制度法制化。2003 年，原国家环境保护总局和水利部联合发布了《环境影响评价技术导则 水利水电工程》（HJ/T 88—2003），2006 年又发布了《水电水利建设项目河道生态用水、低温水和过鱼设施环境影响评价技术指南（试行）》，为水电水利建设项目环评提供了重要的技术和管理依据。

进入 21 世纪，我国建成了一批大型水利水电工程，其中不乏像长江三峡水利枢纽工程、锦屏一级水电站、溪洛渡水电站这样的举世瞩目的巨型工程。这一批大型水电工程的水生生态保护工作难度、复杂性、外部要求和关注度均明显超越了 20 世纪的水电工程。对我国 2000 年之后的 88 个水电项目进行统计，绝大部分水电项目选择一种或多种鱼类保护措施，其中采取鱼道措施的有 5 个，占 5.7%；采取其他过鱼措施（仿自然旁通道、升鱼机等）的有 27 个，占 30.7%；实施人工增殖放流措施的有 78 个，占 88.60%；营造人工产卵场、栖息地的有 26 个，占 29.5%；建立鱼类保护区和禁渔区的有 17 个，占

19.3%；加强渔政管理工作的有37个，占42.0%。可见，栖息地保护、鱼类增殖放流、生态流量、过鱼设施、高坝大库低温水减缓等水生态保护措施已成为21世纪水电开发的重要工作内容。

1.3 锦屏工程水生生态保护的意义

1.3.1 工程规模和特性

锦屏一级水电站位于四川省凉山彝族自治州盐源县和木里藏族自治县（以下简称“木里县”）境内，是雅砻江干流中下游水电开发规划的“控制性”水库梯级，在雅砻江梯级滚动开发中具有“承上启下”重要作用。锦屏一级水电站为堤坝式（地下厂房）电站，属Ⅰ等大（1）型工程，工程开发任务主要是发电，结合汛期蓄水兼有分担长江中下游地区防洪的作用。电站装机容量为3600MW，保证出力为1086MW，多年平均年发电量为166.2亿kW·h，年利用小时数为4616h。大坝为世界第一高拱坝，坝高305m，水库正常蓄水位为1880.00m，死水位为1800.00m，正常蓄水位以下库容为77.6亿m^3，调节库容为49.1亿m^3，属年调节水库。

锦屏一级水电站地处深山峡谷地区，地质条件较复杂，工程规模巨大，技术难度高，尤其是大坝最大高度达305m，其技术水平处于世界前列。电站为典型的深山峡谷区的坝式开发水电站，枢纽主要建筑物位于普斯罗沟与手爬沟间1.5km长的河段上，地形地貌极有利于布置混凝土拱坝，枢纽主要建筑物包括：混凝土双曲拱坝；坝身4个表孔、5个深孔、2个放空底孔；坝后水垫塘；右岸1条有压接无压泄洪洞；右岸中部地下厂房等。

坝顶高程为1885.00m，坝顶宽度为16.0m，坝底厚度为63.0m，厚高比为0.207，坝体基本体形混凝土方量为476万m^3。泄洪设施由坝身4个表孔、5个深孔、2个放空底孔，坝后水垫塘以及右岸1条有压接无压泄洪洞组成；坝后采用复式水垫塘，长390.0m，右岸有压接无压的泄洪洞，能够宣泄5000年一遇15400m^3/s的校核洪水。引水发电建筑物布置在右岸山体内，由进水口、压力管道、主厂房、主变室、尾水调压室、尾水隧洞组成，地下厂房主厂房尺寸为277.0m×25.9m×68.8m，安装6台单机600MW的水轮发电机组。锦屏一级水电站枢纽工程布置见图1.3-1。

锦屏二级水电站为引水式电站，属Ⅰ等大（1）型工程，工程开发任务为发电，装机容量为4800MW，多年平均发电量为243.7亿kW·h，年利用小时数为5076h。锦屏二级水电站装机满发引用流量约1860m^3/s，需保证坝址下游在不同时期下泄最小生态流量为45～280m^3/s。水库死水位为1640.00m，正常蓄水位为1646.00m，相应库容为1401万m^3。水库调节性能为日调节，日调节库容为496万m^3。锦屏二级闸址与厂房之间形成的减水河段长约119km，该河段共有30余条支流、支沟，其中年均日流量大于10m^3/s的主要支流有子耳沟、九龙河等。

锦屏河段的前期勘测设计工作始于20世纪50年代，经过长达半个世纪的勘察和设计，举世瞩目的锦屏一级和锦屏二级水电站完成了规划、预可行性研究和可行性研究三大阶段的工作，并分别于2005年9月、2007年1月正式开工，两个电站于2014年同期投产发电。锦

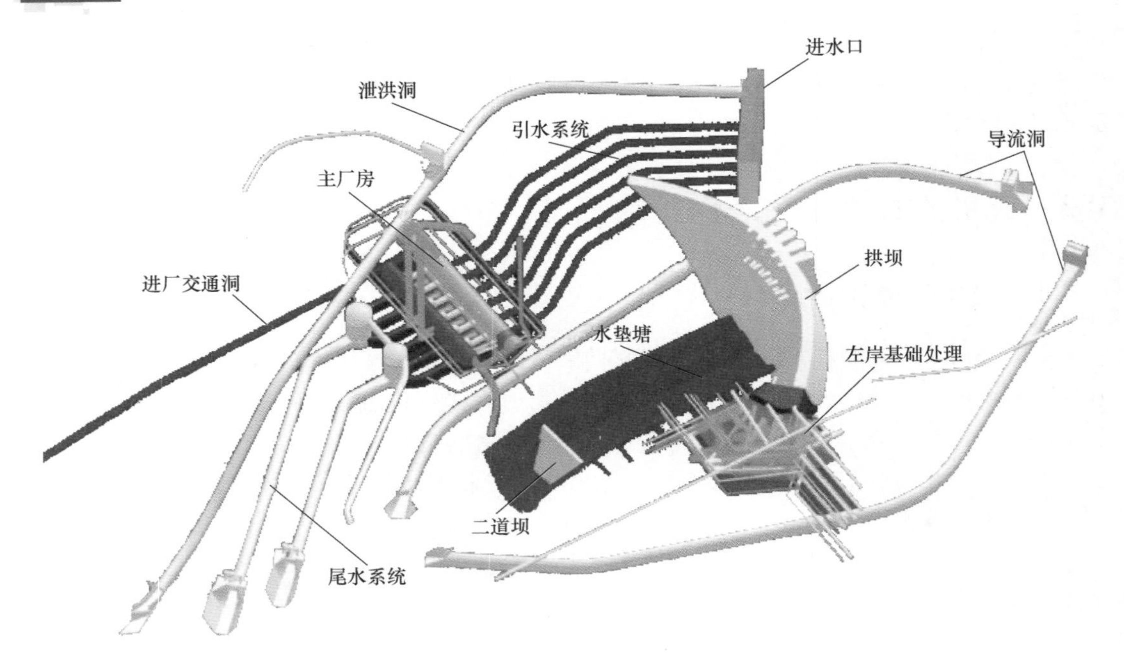

图 1.3-1 锦屏一级水电站枢纽工程布置图

屏一级和锦屏二级水电站凝聚了我国几代工程技术人员的心血，也见证了我国水电由弱到强、由小到大的发展，是水电事业大半个世纪的辉煌历程中最耀眼的里程碑之一。

1.3.2 水生生态保护历程

电站的环境影响评价工作起步于1989年，2000年进入深化研究阶段，诸多专业科研机构开展了一系列水生生态保护专题研究，如“锦屏一级水电站与下游梯级电站联合调度对水温影响研究专题”“水生生态及水生生物多样性调查与评价研究专题”“减水河段生态环境需水量研究专题”等。在大量专题研究成果的基础上，锦屏一级和锦屏二级水电站的环境影响评价工作分别于2003年和2005年圆满完成，提出了水生生态保护措施体系，并通过了行政审批。

在工程长达9年的施工期，专业机构开展了“工程河段水生生物监测”“鱼类增殖放流站设计研究”“雅砻江干流中下游河段水电开发环境影响回顾性评价研究”“分层取水专项设计”等调查、评价和设计专题工作，为各项措施的实施提供了依据。电站投产运行后，建设单位开展了工程竣工环保验收工作，对工程所采取的水生生态措施落实情况进行了调查，并评价了保护效果。

锦屏工程在设计、建设和运行过程中开展了大量的水生生态保护专题调查和研究，设计并实践了多种保护措施，为更好地保护区域水生态环境奠定了基础。

1.3.3 水生生态保护的意义

锦屏一级水电站创立了大坝建设新的里程碑，是我国水电工程的标杆型工程，其主体工程技术成果指标达到了国际领先水平。2018年，锦屏一级水电站先后斩获全球工程咨询领域最高荣誉"菲迪克2018年工程项目杰出成就奖"、中国土木工程领域科技创新最高荣誉"詹天佑奖"和国家最高工程质量荣誉"国家优质工程金奖"，备受国内外同行的认可。同时，锦屏一级水电站建设坚持开发与保护并重，使工程与环境相融相促，尤其在水生生态保护方面联合锦屏二级水电站开展了大量基础性研究和关键技术攻关，提出了锦屏河段的栖息地保护、鱼类增殖放流、分层取水、生态调度等关键水生生态保护措施并付诸工程实践，开拓了水电开发与水生生态保护相协调的发展模式，在我国绿色生态水电发展历程中具有里程碑式的意义。

锦屏河段水生生态保护工作的重大意义，主要体现在三个方面。

第一，锦屏河段的水生生态保护工作具有条件复杂、工程难度大的特点，多项保护措施在国内属于水生生态保护的开创性工作，形成了一系列创新性成果，对促进我国水电开发的水生生态保护事业发展具有首创之功，意义重大。

锦屏·官地水电站鱼类增殖放流站是国内水电行业最早设计和建设的鱼类增殖放流站，无规程规范可依，也无工程案例可借鉴。结合工程区气候特点和水源等条件，解决了在高山峡谷地区蠕变体山坡上修建鱼类增殖放流站的工程技术难题。另外，当时国内规划的鱼类增殖放流站都是"一厂一站"设置，势必造成水电梯级开发同一条河流上出现诸多增殖放流对象完全相同的增殖站，既导致资金极大的浪费，也对增强保护效果无益。锦屏·官地水电站鱼类增殖放流站开创了多电站联合修建鱼类增殖放流站的建设模式，更符合流域范围鱼类保护与增殖的科学规律，也更便于实际操作层面中的流域鱼类增殖放流统一协调管理，对区域同类工程的设计、建设及运行具有较强指导意义和推广价值。

我国河流开发过程中栖息地保护工作起步较晚，技术基础较为薄弱，在锦屏大河湾段开展栖息地保护工作是非常有意义的尝试，且对雅砻江下游这种开发程度较高河流的鱼类资源保护作用显著。

第二，面对水生生态环境保护难题，尤其是鱼类资源保护问题，锦屏河段鱼类增殖放流、栖息地保护、生态调度等系列措施，在实施中效果初显，对维持锦屏大河湾乃至整个雅砻江中下游的河流生态健康意义重大。

雅砻江下游规划了锦屏一级、锦屏二级、官地、二滩、桐子林共五座水电站，河段开发程度较高，大部分河道形成了库区，水流变得平缓，不再适宜喜急流性鱼类栖息。锦屏二级截弯引水后，在大河湾段形成了长约119km的减水河段，结合生态流量下泄措施，这一段具有流水环境的河段距离较长，生境多样，可为适应于流水环境的土著鱼类提供栖息地，发挥了重要的水生态价值。锦屏·官地水电站鱼类增殖放流站开创性地采用多电站联合建站运行的模式，服务于锦屏一级、锦屏二级和官地水电站，近期设计放流规模达150万尾/年，远期放流规模将达到200万尾/年，是目前国内最大的增殖放流站。截至2018年，锦屏·官地水电站鱼类增殖放流站已投放810万尾鱼苗入河，使长丝裂腹鱼、短须裂腹鱼、细鳞裂腹鱼、四川裂腹鱼、鲈鲤和长薄鳅等珍稀、特有鱼类的种群数量得到了有效补充。锦屏一级工程还建成了国内最大水位变幅的电站分层取水口，有效改善了水库下泄水温，有助于缓解低温水对大河湾鱼类的影响，保证春季鱼类的繁殖发育。生态调度方面，锦屏一级、锦屏二级水电站联合调度，运行期稳定下泄$45\sim280m^3/s$的生态流量进入大河湾减水河段，加上区间径流补充，使其达到山区中等河流的规模，为鱼类繁殖生长提供了宝贵的天然生境，维持了减水河段的生态功能。

第三，锦屏河段的水生生态保护工作对于本流域、横断山脉乃至整个中国西南地区山区河流中同类型水生生态保护措施体系的设计、建设及运行具有重大的指导意义和推广价值。

在我国水电工程水生生态保护工作的起步阶段，除对保护措施体系一般规律的研究外，在各项具体的保护措施设计中多学习和借鉴当时相对先进的欧洲、北美和日本等地区的实际工程经验。但是国外水电工程及其水生生态保护方面的自然地理条件、保护对象、建设背景、历史经验、具体国情等均与国内相差甚远，仅能部分参考。我国水电资源富集于以横断山脉为代表的西南地区，锦屏河段水电开发在水生生态保护方面所面临的各种问题及其重点与难点，在我国水电开发项目，尤其是在大中型流域水电开发中具有典型性和代表性。因此，锦屏河段水生生态保护工作为后续的同类型工程提供了很有价值的理论基础、研究方法和实践经验。

整体来看，从锦屏一级、锦屏二级水电站规划设计、建设到运行的数十年间，围绕水生生态保护问题，设计和建设各方竭尽心智、艰苦奋斗，在世界级水电站工程建成的同时，也构建出了效果显著的水生生态保护措施体系。这一体系从无到有，从薄弱到繁茂，无数建设者奉献了自己的才智，攻克了诸多技术难题，对后续水电开发工作具有很好的借鉴意义。本书系统总结了锦屏河段的关键水生生态保护研究和实践经验，希望能为后续的水电开发工作和相关从业者提供参考借鉴。

第 2 章

环境背景

2.1 河段概况

2.1.1 雅砻江流域

雅砻江是金沙江最大的支流，发源于青海省玉树市境内的巴颜喀拉山南麓，自西北向东南流，在呷衣寺附近流入四川省，沿途接纳了鲜水河、小金河、安宁河后在攀枝花下游的倮果注入金沙江。干流河道全长1535km，流域面积约12.84万km^2，占金沙江（宜宾以上）集水面积的25.8%。雅砻江两河口以上为上游河段，两河口至卡拉段为中游河段，卡拉至江口为下游河段。雅砻江上、中、下游干流河道长度分别为790km、385km、360km，其中有166km流经青海省境内，1369km流经四川省境内。雅砻江干流初拟了21级开发水能资源，其中两河口梯级为雅砻江干流中下游段“龙头”水库，具有多年调节能力；锦屏一级水电站为下游河段控制性水库，具有年调节能力，对下游梯级补偿调节效益显著。

2.1.2 锦屏河段

本书重点研究的河段为锦屏一级和锦屏二级水电工程所在的锦屏河段。锦屏河段起始于锦屏一级水电站库尾（卡拉水电站坝址处），终点为锦屏二级水电站厂房，总长度约196km。锦屏河段地理位置见图2.1-1。锦屏河段分布着锦屏一级和锦屏二级两座水电站，总装机容量为8400MW，是雅砻江下游开发的龙头电站和控制性工程。锦屏一级大坝到锦屏二级大坝之间仅7.5km，两座电站建成后联合运行，被誉为雅砻江上的“双子星座”姊妹电站。

锦屏一级水电站位于四川省凉山彝族自治州盐源县和木里县境内，坝址位于盐源县与木里县交界的普斯罗沟（101°37′E，28°10′N），工程建设占地和水库淹没涉及盐源县和木里县境。

锦屏二级水电站位于四川省凉山彝族自治州木里、盐源、冕宁三县交界处的雅砻江干流锦屏大河湾上，闸址位于锦屏一级水电站坝址下游7.5km的大河湾西端猫猫滩（属木里县和冕宁县，101°38′E，28°15′N），厂址位于雅砻江大河湾东端大水沟处（属冕宁县，101°47′E，28°08′N）。工程水库淹没涉及木里县和盐源县，建设占地涉及木里县、盐源县和冕宁县，闸址至厂址之间的减水河段涉及九龙县和冕宁县。

根据区位关系特征和工程特性，可将锦屏河段分为锦屏库区段和锦屏大河湾段两部分。锦屏库区段是从锦屏一级水电站库尾（卡拉水电站坝址处）至锦屏二级坝址之间长约67km的河段，该河段包含了锦屏一级和锦屏二级水电站的库区。锦屏大河湾段是从锦屏二级坝址至锦屏二级厂房之间约119km的减水河段。锦屏大河湾段河流环绕锦屏山，形成一南北向长条形天然弯道。锦屏大河湾西端的棉沙沟至东端的大水沟直线距离约16.5km，水面落差为310m，若截弯引水平均每千米可获得落差18.79m，是落差最为集中的河段。锦屏大河湾段在洼里水文站处控制了雅砻江全流域面积的75.4%，多年平均

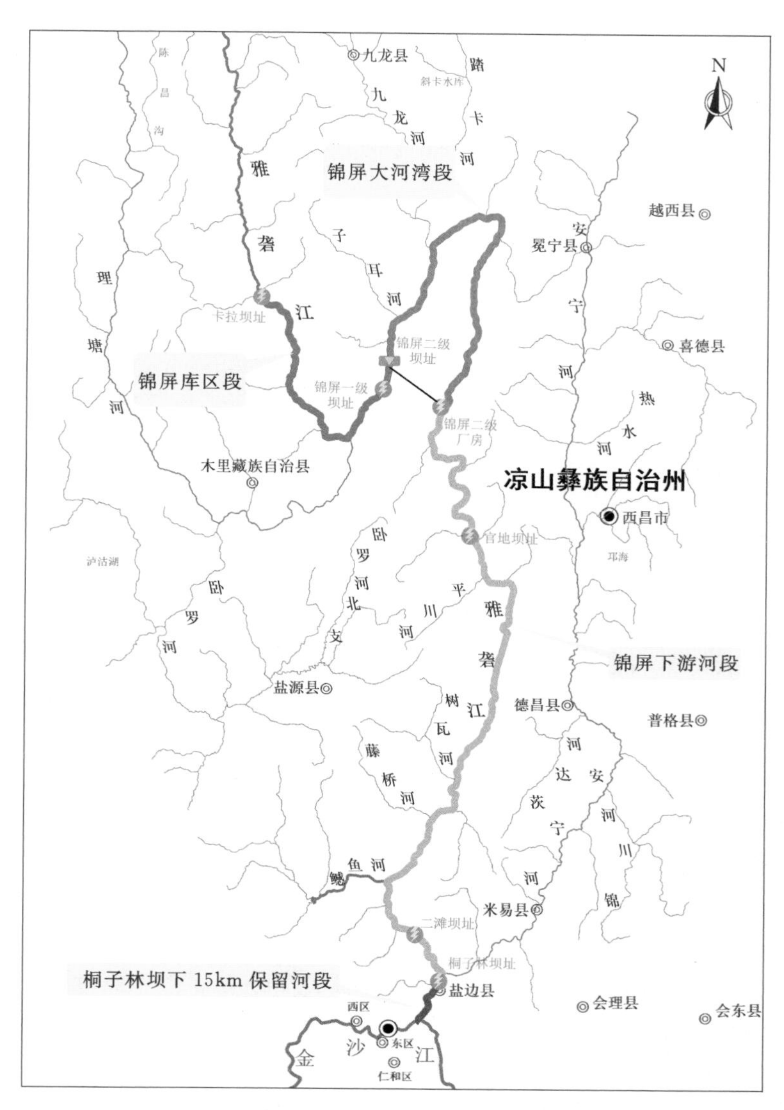

图 2.1-1 锦屏河段地理位置示意图

流量为1220m³/s，多年平均年径流量为384.7亿m³。

锦屏一级和锦屏二级水电工程的大部分水生生态保护措施集中在锦屏河段内，但由于锦屏一级水电站是雅砻江下游的控制性水库，其采取的生态调度、分层取水、鱼类增殖放流等措施对整个雅砻江下游的水生生态系统保护有积极意义，因此，除了锦屏河段之外，本书还将锦屏二级水电站厂房至雅砻江河口的锦屏下游河段（锦屏二级厂房至河口）作为研究对象。从雅砻江下游河段整体来看（图2.1-1），除了锦屏一级、锦屏二级之外，还依次分布着官地、二滩和桐子林3座已建梯级电站，5座水电站已经将大部分流水生境河段转变为湖库生境，仅剩锦屏大河湾段的119km减水河段和桐子林电站坝下至河口的15km保留河段。因此，整个雅砻江下游绝大部分的流水生境都集中在了锦屏河段，可见锦屏河段的水生生态保护对整个雅砻江下游水生生态环境意义重大。

2.2 环境条件

2.2.1 地貌特征

从整个雅砻江流域来看，全流域南北跨越7个纬度，域内地形、地势变化悬殊。甘孜、道孚以北地区，地势高亢，山顶多呈波状起伏的浅丘，河谷宽坦、水流平缓，呈现一片高原景象；甘孜、道孚以南至大河湾，主要为高山峡谷区，河谷异常深狭，谷坡陡峻，多为窄“V”形及“U”形谷，谷底宽仅50～100m，两岸山岭多呈锯齿状，角峰林立，山体巍峨，相对高差在500～2000m之间；大河湾以南至河口地区，具有宽谷盆地与山地峡谷相间的复杂地形特点，宽谷盆地多处于几条支流上，干流仍属高山峡谷，自然景观与中段相似，但谷底较宽。

锦屏山以近南北向展布于大河湾范围内，山势雄厚，沟谷深切，峭壁陡立；高程在3000.00m以上的山峰甚多，高于4000.00m者有罐罐山（4480.00m）、三堂山（4488.00m）、石官山（4434.00m）、锦屏山（4193.00m）、干海子（4309.00m）、么罗杠子（4393.00m）等。呈南北走向的地形主分水岭稍偏于西侧，分水岭两侧地形不对称，东侧宽而西侧窄；地表起伏大，高差悬殊，山高谷深坡陡，是工程区地形地貌的基本特点。

雅砻江大河湾河床坡降大，水流湍急，河谷呈“V”形，漫滩、心滩少见，沿岸阶地零星发育。沿岸一级支沟大多与雅砻江近于直交，且沟谷密度大，两岸高耸，切割较深，多属常年有水或间歇性干谷。各级支沟多见数十米的瀑布或干悬谷，沟谷纵剖面的上、下游较陡，中游较平缓，呈阶梯状变化。

锦屏一级水电站坝址位于小金河汇口下游普斯罗沟与手爬沟间1.5km长的河段上，河流顺直而狭窄，两岸河谷坡高近千米，基岩裸露，岩壁耸立，为典型的深切“V”形河谷。其中右岸1810.00m高程以下坡度为70°～90°，以上坡度变缓至40°；左岸高程1900.00m以下坡度为60°～80°，以上为45°左右。枯期江水位1635.70m时，水面宽80～100m，水深6～8m；正常蓄水位1880.00m处，谷宽约410m。锦屏一级坝址河段原地貌见图2.2-1。

2.2.2 气候特征

雅砻江流域地处青藏高原东侧边缘地带，属川西高原气候区，受高空西风环流和西南季风的影响，干湿季分明。每年11月至翌年4月为干季，具有日照多、湿度小、日温差大、降水少（约占全年5%～10%）的特点；5—10月为雨季，具有日照少、湿度较大、日温差小、气候湿润、降雨集中（占全年的90%～95%）的特点。流域多年平均降雨量为520～2470mm，由北向南递增，高值区在支流安宁河上游及流域的南部；流域多年平均气温变化范围为−4.9～19.7℃，由北向南逐步递增；多年平均相对湿度差别不大，下游略高于上游。流域内因地形变化较大，相对高差达1500m，因此立体气候特征明显，

图 2.2-1 锦屏一级坝址河段原地貌

河谷地区具有亚热带气候特征，而高山区具有寒温带的气候特征。

锦屏一级水电站涉及凉山彝族自治州的盐源县和木里县。盐源县气候主要受高空西风南支气流和印度洋暖流控制。因其地势高亢，气候具有垂直变化大、干湿季分明、冬无严寒、夏无酷暑、冬春干旱多风、夏秋潮湿多雨、年变化小、日变化大、日照丰富等特点。盐源县多年平均气温为 12.1℃，多年平均降水量为 855.2mm。木里县与盐源县相邻，气候仍然主要受高空西风南支气流和印度洋暖流控制。因境内地形复杂、海拔悬殊，形成垂直气候显著、干湿分明、雨季集中、四季变化不明显等特点。木里县的多年平均气温为 11.5℃，多年平均降水量为 839.9mm。总体来说，锦屏一级水电站所在的雅砻江下游气候主要受高空西风南支气流和印度洋暖流控制，区域垂直气候显著、干湿分明、雨季集中、四季变化不明显。流域内气象灾害主要有干旱、低温冷害、冰雹、大风、暴雨和洪灾等。

2.2.3 土壤与植被

从雅砻江流域来看，受流域内岩石类型多样性和复杂气候的影响，流域土壤类型较多，在水平和垂直方向上的分布均表现出一定的区带性，从上游往下游垂直分布高山寒漠土、高山草甸土、亚高山草甸土、山地棕壤、山地褐土、潮土。

锦屏一级水电站工程区涉及盐源、木里两县，区域土壤母质类型主要有残积物、坡积物及洪冲积物；母岩的种类很多，按化学成分分类主要有基性岩和超基性岩，按岩石成分分类主要有沉积岩和岩浆岩。

据《木里县土壤》（木里藏族自治县土壤普查办公室，1988）、《盐源县土壤》（盐源县土壤普查办公室，1988）的调查资料分析，木里县土壤可分为 12 个土类、15 个亚类、17 个土属和 13 个土种；盐源县土壤可分为 12 个土类、20 个亚类、26 个土属和 53 个土种。

根据四川植被分区，工程区植被类型隶属于川西南山地偏干性常绿阔叶林亚带下的木里山原植被小区。该小区地处青藏高原的边缘，气候特点是冬春干旱，夏秋易涝，一年中大半时间为旱季，是四川较干旱地区之一。植被组合具有常绿阔叶林区与高原山地植被的过渡性特征，植被由干热河谷灌丛、云南松林、高山栎类林、松栎混交林、亚高山常绿针叶林、高山灌丛草甸等组成。区系上有标志意义的树种是云南松、高山松、丽江云杉、长苞冷杉、川滇冷杉和各种高山栎类。

工程影响区地质构造复杂，地形地貌多样，海拔高差悬殊，气候垂直梯度明显，因此植被垂直分布带谱也十分明显。在距离河谷较近的海拔区间（1600.00～1900.00m）植被类型主要为亚热带干热河谷灌丛，其次为云南松疏林。

2.3 锦屏河段水生生态系统特征

锦屏河段处于青藏高原向四川盆地过渡地带，为高山峡谷地貌，河床深切，落差大，水流湍急，滩潭交替。滩上水浅流急，底质由巨砾和卵石组成；潭内水深，水流稍缓，底质多变、复杂，主要为卵石和砾石；这为适应急流和高氧的鱼类及饵料生物提供了栖息和繁殖场所。部分河段中心多沙洲，两岸多沙滩和碛坝。与河流生境相适应，水生生物表现出典型的山区河流特征，种类组成以流水性种类为主，密度、生物量相对较低，水体生物生产力不高，河流的生态功能以汇源、输移为主。

2.3.1 河流生境

1. 水文情势

（1）径流。雅砻江流域径流主要源于降水，流域径流深由上游至下游呈增加趋势。雅江以北地区，由于深居内陆海拔高，南来暖湿气流受高山阻挡，降雨量较少，多年平均径流深为318mm；雅江—洼里之间处于中段暴雨区，雨量增多，多年平均径流深为463mm；洼里—小得石区间处于下段暴雨区，雨量丰沛，多年平均径流深为1004mm。

据洼里（三滩）站在锦屏一级水电站建设前的流量系列，统计得多年平均流量为1220m^3/s。径流年内分配为：丰水期6—10月，主要为降雨补给，丰水期多年平均流量为2230m^3/s，水量约占全年的76.1%；枯水期11月至翌年5月，主要由地下水补给，水量占全年的23.9%，枯水期多年平均流量为493m^3/s。由于流域面积大，植被良好，径流的年际变化不大，年内丰枯变幅也较小。

（2）洪水。雅砻江流域洪水主要由暴雨形成，暴雨出现在6—9月，主要集中在7—8月。一次降雨过程为3d左右，两次连续过程为5d左右。流域内较大洪水多为两次以上连续降雨形成，洪水过程多呈双峰或多峰型，一般单峰过程为6～10d，双峰过程为12～17d。由于流域大部分地区雨强不大，加之流域呈狭长带状，不利于洪水汇集，故洪水具有洪峰相对不高、洪量大、历时长的特点。

（3）流速、水深。根据锦屏一级水电站建设前的中水年库区河段和坝下河段水文统计数据，雅砻江各断面中洼里、泸宁断面的水深较大，流速相对较小，断面平均流速为0.3～3.5m/s，水深则介于2.9～11.8m之间；库区支流小金河列瓦断面的月平均水深为1.2～3.2m，流速介于0.8～2.4m/s之间。

(4) 泥沙。分析1959—2000年锦屏一级坝址处悬移质系列，坝址多年平均悬移质年输沙量为2120万t，多年平均含沙量为555g/m^3，实测最大含沙量为12000g/m^3（1974年5月30日）。输沙量年际变化较大，最大年输沙量为9410万t（1998年），是多年平均输沙量的4.44倍，是最小年输沙量733万t（1971年）的12.8倍。输沙量年内分配不均匀，河流沙峰随洪峰出现，主要集中在汛期（6—9月），其输沙量为2010万t，占全年输沙量的94.8%。根据小金河河口长系列的水沙资料，小金河河口多年平均悬移质年输沙量为833万t，多年平均含沙量为869g/m^3。小金河河口的输沙量年际变化较大，年内分配不均匀，表现了与干流相似的特征。

此外，利用水槽试验确定的流量-推移质输沙率关系，结合泸宁水文站和列瓦水文站的历史实测流量资料，推算得出雅砻江泸宁河段和列瓦河段的多年平均推移质输沙量分别为74.7万t和6.7万t。

2. 水质

锦屏一级库区地处偏远的凉山州西北部，工矿企业极不发达，工业污染源对库区水质的贡献值较小，无直接排入库区的工业污染源；生活污染源主要为城镇生活污水，且仅木里县城区的生活污水经博凹河（小金河支流，流经木里县城）进入小金河，污染贡献值相对也较小；当地化肥农药施用欠科学，利用率整体较低，且库周地质条件复杂，地形坡度大，整体水土流失较为突出，锦屏河段主要污染源为随地表径流进入河道的农业面源。

工程在建设前开展了锦屏河段水质本底状况调查，在雅砻江干流设置了白碉断面（小金河汇口以上，坝址上游约22km）和洼里断面（小金河汇口以下，坝址上游约10km），在支流小金河设置了博凹河河口断面和小金河列瓦断面，监测工作分丰水期、平水期、枯水期三期开展。按《地表水环境质量标准》（GB 3838—2002）锦屏河段属Ⅱ类水域功能区，根据调查结果，除总磷超标外，其余河流水质评价指标均达标，超标的总磷出现在4个断面的丰水期，超标倍数为3.86～7.92。总体来看，在水体稀释和净化作用下，雅砻江干流水质整体优于库区博凹河和小金河支流水质。受木里县城生活污染源的影响，博凹河水质最差。由于农田径流污染源主要发生在丰水期，水体总体变化趋势是枯水期优于平水期、平水期优于丰水期，丰水期的水质最差。

3. 水温

根据锦屏一级水电站建设前的水温实测数据，坝址处洼里站多年平均水温为12.4℃，库尾麦地龙站多年平均水温为10.8℃，支流小金河列瓦断面多年平均水温为12.0℃。雅砻江干流河道水温变化趋势为由上游至下游逐渐升高。从水温年内分布来看，温度最低是12月和1月，温度最高是6—8月。

4. 河流形态

锦屏大河湾多年平均流量约1220m^3/s，常年水位水面宽为70～110m，河床坡降大，水流湍急，河谷呈“V”形，两岸峭崖陡立，河岸可达40°～60°，地势具有阶梯状特征。从河段的尺度上来看，雅砻江锦屏河段属于典型的蜿蜒型河道，尤其在锦屏大河湾段河流流向发生了接近180°的大转弯。

从纵向来看，由于受两侧山体和地形的影响，锦屏大河湾段的河宽在纵向上出现了明显的变化。根据2004年10—11月的河道断面实测资料，锦屏大河湾常水位时河道断面宽为 60～180m，平均约 110m，水面宽的沿程变化情况见图 2.3-1。另外，河流形态的蜿蜒性和水流的深切作用，导致了锦屏大河湾段沿程深潭、浅滩交错分布，水深变化较大，从而形成了相对的急流和缓流区域，这种纵向上的多样性造就了丰富多样的生境。锦屏大河湾常水位时河道的最大水深为 2.5～30m，平均约 11.5m，最大水深的沿程变化情况见图 2.3-2。锦屏大河湾常水位时河底和水面高程的沿程变化情况见图 2.3-3，可以明显看出河底高程在纵向变化上呈锯齿状，不同部位的坡降变化很大，从而使河流在沿程上深浅不一，流态多变。

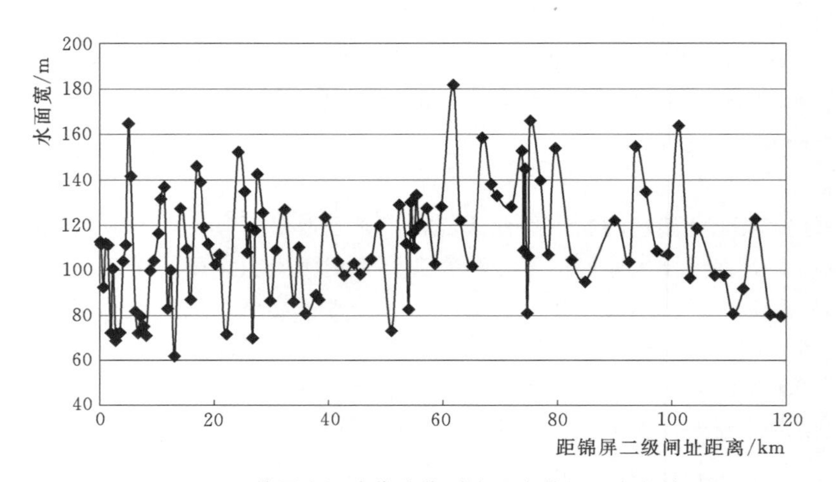

图 2.3-1 锦屏大河湾常水位时水面宽的沿程变化情况

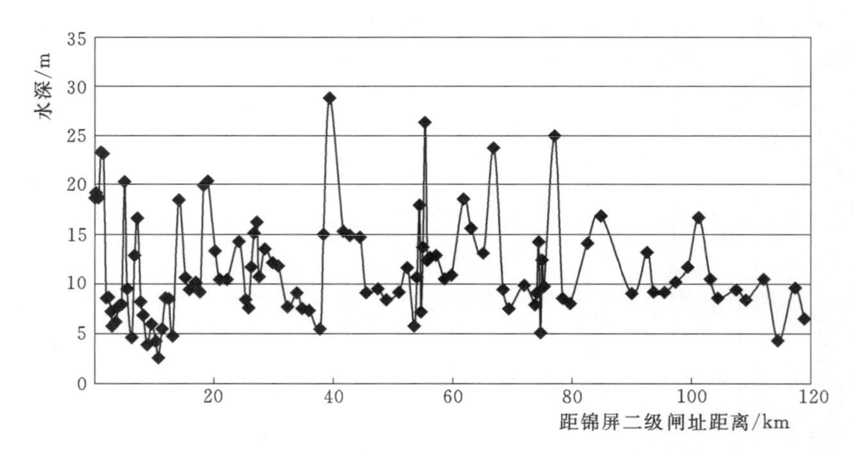

图 2.3-2 锦屏大河湾常水位时最大水深的沿程变化情况

从河流的横向来看，同样表现了较为明显的空间异质性。雅砻江锦屏河段的横断面整体上由河道区、河漫滩区、高地边缘过渡带组成，河道区又包括了多种空间异质性的地貌单元，如深潭、浅滩、河心滩、急流石滩等。根据地形地貌条件，锦屏河段在部分开阔区域会形成较大的河漫滩区（左滩地、右滩地或者左右滩地），它随着洪水淹没与消落而变化，属于时空高度变动区域。

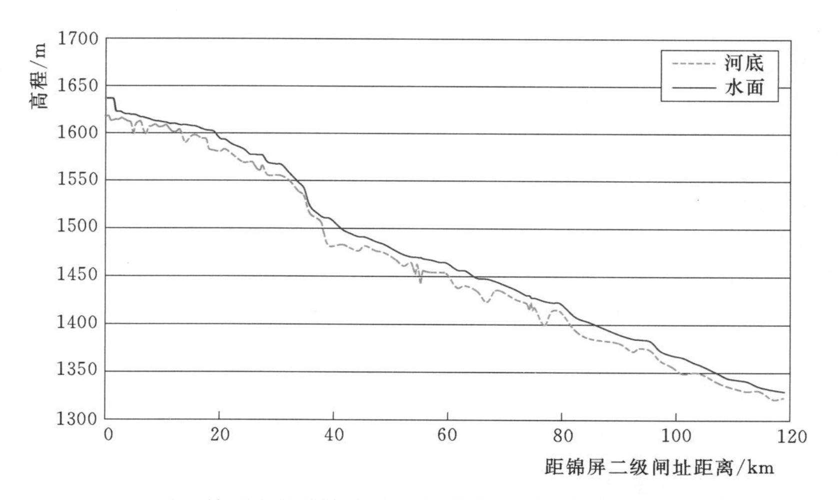

图 2.3-3 锦屏大河湾常水位时河底和水面高程的沿程变化情况

2.3.2 水生生物

1. 浮游植物

浮游植物是指在水域中能自由悬浮的微小植物，通常指的是浮游藻类，而不包括细菌和其他植物。浮游植物作为水体初级生产力最主要的组成部分，是鱼苗和成鱼的天然饵料，在营养结构中起着重要的作用。有些藻类可以直接用作环境监测的指示生物，而且相对于理化条件而言，其密度、生物量、种类组成和多样性能更好地反映出水体的营养水平。

锦屏河段外源性营养输入有限，加上水流急、泥沙含量高、水温低，浮游植物种类较少、现存量较低，以硅藻门为优势类群，优势种为舟形藻、桥弯藻、异极藻等，为典型的山区急流性江河藻类区系，与锦屏河段水温低、外源营养物质少的特点相适应，反映了锦屏河段属寡营养水体，水质较好。

2. 着生藻类

着生藻类生长在浸没于水底部、岸边的土壤或其他的物体，如木桩、岩石、高等植物茎秆等处。着生藻类是河流生态系统的初级生产者，通过光合作用将无机营养元素转化成有机物，并被更高级的有机生命体所利用。锦屏河段长丝裂腹鱼、细鳞裂腹鱼等均以着生藻类为主要食物来源。

硅藻在锦屏河段着生藻类种类和群落数量上均占绝对优势，反映了典型的山区急流性江河藻类区系特点。河段内少见大型着生藻类，多样性处于较低的水平，结构稳定性差，抗干扰能力小，符合水温低、外来营养物质少、水质较好的特点。

3. 浮游动物

浮游动物是指悬浮于水中的水生动物，它们的身体一般都很微小，要借助显微镜才能观察到。浮游动物在水生生态系统结构、功能和生物生产力研究中占有重要地位，一般分为原生动物、轮虫、枝角类和桡足类四大类。

由于峡谷深切、水流湍急，锦屏河段浮游动物种类较少，现存量和物种多样性指数很低，浮游动物以原生动物和轮虫为主要群体，枝角类和桡足类等大型浮游动物较少。

4. 底栖动物

底栖动物是第三营养级的主要组成部分，也是河流水体的鱼类饵料生物中生物量较大的类群，为江河中多数鱼类的饵料基础，并且与江河鱼类的生态类群和区系组成有密切关系。

锦屏河段的底栖动物生物多样性处于较低水平，种类组成多以蜉蝣目、襀翅目和毛翅目等敏感类群为主，上述种类对水体含氧量和水质要求高，表明河段人为干扰程度较低，水质总体上处于清洁状态或寡营养状态，河流污染程度低。

2.3.3 鱼类

鱼类处于河流生态系统食物链的顶端，是河流生态系统的重要组成部分，对河流生态系统的稳定和多样性起着极其重要的作用。因此，鱼类是水电开发水生生态保护工作的重要关注点。

1. 种类组成与区系

根据《雅砻江鱼类调查报告》（邓其祥，1985）、《雅砻江的渔业自然资源》（吴江，等，1986）、《四川鱼类志》（丁瑞华，1994）、《雅砻江下游地区的鱼类区系和分布》（邓其祥，1996）等文献资料记载，锦屏工程所在的雅砻江下游分布有鱼类118种（亚种）。

工程建设各阶段，均对工程河段的鱼类资源情况和生活特性进行了较为详细的调查。综合文献记载和历次调查成果，锦屏河段可能分布有鱼类53种（表2.3-1），分属5目10科37属，其中鲤形目34种，占鱼类种数的61.2%；鲇形目16种，占鱼类种数的30.2%；此外，鳉形目、合鳃鱼目、鲈形目各1种。

锦屏河段穿行于高山深谷间，水流湍急，流速多为1.0～6.0m/s。该河段所处地理位置、海拔及河流流态决定了生活于其间鱼类的区系结构组成特点。该河段鱼类大致由青藏高原类群、西南山地类群、江河平原类群、南方平原类群、古第三纪类群组成。以其分布区域、种群数量而言，青藏高原类群为最主要特征类群。其次为西南山地类群，虽然种类不多，但分布区域仅次于青藏高原类群，反映了山地河流所处的地理区域及其流态特征。

2. 珍稀特有鱼类

锦屏河段无国家Ⅰ、Ⅱ级保护鱼类，青石爬鮡、松潘裸鲤、鲈鲤、细鳞裂腹鱼、长丝裂腹鱼、西昌高原鳅、裸体异鳔鳅鮀等7种为四川省重点保护鱼类。长薄鳅和黄石爬鮡被《中国动物红皮书》记录为易危种类。

锦屏河段分布有长江上游特有鱼类21种，分别为红唇薄鳅、长薄鳅、西昌高原鳅、戴氏山鳅、中华金沙鳅、四川华吸鳅、长鳍吻鮈、圆口铜鱼、裸体异鳔鳅鮀、鲈鲤、短须裂腹鱼、细鳞裂腹鱼、长丝裂腹鱼、四川裂腹鱼、松潘裸鲤、齐口裂腹鱼、拟缘鉠、青石爬鮡、黄石爬鮡、中华鮡、前臀鮡等。

3. 资源分布

根据调查及资料记载，在渔获物中数量较多的种类有短须裂腹鱼、四川裂腹鱼、长丝裂腹鱼、鲈鲤等，数量较少的种类有细鳞裂腹鱼、贝氏高原鳅，数量很少的有青石爬鮡、中华金沙鳅、短身金沙鳅、圆口铜鱼、长鳍吻鮈、长薄鳅、裸体异鳔鳅鮀、泉水鱼等，极

表 2.3-1 锦屏河段鱼类名录

序号	目	科	属	种类	关注类别
1	鲤形目	鲤科	鱲属	宽鳍鱲 *Zacco platypus*	
2			草鱼属	草鱼 *Ctenopharyngodon idellus*	
3			吻鮈属	长鳍吻鮈 *Rhinogobio ventralis*	特
4			铜鱼属	圆口铜鱼 *Coreius guichenoti*	特
5			麦穗鱼属	麦穗鱼 *Pseudorasbora parva*	
6			白鱼属	西昌白鱼 *Anabarilius liui*	省、特、EN
7			鳙属	鳙 *Aristichthys nobilis*	
8			鲢属	鲢 *Hypophthalmichthysmolitrix*	
9			异鳔鳅鮀属	裸体异鳔鳅鮀 *Xenophysogobio nudicorpa*	省、特
10			鲈鲤属	鲈鲤 *Percocypris pingi*	省、特、VU
11			泉水鱼属	泉水鱼 *Pseudogyrinocheilus prochilus*	特
12			墨头鱼属	墨头鱼 *Garra pingi*	
13			盘鮈属	云南盘鮈 *Discogobio yunnanensis*	
14			裂腹鱼属	短须裂腹鱼 *Schizothorax wangchiachii*	特
15				细鳞裂腹鱼 *S. chongi*	省、特
16				长丝裂腹鱼 *S. dolichonema*	省、特、EN
17				齐口裂腹鱼 *S. prenanti*	特
18				四川裂腹鱼 *S. kozlovi*	特
19			裸鲤属	松潘裸鲤 *Gymnocypris potanini*	省
20			鲤属	鲤 *Cyprinus carpio*	
21			鲫属	鲫 *Carassius auratus*	
22		鳅科	副鳅属	红尾副鳅 *Paracobitis variegatus*	
23			山鳅属	戴氏山鳅 *Schistura dabryi*	特
24			高原鳅属	贝氏高原鳅 *Triplophysa bleekeri*	
25				斯氏高原鳅 *T. stoliczkae*	
26				短尾高原鳅 *T. brevicauda*	
27				西昌高原鳅 *T. xichangensis*	省、特
28			沙鳅属	中华沙鳅 *Botia superciliaris*	
29			薄鳅属	长薄鳅 *Leptobotia elongate*	特、VU
30				红唇薄鳅 *L. rubrilabris*	特
31			泥鳅属	泥鳅 *Misgurnus anguillicaudatus*	
32		平鳍鳅科	犁头鳅属	犁头鳅 *Lepturichthys fimbriata*	
33			金沙鳅属	中华金沙鳅 *Jinshaia sinensis*	特
34			华吸鳅属	四川华吸鳅 *Sinogastromyzon szechuanensis*	特

续表

序号	目	科	属	种　类	关注类别
35	鲇形目	鲇科	鲇属	鲇 *Silurus asotus*	
36				大口鲇 *S. meridionalis*	
37		鲿科	黄颡鱼属	黄颡鱼 *Pelteobagrus fulvidraco*	
38				瓦氏黄颡鱼 *P. vachelli*	
39			拟鲿属	凹尾拟鲿 *Pseudobagrus emarginatus*	
40				切尾拟鲿 *P. truncatus*	
41				乌苏拟鲿 *P. ussuriensis*	
42			鮠属	粗唇鮠 *Leiocassis crassilabris*	
43		钝头鮠科	鉠属	白缘鉠 *Libagrusmarginatus*	EN
44				拟缘鉠 *L. marginatoides*	特
45		鮡科	纹胸鮡属	福建纹胸鮡 *Glyptothorax fokiensis*	
46				中华纹胸鮡 *G. sinensis*	
47			石爬鮡属	黄石爬鮡 *E. kishinouyei*	特、EN
48				青石爬鮡 *E. davidi*	省、特、CR
49			鮡属	前臀鮡 *Pareuchiloglanis anteanalia*	特
50				中华鮡 *P. sinensis*	省、特、EN
51	鳉形目	青鳉科	青鳉属	青鳉 *Oryzias latipes*	VU
52	合鳃鱼目	合鳃鱼科	黄鳝属	黄鳝 *Monopterus. albus*	
53	鲈形目	虾虎鱼科	吻虾虎鱼属	子陵吻虾虎鱼 *Rhinogobius giurinus*	

注　“特”表示长江上游特有鱼类，“省”表示四川省保护鱼类。“CR”“EN”“VU”根据《中国物种红色名录》分别表示极危、濒危、易危种。

少见到的有松潘裸鲤、前臀鮡、中华鮡等。

短须裂腹鱼类在渔获物中所占比重最大，长丝裂腹鱼在裂腹鱼类中比例与过去大致相当，但个体大小下降，细鳞裂腹鱼在裂腹鱼类渔获物中比例最低。鲈鲤作为该地区常见经济鱼类，目前还有一定的捕捞量，但捕捞过度，资源量也急剧下降，数十斤的较大个体已经难以采到，2002年捕获的最大个体为12kg（木里县列瓦河段）。松潘裸鲤主要分布于雅砻江上游，本江段不是主要分布区。

鱼类种群的地理空间上分布存在一定差异，如解放沟—小金河河口段有26种不同鱼类，卡拉河段有12种，瓜别河段有10种，列瓦河段有23种，大沱—景峰桥河段有19种，大沱以下—湖山滩河段有27种。造成鱼类种群空间差异的原因是河流面积、水域形态、水文状况、人为活动影响程度不同等。相对来看，干流河段鱼类种群差别不大，支流则存在较大差异。

4. 生态习性

（1）栖息习性。根据鱼类栖息水域水文、水质、河床底质特征和生态习性等的不同，锦屏河段鱼类生态类群大致划分为如下类型。

1）水体底层生活的类群。锦屏河段河床多为卵石或砾石，这些河流生境适宜喜急流或缓流的鱼类生存和繁衍。它们体型往往腹侧较圆宽或平坦，以增加对河床基质的吸附能力，抵抗急流；同时眼一般相对较为退化，多数具 1 对或 2 对须增加感知食物或环境的能力；此外部分种类身体颜色与底质接近，增加自我保护作用。调查河段中分布的高原鳅类、鮡类等属于此类群。总体来看，此类群个体不大，以底栖动物、周丛生物等为主要食物。

2）水体中下层生活的类群。此类群鱼类代表性种类有裂腹鱼类、长薄鳅、圆口铜鱼和鲈鲤等，此类个体相对较大，游泳能力较强，主要在急流水体中、下层活动，以摄食着生藻类、底栖动物或其他鱼类等为主。由于河流中、下层水环境多样，鱼类食性和觅食方式各异，鱼体的体形和体色也各不相同。由于多数个体体型中等大小，需要的栖息环境空间也相对较大，一般在流水滩上索饵或产卵，冬季至深水河槽或深潭的岩石间隙越冬。

3）水体中上层生活的类群。水体中上层生活的鱼类适应于比降较小，江面相对宽阔，水流平缓，湾、沱、槽、滩发达的水域。中上层种类主要有西昌白鱼、宽鳍鱲等种类，总体来看所占比例较低，资源量很小。

4）洞穴生活的类群。此类群主要包括泥鳅、白缘䱀、拟缘䱀及黄鳝等，需要生存空间相对较小。大部分种类在冬、春季水体透明度很大时，白天隐蔽洞穴中，夜间外出觅食或繁殖，夏、秋季水体浑浊时则昼夜都有活动，它们的洞穴是自然形成的或其他动物的弃洞。此类群常生活在江河水底，若受惊扰立即钻入底部泥土或洞穴中隐藏，平静时到河床底部表面觅食。

（2）繁殖习性。锦屏河段鱼类依繁殖习性主要可分为 2 个类群。

1）产黏性卵类群。锦屏河段鱼类绝大多数鱼类为产黏性卵类群。主要包括鳅科的西昌高原鳅、斯氏高原鳅、红尾副鳅、泥鳅，鲤科裂腹鱼亚科的细鳞裂腹鱼、短须裂腹鱼、四川裂腹鱼、长丝裂腹鱼、齐口裂腹鱼、松潘裸鲤，鲌亚科的西昌白鱼，鲃亚科的鲈鲤、野鲮亚科的泉水鱼、墨头鱼、云南盘鮈，鲤亚科的鲤、鲫，鲇形目的鲇、大口鲇、福建纹胸鮡、中华纹胸鮡、黄石爬鮡、前臀鮡、中华鮡，鲈形目的子陵吻虾虎鱼等。其产卵季节多为春夏间，也有部分种类晚至秋季，且对产卵水域流态底质有不同的适应性。

它们产卵于或激流（鮡科、平鳍鳅科种类）、或流水（裂腹鱼亚科、鲃亚科种类及鳅科大部分种类等）或静缓流（鲤、鲫、麦穗鱼、子陵吻虾虎鱼等）、或流水河滩砾石间、或礁岩上；卵或黏附在石块上、或黏附于水草中发育。

2）产漂流性卵类群。产漂流性卵鱼类产卵需要湍急的水流条件，通常在汛期产卵。鱼卵比重略大于水，但产出后卵膜吸水膨胀，在水流的外力作用下，悬浮在水中顺水漂流。孵化出的早期仔鱼仍然要顺水漂流，待发育到具备较强的游泳能力后，才能游到浅水或缓流处停歇。从卵产出到仔鱼具备溯游能力，一般需要 30h 或 40h 以上，有的所需时间更长。这类鱼有圆口铜鱼、长薄鳅、长鳍吻鮈、犁头鳅、中华金沙鳅等，产卵时段为 4—7 月，产卵需要水流刺激。

5. 鱼类重要栖息地

一般来说，鱼类重要栖息地，即所谓“三场”（产卵场、索饵育幼场、越冬场）从严格意义上讲并非固定不移，会随季节、水位、丰枯年季水量在不同河床段造成的不同河流流态而有所变迁，但这三类栖息地对不同生境的要求却是大致确定的。产卵水域大致有急缓流交错河滩、急流礁石滩河段、河道急弯水流下冲形成的泡漩水域、静缓流水域等几种类型。索饵育幼水域一般在水位较浅的砾石、礁石、沙质岸边的静缓流水域。越冬水域分布在水位较深的河沱、河槽、湾沱、回水、微流水或流水处。

（1）产卵场。产卵场依据产卵器采集的鱼类种类、环境、水文状况确定，不同鱼类对产卵环境要求不一致。

裂腹鱼类在 3—5 月、水温 11～14℃时进入繁殖季节，在水深 40cm 左右的近岸或主流流水砂砾石滩上掘坑为巢，并产卵其中。在调查区域干、支流河段，这类环境较多，几乎到处都有产卵场（图 2.3－4）。裂腹鱼类产卵场分散，产卵场上同时产卵的群体小。

图 2.3－4　适宜鱼类产卵的水域类型

鲈鲤、墨头鱼等为流水乱石滩上产卵鱼类，产卵时段水温为 14.5～16℃，其产卵场位于主流回水区、河槽下口与沱湾交汇区、沱湾沙岸一侧回水区，其底质多为砾石。

锦屏河段干流的产卵场主要分布在库尾卡拉河段（朱白—917 木材验收站）的浅水砂砾石滩、解放沟至两河口（小金河与雅砻江的汇合处）；支流主要分布在木里县卧落河与理塘河汇合处及附近河段、列瓦水文站附近河段。锦屏大河湾减水河段有一定规模的适宜产黏沉性卵鱼类产卵的水域约 17 处，共长 20.88km。产漂流性卵鱼类产卵场位置在和爱藏族乡、烟袋乡、魁多乡和健美乡之间，其中和爱藏族乡—烟袋乡之间江段的产卵场规模最大，而且是连续分布，其次在魁多乡—健美乡有少量适合产卵的河段。

（2）索饵育幼场。索饵育幼场的环境基本特征是静水，水深 0～0.5m，其间有砾石、礁石，沙质岸边，这些地方形成较深的水坑、凼、凹岸浅水区、静水缓流区，与干流深水处邻近，易于躲避敌害。同时，这些地方小型饵料丰富，敌害生物少，有利于幼鱼生存。

在整个河段及支流中，幼鱼常集群于岸边浅水区域索饵。裂腹鱼类幼鱼的索饵场主要在岸边浅静水区；短须裂腹鱼幼鱼群体主要在各支流组成单一群体；长丝裂腹鱼、细鳞裂腹鱼、四川裂腹鱼幼鱼主要在干、支流形成单一或者混合群体形成大型索饵群体。裂腹鱼类刮食痕迹见图 2.3－5。另外，鳅类的幼鱼也在干、支流浅水区域活动摄食。

（3）越冬场。越冬场是鱼类完成完整生活史的重要生境，其水体宽大而深，一般水深为 3～4m，最大水深为 8～20m，多为河沱、河槽、湾沱、回水、微流水或流水，底质多为乱石或礁石，凹凸不平。越冬场的两端或一侧大多都有 1～3m 深的流水浅滩和江岸。

图 2.3-5　裂腹鱼类刮食痕迹

锦屏河段的鱼类越冬场广泛分布，干流的越冬场主要分布在卡拉河段、小金河与干流雅砻江汇合河段和大沱河段；支流小金河越冬场主要分布在卧落河与理塘河汇合口河段及列瓦水文站上、下河段。越冬场主要鱼类为裂腹鱼类，其他鱼类主要有墨头鱼、鳅类、长鳍吻鮈、鲇类等。

第3章

水生生态保护措施体系

本章重点分析锦屏一级、锦屏二级水电站对锦屏河段乃至整个雅砻江下游河段带来的水生生态难题，筛选锦屏河段的主要保护对象，并结合保护对象的受胁状况和生态需求，针对性地制定水生生态保护目标。结合现行的保护方法和手段，系统构建锦屏工程的水生生态保护措施体系，并着重阐述栖息地保护、分层取水、鱼类增殖放流和梯级电站联合生态调度四大关键举措。

3.1 工程引发的水生生态难题

河流作为生物和营养元素的重要交流廊道，其连通性是保障河流水生生态系统连续性的必要条件。水电工程大坝的阻隔作用，是对天然河流水环境影响最剧烈、最广泛的人为扰动事件之一（Petts，1984），而大坝阻隔对河流最直接的影响就是破坏其连续性和连通性。

河流的水文情势是河流生物多样性和生态完整性的主要驱动力，水文过程与河流的物理、化学和生物过程都密切相关，可以视其为河流生态系统的一个“主变量”。水电工程的建设运行在很大程度上改变了自然河流的水文情势，从而直接影响工程河段的水温、水质、底质、河流形态等，这在很大程度上改变了水生生物的栖息环境。栖息环境因素的改变进而导致河流中浮游植物、浮游动物等生物要素发生相应变化，这些影响的累积逐渐波及鱼类种群，打破原有河流水生生态系统的稳定。

锦屏一级和锦屏二级水电站工程规模巨大，两个电站同期建设、同期投入运行，如此规模的河流扰动自然会造成上述的水生生态影响。其中有些方面的影响相对较小，对水生生态系统的扰动不大，但也有一些方面影响较大，给锦屏河段乃至整个雅砻江下游河段的水生生态系统带来了新的难题，后者是我们重点关注和研究的对象。因此，本节将重点剖析锦屏工程引发的这些水生生态难题，为工程的措施体系构建提供依据。

3.1.1 河流自然水文过程改变

水电工程的建设运行在很大程度上改变了自然河流的水文情势，从而引发一系列的连锁生态效应，对河流水生生态系统造成影响。由于自然河流的水文过程具有很强的时空不均匀性和周期性，根据流量的大小，自然河流年内的水文过程可以分为低流量过程、高流量过程和洪水脉冲过程3种环境水流组分。水电工程建成后，水电站根据特定的调度方案对径流进行调节，改变了河流天然的水文过程。在汛期，水库调蓄洪水、削减洪峰，库区和下游河道的流量、水位受人为调控影响；在非汛期，根据水电工程发电、供水、灌溉等功能进行水资源的调配，库区和下游的水文特征也会受到相应的影响。水库规模及其调度方式的不同，对自然河流水文过程的影响程度和影响结果不尽相同，不同调节能力的水库对河流水文过程的影响见表3.1-1。总体来说，水库的调节能力越强，对水文过程的影响越大（廖文根，等，2013）。

表 3.1-1 不同调节能力的水库对河流水文过程的影响（廖文根，等，2013）

水库类型	对河流自然水文过程的影响
日调节水库	下游流量和水库的日内变化频繁，水库水位发生一定的日波动
周调节水库	周内水文过程锯齿化或均一化，涨落水速率发生变化
季调节水库	洪峰削减；枯水期流量增加，水库蓄水期坝下河段流量减少，极大、极小流量发生时间推移，涨落水速率和次数改变
年调节水库及多年调节水库	洪峰过程坦化，低流量的大小增加，年水文过程趋向均一化，洪水脉冲、高流量和低流量事件的发生时间、持续时间、频率和变化率均可能发生变化

锦屏一级水电站为典型的年调节水库，水库运行导致河流洪峰过程坦化，低流量的大小增加，年水文过程趋向均一化，洪水脉冲、高流量和低流量事件的发生时间、持续时间、频率和变化率均发生相应变化。

1. 锦屏库区段

随着锦屏一级水电站工程下闸蓄水，库区河段由急流性河道向河道型水库过渡，水库形成后，库区河段的水位、水面面积、流速等水文情势均发生了显著改变，呈现出与天然河道截然不同的状态。当锦屏一级水电站蓄水至 1880.00m 时，坝前水位壅高约 300m。水库由三部分构成：雅砻江干流部分，一级支流小金河部分和二级支流卧落河部分。

正常蓄水位为 1880.00m 时，雅砻江干流库区回水至卡拉乡下游约 3.4km 处，回水长度为 59.2km，平均水面宽约 580m。干流库区库容占总库容的 47.6%。死水位为 1800.00m 时，回水至侯家坪沟附近，回水长度为 48.2km，水库变动回水区长度为 11.0km。流速从坝前到库尾逐渐增大，其变化范围为 0.01～2.9m/s。

一级支流小金河库区正常蓄水位为 1880.00m 时，回水长度（从汇口起算）为 89.6km，平均水面宽约 440m。小金河库容占总库容的 50.1%。死水位为 1800.00m 时，回水至卧落河汇口上游约 6.4km 处，回水长度为 70.6km，水库变动回水区长度为 19.0km。流速从汇口到库尾逐渐增大，其变化范围为 0.002～2.1m/s。

二级支流卧落河库区正常蓄水位为 1880.00m 时，回水长度（从汇口起算）为 20.8km，平均水面宽约 199m。卧落河库容占总库容的 2.3%。死水位为 1800.00m 时，回水长度为 6.90km，水库变动回水区长度为 13.9km。流速从汇口到库尾逐渐增大，其变化范围为 0.007～2.7m/s。

锦屏一级正常蓄水位时水面面积为 82.55km^2，较天然水面增大约 6.4 倍；总库容为 77.65 亿 m^3，约为原河槽水体的 152 倍。水库蓄水后，库内过水断面面积远大于天然状况，库区内水体流速将明显减缓，使库区河段水域环境从急流河道型转为缓流型，并在库区不同区域呈现出不同的水文特性，具体表现为：坝前水域过水断面面积较大，水深较大，水体流速平缓，呈现出湖泊水动力学特征；水库中间水域具有一定的流速，属于过渡段；水库库尾区域水体流速较大，水深较浅，接近原天然河流状态，仍具有河流水文水动力学特征。

另外，在锦屏一级水库进行防洪和发电等调度时，水位在死水位和正常蓄水位之间变化，水位年最大变幅达 80m，且库区水位可能会出现反季节上涨和消落期迅速下降等非自然的变化，这都是人为调控造成的。可见高坝大库型水电工程显著改变了库区河段的水文节律。

2. 锦屏大河湾段

锦屏一级水电站尾水与锦屏二级水电站库尾衔接，其坝下河段即是锦屏二级的库区，锦屏二级下泄生态流量进入锦屏大河湾。所以锦屏大河湾段水文情势主要受锦屏二级运行调度影响。锦屏二级水电站自运行以来，水库水位在1642.50～1644.20m之间变动，电站水位较闸前天然水位高10m；同时，根据闸址下游在不同时期的生态和环境要求，需确保下泄45～280m^3/s的最小生态流量；此外，根据电站自运行以来的实际情况，逐日生态流量下泄量为48～3368m^3/s。因此，对于锦屏一级水电站坝址以下的锦屏大河湾段而言，河流水文过程改变主要分为两方面。首先，对于锦屏二级库区，水库蓄水后，库区河段水域环境从急流河道转变为缓流型水库，蜿蜒曲折的河流形态被单一的水库生境所替代，自然河流的水文过程和水生生境均发生明显改变。其次，对于锦屏二级闸址以下的119km减水河段而言，生态流量下泄过程与天然水文节律基本一致，再加上区间径流补充，减水河段依然表现为中型河流特征，河段水流特性依然呈现多样化。但锦屏二级运行后大部分时段减水河段流量较运行前出现了明显下降，减水河段生境发生了一定程度的变化。

3.1.2 河流水温变化

大型水库建成蓄水后，由于库区水动力学条件改变及水库的蓄热作用，使原有天然河道水温在时空分布上发生一定程度的改变，出现库区水体水温沿垂向分层的结构特征，将会导致下游河道水温分布规律发生变化。锦屏一级水库具有年调节性能，如何减轻下游河道水温变化，使水温维持在天然水温的变幅内，并保持友好的水生生态环境，成为其必须解决的问题之一。

锦屏一级水库具有库大、库深、库短的显著特征。“库大”指的是水库库容大，据统计，锦屏一级水库正常蓄水位为1880.00m时，水库总库容约77.65亿m^3，约为原河槽水体的152倍；“库深”指库区水体垂向深度大，库区水位为1880.00m时，坝前水深可接近300m，库区平均水深超100m；“库短”即指水库库区回水长度短，在锦屏一级水库库容如此规模的情况下，库水位为1880.00m时，雅砻江干流回水长度仅为59.2km，这主要是因为干流河道坡降较大，平均达4.22‰。

同时锦屏一级水电站还表现出了支库规模大的特点，其库区由三部分构成：第一是雅砻江干流部分，第二是一级支流小金河部分，第三是二级支流卧落河部分，各部分库容占水库总库容比例分别为47.6%、50.1%和2.3%，由库容所占比例可知，小金河支库是锦屏一级水库的主要组成部分，其库容甚至超过雅砻江干流主库区。从水库回水长度方面，正常蓄水位为1880.00m时，雅砻江干流、一级支流小金河、二级支流卧落河的库区长度分别为59.2km、89.6km（从汇口起算）、20.8km（从汇口起算）。因此，不论从库区库容还是回水长度等指标来看，小金河支库均占据主要地位。

针对上述锦屏一级水库的水体形态特征，研究水库引发的工程河段水温影响，需开展水温数值模拟和原型观测等一系列工作，并根据影响设计水温减缓措施，分析措施的效果，最大限度地降低其不利影响。

在锦屏一级水电站工程设计阶段，国内大中型水电站的水温预测和分层取水设计基本处于起步时期。特殊的工程条件、几乎空白的设计经验和缺乏成熟的案例，使得锦屏一级水电站水温预测和分层取水设计工作难度巨大。

3.1.3 河流栖息地功能受损

河流栖息地即河道内及其河岸两侧生物生存繁衍的空间和环境，是河流生态系统的重要组成部分，良好的栖息地状况是维持生态系统健康的必要条件。河流的蜿蜒性是自然河流的重要特征，它使河流形成干流、支流、河湾、沼泽、急流和浅滩等丰富多样的生境（董哲仁，2003），由此形成了丰富的河滨植物、河流植物，为不同的水生生物群落创造适宜的栖息环境。

鱼类栖息地是以河流中的鱼类作为关注对象，为鱼类生存和繁殖的水域，也称鱼类生境。其中，对鱼类较为重要的水域包括鱼类产卵繁殖的产卵场、仔幼鱼等集中觅食的索饵育幼场、鱼类冬季集中的越冬场（即“三场”）。产卵场是鱼类等水生生物交配、产卵、孵化及育幼的水域，是鱼类生存和繁衍的重要场所，对鱼类种群数量补充具有重要作用。锦屏河段的鱼类主要为产漂流性卵和产黏沉性卵两类。对于产漂流性卵的鱼类而言，每年繁殖季节由河流下游水域上溯至水流与水温条件适宜且固定的水域，产下鱼卵随水流漂流而中途孵化，通过调查可以判定其所在位置和大致规模，到达这些产卵场的上溯河流通道也因此称为洄游通道，与“三场”并提为鱼类的重要生境。产黏沉性卵鱼类在其适宜的水流、水温和底质条件中均能产卵。适宜水流和水温会刺激鱼类性腺而促使成熟鱼类产卵，适宜底质为鱼类产下的卵提供庇护场所，不被水流与天敌破坏。产黏沉性卵鱼类的产卵场所视河流水文和河势情况而定，一般难以固定在某处，具有分散、适时而变的特点。

鱼类栖息地的空间形式为河床和河流水体。长期以来，自然的河流水文丰、枯节律变化，有缓流也有激流，泥沙冲淤平衡，河床底质较为稳定，其中的鱼类与之相适应，形成了特定的繁殖习性。水电站建设与运行不可避免地导致鱼类生境变化，当生境变化超出了鱼类适宜的范围时，将对鱼类产生不利影响。

锦屏一级水电站建成运行后，原来河流蜿蜒曲折的形态在库区中消失，干流、支流、河湾、沼泽、急流、浅滩等丰富多样的生境被单一的水库生境所替代，生境的异质性大幅降低，水域生态系统的结构与功能随之发生变化，生物群落多样性也随之降低。根据锦屏一级水电站竣工后的鱼类资源调查，水文情势的改变导致了原适合短须裂腹鱼、长丝裂腹鱼及鲈鲤等主要鱼类产卵繁殖和索饵的三滩、矮子沟、洼里、欧家湾子、木里河口、上船房等天然河段被淹没，流水生境发生不同程度萎缩或完全消失，鱼类生存空间被压缩，裂腹鱼类及鲈鲤等已被迫向库尾青冈坪及以上的干流河段或支流的天然河段迁徙。同样，喜在流水石底生境的青石爬鮡和黄石爬鮡等鮡类的繁殖活动也被迫向库尾以上的雅砻江干流流水河段迁徙。大面积库区缓流水或静水环境的形成使得麦穗鱼、鲤、鲫等种群数量增加。另外，水电站建设对河流水文情势和水温造成严重影响，若不采取减缓措施，将对部分鱼类的生存环境造成不利影响，鱼类难以找到适宜生存的栖息场所。多重因素叠加影响，致使水电站工程河段栖息地的异质性降低，河流给鱼类提供栖息地的功能遭受影响，鱼类生存环境恶化。

3.2 水生生态保护目标

锦屏大河湾段生态环境独特，鱼类资源丰富，特有性高，分布有四川省省级保护鱼类7种，列入《中国濒危动物红皮书》鱼类2种，长江上游特有鱼类21种。这些鱼类多为适应流水环境的底层鱼类，它们在形态、食性、繁殖等方面均与锦屏大河湾急流的环境相适应，对河流栖息地的依赖性高。在制定水生生态保护措施前，首先需要确定保护目标，协调水电开发与水生生态保护的关系，实现水电开发与地区生态环境保护协调发展。

3.2.1 保护目标确定原则

确定保护目标需遵循以下原则。

1. 科学性原则

保护目标的确定需科学、合理，应在系统调查水生生态现状、分析水电开发对水生态系统可能造成的影响基础上，突出生态优先原则，科学确定保护目标，为制定系统、有效的保护措施提供科学依据。

2. 生态完整性原则

生态完整性即生态系统结构和功能的完整性，河流在空间结构、生物组成和时间尺度上是一个连续的整体，在制定保护目标时，不局限于锦屏水电站河段，以雅砻江下游流域尺度为出发点，确定保护目标，尽可能维护河流生境多样性和生态系统完整性。

3. 可实现性原则

制定保护目标需遵循可实现性原则，坚持水电开发与生态保护有机结合，地方经济发展与生态保护有机结合，各项水生生态保护措施具有可操作性，经济上具有可行性，并统一规划，与主体工程同步实施。

4. 可持续发展原则

生态环境保护在水电开发环境保护中具有重要地位，为实现水电开发与生态环境保护全面、协调、可持续发展，在确定保护目标时应突出可持续发展原则，尊重自然，强化水电开发与生态保护协调的理念，体现以人为本、人与自然和谐的核心生态理念和以绿色为导向的生态发展观。

3.2.2 保护对象确定

在保护生物学研究中，由于资金、技术或时间上的限制，通常难以对研究区内所有物种或类群的生态学特性进行研究。鉴于一些物种与其他类群之间生态特性、生境需求的相似性，保护生物学家常常运用某一物种或种组作为“代理种”（Surrogate Species）来研究物种保护及生境管理的问题（Bibby，1992）。基于此，在制定锦屏河段水生生态保护目标前，需要首先确定保护对象。保护对象的生境需求基本能涵盖其他鱼类和水生生物的生境需求，因而对保护对象保护的同时也为其他物种提供了保护伞。

理论上，锦屏河段水生生态保护对象应是所有生活在这一水域中的土著鱼类。由于不同鱼类的分布、资源量、生活史特点以及对河流生境的依赖性不同，某些种类虽受一定影响，但并不危及物种长期生存；而对于一些狭域分布、生态需求特异性高的种类，这些影响可能会威胁到物种的生存。因此，保护对象的确定应根据实际情况，坚持统筹兼顾、突出重点的原则，考虑物种的保护价值、受工程影响程度、地理分布以及在本江段的数量、分布等因素。例如，从保护价值的角度考虑，优先考虑列入国家级或省级保护动物名录的鱼类、列入《中国濒危动物红皮书》的鱼类、地域性特有鱼类、水域生态系统中的关键物种（如同类食性鱼类少，甚至唯一的种类）、重要经济鱼类；从受工程影响程度考虑，分布区域狭窄、生境受损程度高、与工程影响水域生态环境适应性强的鱼类应优先选择。

锦屏河段内无国家级保护鱼类，青石爬鮡、松潘裸鲤、鲈鲤、细鳞裂腹鱼、长丝裂腹鱼、西昌高原鳅、裸体异鳔鳅鮀等7种为四川省重点保护鱼类，长薄鳅和黄石爬鮡被《中国濒危动物红皮书》记录为易危种类，上述鱼类应优先纳入保护对象。此外，短须裂腹鱼、细鳞裂腹鱼、四川裂腹鱼在渔获物中比重较大，这三种鱼类作为长江流域鱼类的重要种质资源，能够反映水生生态系统的变化情况，应当纳入保护对象；中华鮡和黄石爬鮡被《中国物种红色名录》记录为濒危等级，需纳入保护对象；圆口铜鱼是河道洄游型鱼类，产漂流性卵，其完成完整生活史对生境需求高，生活史覆盖的河段往往更具有多样性和代表性，应当纳入保护对象。

综上，锦屏河段的鱼类保护对象包括长丝裂腹鱼、短须裂腹鱼、细鳞裂腹鱼、四川裂腹鱼、松潘裸鲤、鲈鲤、长薄鳅、裸体异鳔鳅鮀、圆口铜鱼、西昌高原鳅、青石爬鮡、黄石爬鮡和中华鮡。

上述鱼类保护对象中，长丝裂腹鱼、短须裂腹鱼、细鳞裂腹鱼、四川裂腹鱼、松潘裸鲤为产黏沉性卵的裂腹鱼类，可代表裂腹鱼类的保护需求；鲈鲤为凶猛肉食性鱼类，处于锦屏河段水生生态系统食物链的顶端，为水生生态系统的旗舰种；长薄鳅、裸体异鳔鳅鮀、圆口铜鱼为产漂流性卵鱼类，可代表产漂流性卵鱼类的保护需求；西昌高原鳅可代表高原鳅类的保护需求；青石爬鮡、黄石爬鮡、中华鮡可代表鮡科鱼类保护需求。

3.2.3 保护对象需求

基于河流生态系统完整性的理论，在结构上，鱼类栖息环境可分为栖息地、水文情势、河流连通性、水质（含水温）四个方面。锦屏河段自然资源丰富，生态环境独特，但社会经济不发达，交通条件较差，工业基础薄弱，基本无大型工业企业分布。随着雅砻江流域水电项目的建设实施，流域内城镇化进程加快，生产、生活等基础设施建设迅速。在此背景下，水利水电工程建设、河道采石采砂、渔业捕捞等人为活动对河流生态系统的胁迫问题逐渐凸显。因此，初步分析锦屏河段鱼类可能的受胁因子为：闸坝阻隔、水库淹没、水库调度、水温变化、河道采砂、非法捕捞。

根据流域系统保护规划的原理，通过构建保护对象受胁因子评估体系（图3.2-1），识别出保护对象主要受胁因子及受胁程度，主要包括：①水库蓄水导致的流水生境丧失，阻隔了上下游鱼类种群的遗传交流；②梯级运行导致的水文节律改变；③水库水温分层对下游河段带来的滞温效应；④河道采砂挖掘对鱼类栖息地及河流连通性的破坏；⑤过度捕捞、非法捕捞导致重点保护鱼类的资源衰退。

相应地，鱼类保护对象的保护需求主要体现在以下几个方面：①通过划定鱼类栖息地

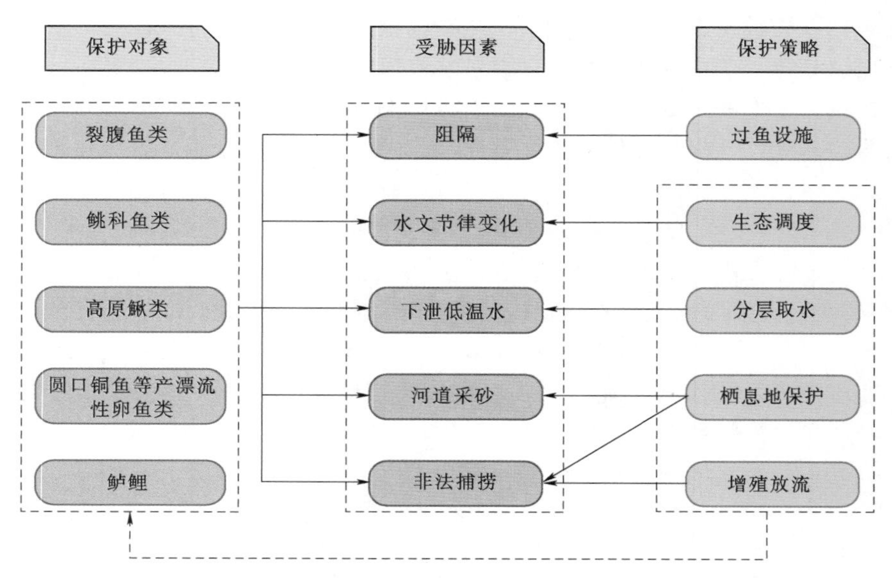

图 3.2-1 锦屏河段鱼类保护

保护河段和实施人工增殖放流，维持一定的种群数量和遗传多样性；②通过生态调度运行管理，缓解水文情势变化对鱼类栖息、繁殖的不利影响；③通过分层取水，减缓低温水对鱼类栖息、繁殖的不利影响；④采取生态修复或“三场”生境修复，恢复干支流受损的鱼类栖息地；⑤通过渔政管理等监管措施，取缔非法捕捞。

3.2.4 保护目标

基于上述对保护对象的需求分析，提出锦屏河段水生生态系统的总体保护目标是保障锦屏大河湾水生生态系统的健康，维持河流水生生态系统结构及功能。根据河流水生生态系统特点，又可将总体保护目标分为水生生境保护和水生生物保护。

水生生境保护要素主要包括水温、水量、水质、底质和栖息地等，采取相应措施达到如下的保护效果和目标。

（1）保护锦屏大河湾栖息地，使河流生境的自然属性和状况得到恢复和维持，鱼类“三场”得到恢复和维持，功能质量有所提高，河流廊道的连通性得到修复和保持。

（2）对水电站运行后的下泄流量进行生态调控，保证下游生态用水，尽量避免电站运行时水文过程对锦屏大河湾乃至雅砻江下游水生生态系统造成严重影响。

（3）有效减缓库区水温分层造成的低温水下泄问题，营造适宜锦屏大河湾乃至雅砻江下游水生生物生存繁衍的水温条件。

在水生生境保护的基础上，进一步开展锦屏大河湾及其下游区域的水生生物保护。鱼类是重要的水生生物资源，是大多数情况下的渔获对象。同时，作为河流水生生态系统中的顶级群落，鱼类对其他类群的存在和丰度有着重要作用，对河流生态系统具有特殊作用。加之鱼类对生存空间最为敏感，故将鱼类作为水生生态系统的重点保护目标。鱼类保护主要是维持鱼类物种多样性水平以及维持种群规模，避免数量减少，甚至灭绝。

3.3 水生生态保护措施体系构建

3.3.1 措施体系构建原则

1. 流域统筹保护的原则

水生生态保护工作是一个长期性、统筹性和连续性的工作，对于梯级开发的河流，水生生态保护应该统筹上、下游，从流域的角度考虑保护措施。虽然目前我国的流域规划环评制度会从流域层面对措施体系进行总体部署，但很多河流开发时常遇到上、下游属不同开发业主，不可避免地出现各自为战的局面，这样自然会导致措施体系难以发挥流域整体保护的效果。以鱼类增殖放流措施为例，在缺少统筹规划的流域，经常出现多个电站的保护鱼种非常相似，但仍采用“一厂一站”式的设立方式，无法统筹安排最适于相关河段的增殖放流种类和数量，还会造成大量重复建设资金的浪费。分河流区段明确保护目标，统筹规划，合理确定规模，因地制宜选择站址，多个梯级联合建站，对于优化流域和区段鱼类保护效果是最有利的。对于雅砻江而言，具有“一个主体开发一条江”的优势，可以更好地统筹全流域的水生生态保护工作，尤其在生态调度、栖息地保护和鱼类资源保护方面，可以充分协调上、下游梯级通力合作、共同保护，更好地从区域和流域角度出发制定措施体系。

2. “一站一策、因地制宜、因时制宜”的原则

众所周知，水生生态保护工作要注重生态系统完整性，既要开展水生生境要素的修复，也要注重水生生物的保护，二者相互依存、缺一不可。如果忽视水生生态系统的完整性修复，仅保护或修复单一的生态要素，往往难以全面保证河流水生生态系统稳定和健康。但对于一个具体项目，水生生态系统保护和修复不等于面面俱到，而应结合工程特性和生态系统特征，识别水生生态系统的关键问题，有针对性、有重点地采取措施。

对于锦屏一级水电站而言，工程规模大、特点鲜明，水生生态保护措施构建更需要有针对性，要充分遵循“一站一策、因地制宜、因时制宜”的原则。比如，锦屏一级水库属于典型的高坝深库，水温分层问题突出，前期规划设计阶段就针对性地考虑低温水下泄减缓措施；鱼类保护措施方面，不同鱼类有着不同活动地理区域，即便同种鱼类在不同的生活阶段对生存环境的要求也有明显不同，因此，栖息地保护需要充分地考虑和协调栖息地构成要素与鱼类生存活动的时间关系，确保栖息地环境能满足保护对象的生存需求；鱼类增殖放流站的规划设计需要根据保护对象的人工繁殖技术条件，结合不同鱼类的保护需求，分阶段制定近期和远期的增殖放流计划，确保措施的针对性和适宜性。

3. 科学性和有效性的原则

水电工程的水生生态影响机制复杂，尤其对于锦屏一级和锦屏二级这种大型水电工程而言，水生生态保护措施体系构建更应该谨慎，需从工程造成的水生生态影响出发，科学、系统地研究论证，对于其中一些关键的水生生态难题，需开展专题研究，确保措施的科学性和有效性。

4. 可操作性和经济性的原则

水电开发的水生生态保护技术目前还在不断地发展和完善，诸多措施尚存在技术壁

垒，或者经济性较差，暂不具备大规模运用的条件。比如，锦屏一级最大坝高305m，坝址处工程地质条件复杂，修建鱼道的工程难度和代价极大，而且也无法达到恢复鱼类洄游通道的预期效果，不具备可操作性和经济性；对于一些目前人工繁殖技术尚未突破的珍稀保护鱼类，应该在考虑可行性的前提下合理规划人工增殖放流计划，以确保近期放流目标的可操作性。因此在规划水生生态措施体系时，应结合工程的特性，注意措施的可操作性，使设计符合实际情况，尽量用较小的投入获得最大的生态效益、社会效益和经济效益。

3.3.2 水电工程水生生态保护措施

从河流水生生态系统的组成要素来看，保护工作分为水生生境保护和水生生物保护两大部分。但河流水生生态系统作为一个有机的整体，两部分措施相辅相成，必须采取全方位的、整体的行动才能达到保护的效果。河流水生生境作为生命支持系统，是水生生物赖以生存、繁衍的空间和环境，维系着生物食物链及能量流，是河流生态系统的重要组成部分，在河流生态系统中发挥着至关重要的作用（石瑞华，等，2008），保护水生生境是维持河流水生生态系统健康的前提条件。水电工程的水生生境保护工作主要是针对工程造成的水温、水量、水质和栖息地等影响，针对性地制定水文过程维护、生态调度、下泄水温减缓、栖息地保护、水质保护等措施。在水生生境保护的基础上，开展针对性的水生生物保护，进一步达到全面提升、整体保护的效果。水生生物保护的重点是鱼类资源保护，主要是维持鱼类物种多样性水平和种群规模，避免数量减少，甚至灭绝。

对于水电工程而言，主要的水生生态保护措施有以下几种类型。

1. 栖息地保护措施

水电开发使鱼类“三场”和重要栖息地遭到破坏，甚至消失，需实施有效的栖息地保护措施。鱼类栖息地保护包括两种方式，一种是栖息地保护，指栖息地仍处在未被干扰的初始状态时所采取的保护措施；另一种是栖息地修复，指栖息地已经受损并远离初始状态，通过人工措施使其得到恢复或改善。保留天然河道是对鱼类栖息地进行保护的最主要措施。通过保留存在鱼类重要栖息地且未受人类活动干扰的自然河段，支流生境替代、建立禁捕区、自然保护区等来达到保护鱼类的目的。支流生境替代是指对受干流水电开发影响的河流生物进行近地保护，将开发干流的支流作为保护河段，建立保护区，维持或创造受影响生物的适宜栖息地，最大程度替代干流生境，缓解水电开发对生态环境的负面影响。

2. 水文过程维护和生态调度措施

河流生态系统是生物要素和生境要素相互作用的统一体，自然水文过程是江河生态系统的重要“驱动者”，水利水电工程建设人为改变了河流的自然演进和变化过程，改变了原有的生态系统平衡，会对河流生态系统造成一定程度的影响（董哲仁，2003）。水库生态调度主要致力于改进水库调度方式，通过模拟自然河流水文过程的方式，减缓水库调节对水文过程、水温、水质的影响，修复河流生态功能。水库多目标生态调度方法是指在实现防洪、发电、供水、灌溉、航运等社会经济多种目标的前提下，兼顾河流生态系统需求的水库调度方法（邹淑珍，等，2015）。生态调度属于非工程措施，与工程措施相比，水库生态调度措施具有实施费用较低、措施效果较明显的特点。

3. 下泄水温减缓措施

水温分层型水库采取传统的底层取水方式，产生的下泄低温水会降低下游河道的水温，进而抑制水生生物的生长和繁殖，对下游的农作物造成危害。为了减缓低温水下泄造成的影响，在分层型水库中取水时，不同的高程设取水口，抽取不同水层的水体，这种形式称为分层取水。目前，分层取水是缓解低温水影响最有效的措施。分层取水建筑物主要有多层平板门、叠梁门、翻板门、浮筒等竖井式、斜涵卧管式，以及多个不同高程取水口布置等形式（薛联芳，等，2016）。

4. 水生生物保护措施

水生生物保护工作的重点是鱼类资源保护。鱼类是水生态系统中的顶级群落，对其他类群的存在和丰度有着重要作用，对河流生态系统具有特殊作用。加之鱼类对生存空间最为敏感，故将鱼类作为水生生态系统的重点保护目标。鱼类保护主要是维持鱼类物种多样性水平和种群规模，避免数量减少，甚至灭绝。水电工程水生生态保护河段涉及的鱼类通常不止一种，诸多鱼类种群中，应以珍稀保护鱼类和当地主要的经济鱼类作为保护的主要对象。

水文过程维护、生态调度、下泄水温减缓、栖息地保护、库底清理等水生生境保护措施对鱼类资源保护发挥着重要作用，除此之外，水电工程建设和运营期间通常还会根据工程特点，选择性地采取过鱼设施、鱼类增殖放流、鱼类科学研究、鱼类资源监测、渔政管理等措施。

（1）过鱼设施。鱼类的洄游是一种有一定方向、一定距离和一定时间的变换栖息场所的运动。这种运动通常是集群的、有规律的、有周期性的，并具有遗传的特征。依据洄游的目的，可以将洄游分为索饵洄游、越冬洄游和产卵洄游。拦河筑坝会阻断或延滞鱼类的洄游，造成栖息地的丧失或改变，导致鱼类的减少，甚至灭绝。过鱼设施是为缓解这种现象采用的措施，它对促进坝址上、下游鱼类遗传信息交流，维护自然鱼类基因库、保证鱼类种质资源、维护鱼类种群结构等有着重要作用。

根据《水电水利建设项目河道生态用水、低温水和过鱼设施环境影响评价技术指南（试行）》，世界范围内已经设计建造的过鱼设施包括：①水渠式鱼道，如平面式鱼道、导培式鱼道、阶梯式鱼道等；②捞扬式鱼道（升鱼机式鱼道）；③闸门式鱼道；④特殊鱼道。

从发展的趋势来看，捞扬式鱼道有望成为高坝过鱼的途径，闸门式鱼道被广泛应用于河口大堰及河流中、下游通江湖泊出口节制闸。河流中、上游地区大部分采用水渠式鱼道，特别是阶梯式鱼道。平面式和导培式鱼道已渐成过去。

我国的学者在20世纪80年代也提出了如下过鱼设施分类：①鱼梯，如直培式鱼梯、导墙倾斜式鱼梯、深导墙式鱼梯、池式鱼梯、丹尼尔式鱼梯等；②鱼闸（闸门式鱼道）；③升鱼机与索道式鱼道；④集鱼船；⑤特殊鱼道，如鳗鱼梯、管道式鱼梯、过鱼闸窗等。

鱼梯或水渠式鱼道的基本设计原理都是一致的，有的形式结构是从另一种形式结构改良而来，因此简单地将其归纳为槽式鱼道和池式鱼道两种类型。合适鱼道的选择取决于鱼的种类、水力条件、蓄水位、费用和其他因素。

目前，国内外主要过鱼设施有鱼道和仿自然旁道，对河流连通性恢复具有较好的作用。但高坝大库建设鱼道和仿自然旁道，受地形条件、过鱼效果和经济投入等多方面的限制，采用这两种过鱼设施时都非常慎重。尤其对于锦屏河段而言，区间涉及两个大型水电站，其中锦屏一级最大坝高305m，坝址处工程地质条件复杂，修建鱼道和仿自然旁道的难度和代价非常高，而且也难以达到恢复鱼类洄游通道的预期效果，可操作性和经济性较差。若退而求其次修建升鱼机、鱼梯等过鱼设施，不能实现连续过鱼，人为操作干扰较大，难以达到鱼类自然洄游的效果。综合考虑锦屏河段的工程特性和鱼类分布特征，采取有效的水生生境保护措施和鱼类增殖放流措施是较为合理的方案。

（2）鱼类增殖放流措施。鱼类增殖放流是对处于濒危状况或具有生态及经济价值的特定鱼类进行人工繁殖和放流，人为增加鱼类资源补充量，缓和鱼类资源的波动，维持一定数量的自然种群，促进其趋于稳定。增殖放流站的主要任务是对开发河段的亲鱼进行收集、驯养、人工繁殖、苗种培育、标记、放流，并对增殖放流效果进行评估。根据放流对象不同的生态习性，养殖生产工艺分为循环水养殖、流水养殖及静水养殖。鱼类增殖放流是补偿水电开发对鱼类的不利影响，维护珍稀、濒危鱼类种群延续以及补充经济鱼类资源的一种重要手段。

对水电站工程河段开展水生生境保护工作，可以一定程度上保障鱼类生境，但仍难以达到整体保护鱼类资源的目的。首先，电站运行后会压缩原有鱼类种群的生存空间，水文情势的改变也可能会降低鱼类的自然繁殖能力，且大坝阻隔将一定程度降低不同群体之间的基因交流，导致遗传多样性下降，降低种群生存力，需要通过其他途径补充鱼类资源。其次，水电站工程河段可能涉及珍稀保护物种，且其中大部分为当地的主要经济鱼类，在渔业捕捞和生存环境恶化的双重压力下，种群数量将受到严重威胁。所以，开展鱼类增殖放流工作对于水电开发过程中的鱼类资源保护工作意义重大。

（3）其他鱼类保护措施。除了过鱼设施和鱼类增殖放流措施之外，通常在水电开发过程中还会采取鱼类科学研究、鱼类资源监测和渔政管理等鱼类保护措施。虽然诸多水电站均配套建设了鱼类增殖放流站，且近期可以放流多种保护鱼类和经济鱼类，但受科学研究进展的限制，目前我国开展水电开发的流域尚有诸多珍稀保护鱼类未实现人工繁殖，比如雅砻江流域的裸体异鳔鳅鮀、圆口铜鱼、西昌高原鳅、松潘裸鲤、中华䱀和青石爬䱀等鱼类。因此，需要开展较为系统的鱼类科学研究，以便在鱼类人工繁殖和鱼类保护方面取得更大的突破。

定期在工程影响河段开展水生生态监测工作是必不可少的，以此来考察工程建成后水生生物的区系组成、种群数量、分布、渔获物组成及优势度。水生生态调查有利于及时追踪分析工程建设对工程河段的水生态影响程度，便于开展鱼类保护效果评估。

通过地方主管部门加强渔政管理的措施，避免出现过度捕捞的现象。结合鱼类监测、调查成果，划定鱼类禁捕区，结合各种鱼类的生态习性划定禁捕期。在禁渔期间，禁止一切捕捞活动。

3.3.3 锦屏河段水生生态保护关键措施

基于锦屏河段水生生态系统特征和锦屏工程对水生生态的影响，尤其是从工程建设带来的水生生态难题入手，梳理出锦屏河段水生生态保护关键措施体系（图 3.3－1）。

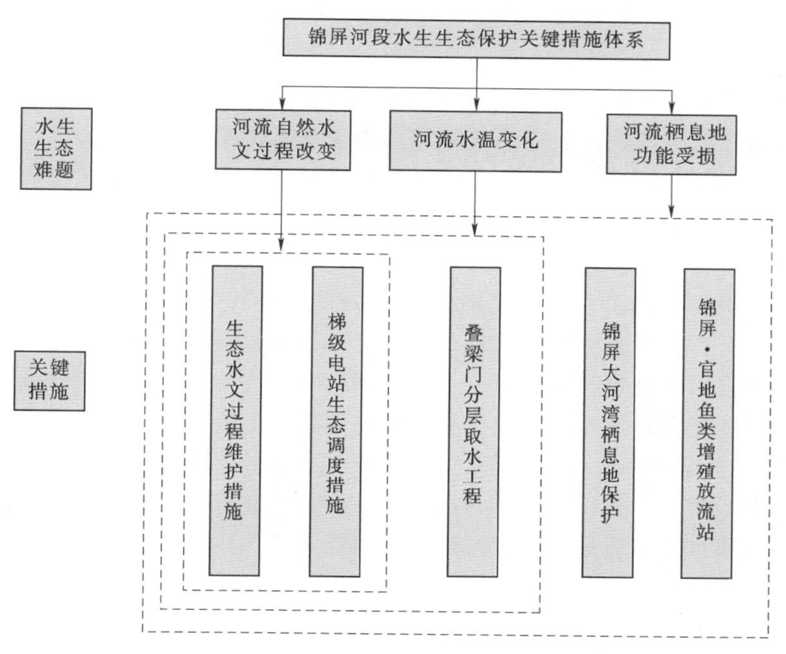

图 3.3－1 锦屏河段水生生态保护关键措施体系

1. 锦屏大河湾栖息地保护，争取宝贵流水生境

锦屏一级水电站河段地处雅砻江下游，分布有多种适应急流生境的鱼类，如长丝裂腹鱼、四川裂腹鱼等，同时也分布有圆口铜鱼等产漂流性卵鱼类的产卵场，工程建成后鱼类生存环境遭受威胁。面对锦屏一级工程造成的河流栖息地功能受损的严峻问题，有必要为大多数土著鱼类保留或营造一定规模的适宜生境，既有成鱼适宜的生存活动场所，也有适宜的繁殖场所和幼鱼索饵场所，从而维持鱼类自然繁衍和种群资源稳定性。

雅砻江下游的水电开发程度较高，保留河段非常少，寻找具有流水环境的河段为土著鱼类提供栖息地非常困难。锦屏大河湾减水河段长约 119km，在采取生态流量泄放措施前提下，加上区间径流补充，可达到山区中等河流的规模，可为适应于流水环境的土著鱼类提供栖息地，具有重要的保护价值。因此，在该河段开展栖息地保护工作显得尤为重要，同时是锦屏一级工程乃至锦屏大河湾鱼类资源保护最重要的措施之一。但目前国内的栖息地保护工作起步较晚，工作经验较少，因此，如何结合工程特性和大河湾减水河段实际情况开展栖息地保护工作，维持鱼类种质资源，保障河流水生生态系统的稳定，是本工程需重点关注的难题。

2. 高坝深库的分层取水举措，为下游水生生物保驾护航

“三峡最大、锦屏最难”。锦屏一级水电站地处高山峡谷，工程条件异常复杂，大坝坝

高为305m，是世界第一高拱坝，被公认为是世界建设管理难度最大、施工难度最大、工程技术难度最大、施工环境危险最大的水电站。特殊的工程条件使锦屏一级水电站库区具有“库大、库深、库短”的总体特征。对如此大型的高坝深水库工程开展水温预测的工作量和难度大，在国内尚无相关经验。

另外，由库容所占比例可知，小金河支库是锦屏一级水库的主要组成部分，其库容甚至超过雅砻江干流主库区。无论主库还是支库，库内水温有较明显的分层现象，除库底约60m深度范围内始终保持较稳定的低温外，在中、上层不同月份的水温分层情况变化频繁，变化幅度也较大。汛期，主库及支库均会出现双温跃层现象。但由于主库和支库的来流流量和水温的差异、河道水深差异等原因，使二者的水温分布又存在明显差异，相对准确地对两者的水温分层现象进行预测存在一定难度。

水库下泄水温对水生生态系统稳定尤其是鱼类资源保护意义重大。因此，针对水温分层明显的锦屏一级水电站需开展分层取水设计。对于高坝、深库、大流量、场地狭小的锦屏一级水电站而言，开展分层取水设计难度巨大。首先，锦屏一级进水塔体规模大、单孔取水流量大，其进水塔规模及进水口引用流量规模明显大于前期及同期水电站，导致电站进水口水力学问题复杂，设计对进水口结构稳定性要求更高。其次，锦屏一级最大坝高为305m，坝前水深接近300m，这种巨型深水库的水温分布规律，国内暂无工程可类比，目前仅能通过数学模型进行模拟预测，为消除或减小水库建成后水温实际分布结构与预测的差异影响，分层取水措施应最大限度地确保实用性和灵活性。第三，锦屏一级水电站是雅砻江下游河段的“龙头电站”，其蓄水储能作用大，水库正常蓄水位为1880.00m，死水位为1800.00m，运行消落深度达80m，电站单层取水时进水口底板高1779.00m，正常蓄水位时取水深度达101m，在消落幅度如此大的条件下，分层取水措施要做到保证岸塔式进水口在不同库区运行水位下均能取到上层水，设计难度较大。

为了全面系统分析库区及下泄水温分布，顺利推进分层取水叠梁门工程设计工作，通过类比二滩水电站工程进行水温观测分析，解决大型深水库巨大的计算区域和极大的纵深比给数值计算带来的稳定性、收敛性问题，建立了模拟精度高、工程实用性好的立面二维、主库和支库耦合的水温预测模型。基于水温预测结果，锦屏一级水电站开展了三节叠梁门分层取水方案设计和工程建设，措施运行后效果良好，其中叠梁门运行期下泄水温可提升0.5～1.6℃，较原单层进水口方案更趋近于天然河道水温过程，更有利于维持下游河道原有的水生生态环境。

在锦屏一级水电站取得的分层取水创新经验适用于水利水电工程的各种分层取水建筑物，降低了工程对场地的要求，解决了高坝、深库、大流量、场地狭小水电站的分层取水问题，具有布置简单，运行灵活方便，可靠性较好且投资省，对枢纽布置影响、电站动能指标影响小等优点，并在溪洛渡、双江口、两河口等许多大、中型水电站推广使用。

3. 国内最大鱼类增殖放流站，是鱼类资源保护的强力后盾

对锦屏大河湾的减水河段进行栖息地保护和修复工作，可以一定程度上保障鱼类生境，但仍难以达到整体保护鱼类资源的目的。首先，电站运行后会压缩原有鱼类种群的生存空间，水文情势的改变也可能会降低鱼类的自然繁殖能力，且大坝阻隔将一定程度降低不同群体之间的基因交流，导致遗传多样性下降，降低种群生存力，需要通过其他途径补充鱼类资源。其次，大河湾的流量相对水电开发前会明显减少，水位下降，这势必会导致鱼类种群数量和资源量降低，需定期补充鱼类种质资源。第三，锦屏库区及锦屏大河湾段涉及青石爬鮡、长薄鳅、黄石爬鮡、松潘裸鲤、鲈鲤、细鳞裂腹鱼和长丝裂腹鱼等多种四川省重点保护鱼类或《中国濒危动物红皮书》记录的易危（VU）种类，且其中大部分为当地的主要经济鱼类，在渔业捕捞和生存环境恶化的双重压力下，种群数量将受到严重威胁。所以，开展鱼类增殖放流工作对于锦屏一级水电站和雅砻江下游的鱼类资源保护工作意义重大。

鉴于锦屏一级、锦屏二级及官地三个水电站影响鱼类的种类基本相同，为方便管理，同时从流域角度系统解决鱼类资源保护的问题，开创性地采用多电站联合修建鱼类增殖放流站的模式，修建了国内最大的鱼类增殖放流站——锦屏·官地水电站鱼类增殖放流站。雅砻江锦屏·官地水电站鱼类增殖放流站具有放流规模大、服务范围广、放流对象多的特点。工程的近期放流规模便达到了150万尾/年，服务范围包括锦屏一级水电站库区、锦屏二级水电站库区、官地水电站库区以及库区天然支流河段卧落河、理塘河、九龙河和小金河。根据服务区域的鱼类资源分布特点，雅砻江锦屏·官地水电站鱼类增殖放流站将长丝裂腹鱼、短须裂腹鱼、细鳞裂腹鱼、四川裂腹鱼、鲈鲤和长薄鳅、裸体异鳔鳅鮀、圆口铜鱼、西昌高原鳅、松潘裸鲤、中华鮡和青石爬鮡等作为人工增殖放流对象。

总体来说，雅砻江锦屏·官地水电站鱼类增殖放流站工程规模大，是国内规模最大的增殖放流站，也是国内最早设计和建设的鱼类增殖放流站之一，工程设计时无规程规范可依，也无工程案例借鉴。工程结合区域气候特点和水源等条件，解决了在高山峡谷地区蠕变体山坡上修建鱼类增殖放流站的工程技术难题，并开创了多电站联合修建鱼类增殖放流站的建设模式，便于流域鱼类增殖放流统一管理，对区域同类工程的设计、建设及运行具有较强指导意义和推广价值。

4. 梯级电站联合生态调度，给河流注入生态活力

近年来，水电工程对河流生态环境的影响受到社会各界的广泛关注，人们期望水库调度在满足防洪、发电等功能的同时，也能一定程度考虑并满足河流生态方面的需求。生态调度作为一种主要的河流生态修复措施，是对传统水库调度方式的发展与完善，主要着眼于解决当前突出存在的水生态环境问题，将生态因素纳入现行的水库调度中，在尽可能保证水库防洪兴利和发电等效益的条件下，减缓水库运行的生态影响。与工程措施相比，水库生态调度措施具有实施费用较低、对下游河流生态修复的作用范围较大、生态修复效果较明显等特点。

从河流开发利用后的河道状态来看，水电开发后的河道可分为库区河段（梯级衔接河段）、未开发河段（保留河段）、减水河段（引水式开发）。目前，通过流量调控实现生态目标的关注河段一般为保留河段和减水河段。雅砻江下游保留河段为桐子林坝下15km流水江段，减水河段为锦屏大河湾119km河段。雅砻江中、下游河段控制性水库有两河口、锦屏一级和二滩3个高坝大库，水库形成后改变了河流径流的年内分配，造成丰水期水量减少和枯水期水量增加的水文情势变化。其余的梯级均为日调节运行，在日内形成不稳定流影响。从开发格局来看，锦屏一级水电站是整个下游河段实现生态调度的关键梯级，应加强科学调度研究和实践运用。

比较理想化的生态调度方案应是在分析研究范围内不同保护对象所依存的生态环境因子与水库调度之间关系的基础上，根据保护目标特点，定量地描述其生活习性与水文特性（水量、水温、水深等）之间的关系，从而确定最佳运行调度方式，实现最大化的综合效益。但生态调度与水力发电密切相关，锦屏一级水电站建设的主要任务是发电、防洪等，如何兼顾生态系统的用水需求，实现综合的调度效益是一大难题。

在生态需水方面，国内鱼类基础生态学研究相对滞后，对鱼类生境适宜性的研究不充分，水文水动力条件需求与鱼类保护之间的关系也具有不确定性，特别是与流量构建直接的数学关系也不尽科学，导致在生态保护方面难以定量描述生态调度目标。如雅砻江内主要的代表性鱼类的产卵场水温、水深（或水位）、流速和底质等物理变量与鱼类保护效益的关系方面的研究较少。在生态调度的实际运用中，水电站发电量与水库运行水位、下泄流量等关系较为明确，很容易建立发电效益与水库运行方案之间的数学关系，但生态效益难以量化，反映水库运行水位、下泄流量与生态效益之间的关系也难以用明确的计算关系表述。此外，水温与生态效益存在关联，水温也与水库水位、下泄流量有一定关系，多重关系难以量化表述并耦合进入多目标优化运算模型中。

目前，水电工程常规调度主要为防洪、发电、航运、灌溉及供水等，缺乏与生态调度统筹考虑，各调度目标及规则之间的内部联系及多个梯级电站的联合调度仍在积极地研究探索之中，尚无成熟的优化调度模型，特别是考虑生态需水量多目标、多梯级联合调度的优化模型及运用方案。因而在多目标调度运算中如何纳入生态目标是一个难题，国内外尚无较好的研究方法。锦屏河段采取的水文过程维护措施和梯级电站生态调度措施在这方面做了积极有效的尝试，并取得了一系列研究和实践成果，对我国后续水电开发过程中的梯级生态调度工作具有重要参考价值。

第 4 章

生态水文过程维护

河流水文过程是河流生物多样性和生态完整性的主要驱动力，河道内流量的变化将引发生物的生活行为，如鱼类产卵、鸟类迁徙、树种散布等（董哲仁，等，2010）。这种与河流生态状况密切相关的水文过程又被称为生态水文过程，它是维持河流可持续发展的重要因素之一。对于水电开发河段的水生生态保护需求而言，河流生态水文过程的作用主要是维持此类河段的流水生境和特殊时段（如鱼类产卵期）的流量涨落过程。本章对雅砻江下游河段天然水文特点及水生生态保护目标进行了分析，提出了适于计算雅砻江下游河段水生生态需水的方法，并根据水生生态目标的需求，结合天然径流特点，确定了用以维持河段流水生境的生态流量方案，通过对电站实际下泄生态流量的监测评估，验证了生态水文过程维护效果。

4.1 雅砻江下游河段水文过程

雅砻江下游河段天然水文过程与雅砻江流域径流特点基本一致，主要受流域内的降水控制，径流年内分配与降水年内变化趋势基本一致。丰水期为6—11月，主要为降雨补给，水量约占全年的81.9%；枯水期为12月至翌年5月，主要由地下水补给，水量约占全年的18.1%；径流的年际变化不大。雅砻江下游河段代表断面逐月流量过程见图4.1-1。此外，雅砻江下游河段的天然洪水主要由暴雨形成，年最大洪水一般出现在6—9月，洪水过程多呈双峰或多峰型，一般单峰过程历时6～10d，双峰过程历时12～17d，洪水一般具有峰低、量大、历时长的特点。

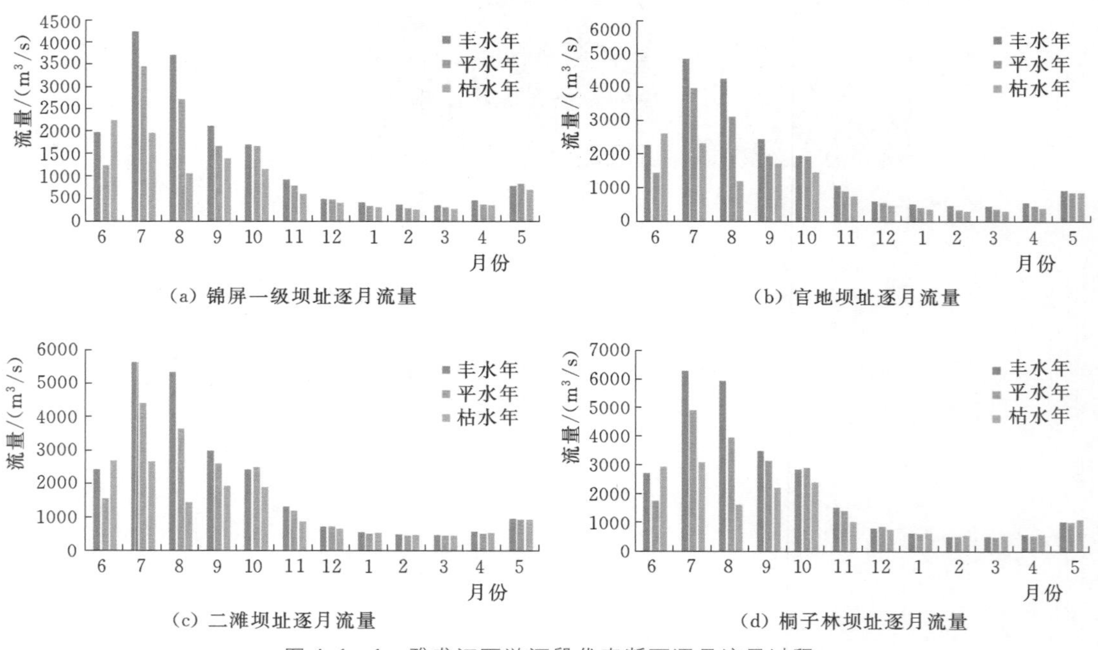

(a) 锦屏一级坝址逐月流量

(b) 官地坝址逐月流量

(c) 二滩坝址逐月流量

(d) 桐子林坝址逐月流量

图4.1-1 雅砻江下游河段代表断面逐月流量过程

4.2 生态水文恢复目标

4.2.1 筛选原则

1. 空间划分原则

雅砻江下游的水电开发格局已经基本形成，自上而下依次为锦屏一级（堤坝式，年调节）、锦屏二级（引水式，日调节）、官地（堤坝式，日调节）、二滩（堤坝式，季调节）、桐子林（堤坝式，日调节）等，大多数梯级依次上下衔接，开发河段的水生生态系统绝大部分由河流型向湖库型转变。需要特别指出的是，由于锦屏二级为引水式开发，电站运行会在闸厂址之间形成约119km的减水河段，此外，桐子林坝下至雅砻江江口有15km的保留河段。这两处河段仍具备形成河流型生态系统的流水生境条件，河道现状条件见图4.2-1和图4.2-2。根据实地调查，水库形成后急流性鱼类也大多被迫迁徙至上述两处流水河段，这在某种程度上说明锦屏大河湾减水河段和桐子林坝下保留河段仍可为土著鱼类提供栖息地。考虑到锦屏二级水电站和桐子林水电站均为日调节电站，基本不具备调节径流、制造人工洪峰的能力，难以单独满足相应河段的水生生态需水，因此在锦屏一级水电站生态调度中必须对锦屏大河湾减水河段和桐子林坝下保留河段的水生生态需水予以考虑。

图4.2-1 锦屏大河湾减水河段

2. 时间划分原则

研究河段水文过程在天然状况下有明显的丰枯节律，河流生态系统经过长期演化也已经高度适应这种变化。从时间上来看，不同的保护目标在年内不同时期的生态需求也必然不同。因此，在时间上对保护目标进行筛选时拟按一般时期和特殊时期来考虑。

3. 代表性原则

雅砻江下游鱼类众多，不同种类对流量、水文过程和水温的需求不尽相同，但在实践中受限于各种客观条件，不太可能针对每一种鱼类的保护需求都进行深入研究。因此，需要选择具有代表性的鱼类进行保护需求研究。代表性鱼类的筛选需综合考虑各方面的因素，包括鱼类濒危程度（濒危等级、受干扰程度、资源现状、分布状况）、鱼类价值（生

图 4.2-2 桐子林坝下保留河段

态价值、经济价值和科研价值)、数据可获取性、物种代表性（反映出栖息地中其他物种集合变化的特征）等多个方面。

4.2.2 筛选过程

根据空间和时间划分原则，对各区段和各时期的保护目标进行分析，主要考虑对流量、水文过程、水温等环境因素的改变比较敏感，且通过水库调度可以改变的作用因素，分区段、时段筛选水生生态保护目标，见表 4.2-1。

表 4.2-1 雅砻江下游水生生态保护目标筛选

<table>
<tr><th>区段划分</th><th>保护类别</th><th colspan="2">保护对象</th><th>保护目标</th><th>保护时段</th></tr>
<tr><td rowspan="7">锦屏大河湾减水河段、桐子林坝下保留河段</td><td rowspan="7">水生生态</td><td rowspan="6">鱼类资源保护</td><td rowspan="3">产黏沉性卵鱼类繁殖</td><td>水温</td><td rowspan="6">特殊时期，鱼类集中繁殖期</td></tr>
<tr><td>流量</td></tr>
<tr><td>水文过程</td></tr>
<tr><td rowspan="3">产漂流性卵鱼类繁殖</td><td>水温</td></tr>
<tr><td>流量</td></tr>
<tr><td>水文过程</td></tr>
<tr><td colspan="2">鱼类栖息地保护</td><td>保证生态基流、维持河流水生生态系统稳定</td><td>一般时期</td></tr>
</table>

根据保护目标筛选的代表性原则，表 4.2-1 中的产黏沉性卵鱼类以长丝裂腹鱼、青石爬鮡为代表性物种，适宜这些鱼类产卵的砾石河滩在雅砻江干流下游河段普遍存在；在繁殖季节，此类型鱼类在河滩上产沉性卵或黏性卵，鱼卵沉落于石缝中或黏附于石面上，产卵场适宜的水温和充足的溶氧，能满足胚胎的正常发育。产漂流性卵的鱼类以圆口铜鱼为代表性物种，此类型鱼类的卵可以顺流而下，在下游河段内完成生长、发育。

4.2.3 恢复目标拟定

根据以上筛选原则和筛选过程，拟定锦屏一级水电站下游生态水文恢复目标如下：

(1) 维持锦屏大河湾减水河段和桐子林坝下保留河段生态基流及其对应的水生生态

功能。

(2) 保护锦屏大河湾减水河段和桐子林坝下保留河段产黏沉性卵鱼类（代表性物种为长丝裂腹鱼、青石爬鮡）和产漂流性卵鱼类（代表性物种为圆口铜鱼）的产卵、繁殖适宜的水文水动力条件，解决由于水库调节造成的流量过程趋于“均化”的问题。

4.3 水生生态需水计算方法

如前文所述，虽然锦屏一级水电站下游至雅砻江河口段已建成锦屏二级、官地、二滩、桐子林等多个梯级电站，各级电站蓄水成库使得多数流水生境河段已经转变为湖库生境，但各梯级之间仍有一段119km的减水河段（该河段介于锦屏二级闸厂址之间，受锦屏二级水电站引水影响，河段内流量减少）和一段15km的保留河段（即桐子林坝下至雅砻江河口段，该河段未开发利用）具备维持流水生境的条件，如果可以较好地维持这两个河段的生态水文过程，则仍可为当地土著鱼类提供适宜的栖息地。因此，从水生生态保护角度来看，维护锦屏一级水电站下游河段的生态水文过程，关键就是要通过电站调度满足鱼类在减水河段和保留河段生存栖息所需的流量及过程，即水生生态需水。根据《水电工程生态流量计算规范》(NB/T 35091—2016)，水生生态需水主要包括水生生态基流和鱼类繁殖期需水。

国内外涉及河流水生生态需水的计算方法较多，根据各方法计算原理和应用特点的不同，一般分为水文学法、水力学法、生态水力学法、组合法、生境分析法、综合法等。其中，生态水力学法系相关研究人员在研究锦屏二级下游河段生态需水量过程中提出的计算方法（王玉蓉，等，2007）。近年来，经过大量实践检验，水力学法、生态水力学法、生境分析法、水文学法等均被纳入《水电工程生态流量计算规范》(NB/T 35091—2016)。

根据雅砻江下游河段的河道形态和水生生态特点，结合各计算方法的适用条件，表4.3-1比较了不同类型计算方法在雅砻江下游水电开发河段的适用性。结合表4.3-1来看，适于雅砻江下游河段水生生态需水计算的方法包括水文学法、水力学法、生态水力学法和生境分析法。其中，水力学法中的R2-CROSS法不能直接用于雅砻江下游河段水生生态需水计算，实践中可以在优化调整相关参数标准后应用。

在实践中，生境分析法主要用于计算雅砻江下游河段鱼类繁殖期需水。采用生境分析法计算鱼类繁殖期需水时，应在计算范围内选择保护级别或经济价值较高的鱼类作为分析鱼类繁殖期需水的目标物种，通过调查掌握目标物种对水深、流速等生境参数的要求，然后再进行详细的地形测量获取产卵场地形，并对产卵场河段建模，计算产卵场水力生境条件；在此基础上，根据目标物种对水深、流速等生境参数的适宜性，确定鱼类对不同计算单元的喜好度，从而得到不同流量条件下满足目标物种产卵需求的加权可利用生境面积（A_{WUA}），进而根据流量-加权可利用生境面积的关系，确定满足目标物种产卵需求的适宜流量。需要特别指出的是，对于在繁殖期对水文过程有需求的鱼类，在确定适宜流量的基础上，还需要结合产卵期的天然径流特点，分析确定鱼类繁殖期所需的水文过程。

表 4.3-1 水生生态需水计算方法综合比较

计算方法		基本原理	主要参数	适用条件	对本河段的适应性
水力学法	湿周法	该方法采用湿周作为评价水生生物栖息地质量的指标，并假定保护好临界区域（一般为浅滩）的水生物栖息地的湿周，也将对非临界区域的栖息地提供足够的保护。通过建立湿周与流量之间的关系曲线，根据湿周-流量关系曲线中的转折点确定河道推荐流量值	湿周	适用于河床稳定且具有宽浅矩形或抛物线形断面的河道	本河段河道形态多样，生境类型丰富，具有浅滩栖息地及适用于湿周法的宽浅矩形或抛物线形断面分布
	R2-CROSS 法	该方法假定河流流量的主要生态功能是维持河流栖息地，而浅滩是最临界的河流栖息地类型，如某一流量能保护浅滩栖息地，则也可保护河流中的其他水生栖息地，如水潭和水道。该方法采用一系列水力学参数来评估河流栖息地的保护水平	水面宽度、平均水深、流速、湿周率等	适用于河宽小于 30.5m 的非季节性小型河流	本河段河道形态多样，生境类型丰富，具有浅滩栖息地，但本河段属于大型河流，不能直接采用 R2-CROSS 法
生态水力学法		该方法以鱼类对河流水深、流速等水力生境参数及急流、缓流、浅滩、深潭等水力形态指标的要求来评估河流生境状况，方法中水深的标准值与鱼类体长相关，在水力学方法基础上，与生态因素建立了直接联系	最大水深、平均水深、水面宽度、湿周率、过水断面面积、水域面积等	适用于各种类型河流	适于本河段
生境分析法		该方法基于水生生物对生境的需求，利用水力模型预测水深、流速等水力参数，然后与生境适宜性标准相比较，计算适于指定水生物种的生境面积，据此确定河流流量，目的是为水生生物提供一个适宜的物理生境	水深、流速、基质和覆盖物等指标，以及天然涨水过程的日变幅	适用于有重要水生生境分布的河段	适于本河段
水文学法		基于对天然情况下不同流量时生态系统状况的调查和评估，提出不同流量对应的河流生态状况	多年平均流量	适用于北温带较大的常年性河流	适于本河段

4.4 水生生态基流研究

4.4.1 锦屏大河湾减水河段

在锦屏二级水电站环境影响评价阶段，环评单位按照有关技术标准要求，采用现场调查、数值模拟等多种手段，针对锦屏大河湾水生生态基流开展了详细研究。研究表明，当河道流量不低于 $45m^3/s$ 时，既可缓解电站运行对减水河段水生生态的影响，也可同时维持减水河段水环境功能和河流景观。该研究成果获得了原环境保护部认可，并在锦屏二级水电站批复中予以明确。因此，锦屏大河湾水生生态基流直接按不低于 $45m^3/s$ 考虑。

4.4.2 桐子林坝下保留河段

根据桐子林坝下保留河段的河道形态、地形特征，在桐子林坝址至雅砻江江口间实测了1～10 号计算断面。在此基础上，结合雅砻江江口的天然径流特点，拟定了坝址处多年平均流量的 5%、8%、10%、12%、15%、20%和枯水期多年平均流量共计 7 种计算工况。运用MIKE11 软件进行桐子林坝下保留河段纵向一维水力计算，得到不同流量工况下各个断面的最大水深、平均水深、流速、湿周率、过水断面面积，并通过统计得到不同流量工况代表性断面处河段的水域面积，再参照生态水力学法水力生境参数标准和锦屏大河湾减水河段代表性鱼类水力参数限值情况，经综合分析，推求出满足标准的最小流量（表 4.4－1）。

表 4.4－1　　生境参数标准及达标情况分析表

项目	水力生境参数指标	最大水深	平均水深	平均流速	水面宽度	湿周率	过水断面面积	水域水面面积	水温
标准	指标标准	鱼体长度的 2～3 倍	≥0.3m	≥0.3m/s	≥30m	≥50%	≥$30m^2$	≥70%	适宜鱼类生产、繁殖
	指标达标河段累计长度占计算河段长度的百分比	95%	95%	95%	95%	95%	95%		
不同流量下各指标达标情况（模拟工况）	工况 1：多年平均流量的 5%（$96m^3/s$）	100%	100%	89%	100%	88%	100%	64%	符合
	工况 2：多年平均流量的 8%（$154m^3/s$）	100%	100%	95%	100%	100%	100%	68%	符合
	工况 3：多年平均流量的 10%（$192m^3/s$）	100%	100%	95.53%	100%	100%	100%	70%	符合
	工况 4：多年平均流量的 12%（$230m^3/s$）	100%	100%	96.16%	100%	100%	100%	100%	符合
	工况 5：多年平均流量的 15%（$288m^3/s$）	100%	100%	97.06%	100%	100%	100%	100%	符合
	工况 6：多年平均流量的 20%（$384m^3/s$）	100%	100%	98.31%	100%	100%	100%	100%	符合
	工况 7：枯水期多年平均流量（$422m^3/s$）	100%	100%	100%	100%	100%	100%	100%	符合

续表

项目	水力生境参数指标	最大水深	平均水深	平均流速	水面宽度	湿周率	过水断面面积	水域水面面积	水温
推算工况	多年平均流量的 9.9%（190m³/s）	100%	100%	95%	100%	100%	100%	70%	符合
备注	各计算工况对应流量	最大水深最低限值取 0.56m						不同流量情况下水面面积占枯水期多年平均流量情况下水面面积的百分比	此工程运行前后水温变幅小，适宜鱼类生存、繁殖

由表 4.4－1 可知，当桐子林坝下保留河段内的流量为 190m³/s 时，该河段的最大水深、平均水深、水面宽度、湿周率、过水断面面积均 100%满足水力生境最低要求，平均流速达到 95%以上满足水力生境最低要求，水域水面面积 70%以上满足水力生境最低要求，符合水力生境参数的总体评价标准。因此，推荐 190m³/s 作为该河段的水生生态基流。

4.5 鱼类繁殖期需水研究

4.5.1 产黏沉性卵鱼类繁殖期适宜流量

本书以长丝裂腹鱼和青石爬鮡作为产黏沉性卵鱼类的代表性物种。根据现场调查，长丝裂腹鱼繁殖季节在每年的 3—5 月，水温 11～14℃时进入繁殖季节。通常在水深 40cm 左右的近岸或主流流水砂砾石滩上掘坑为巢，进行产卵活动，这类生境条件在锦屏大河湾江段较多，分布比较分散，对应的水力学特征是较急流和较缓流的区段，在锦屏大河湾减水河段分布有 17 处。青石爬鮡一般在 5—7 月进行繁殖活动，产卵场、索饵育幼场和越冬场均为急流砾石滩河段，对应的水力学特征是急流的区段，在大河湾减水河段分布有 23 处，河段合计总长 51.6km。根据最不利原则，选取其中 4 处最宽浅断面作为栖息地模拟的计算断面，各处断面均有砾石底质并有急流条件，为裂腹鱼、鮡科产卵的水域，具有代表性。

采用 PHABSIM（Physical Habitat Simulation）软件模型计算得到的锦屏二级减水河段 4 处产卵水域内，适宜长丝裂腹鱼和青石爬鮡的加权可利用生境面积 A_{WUA} 与流量的关系曲线见图 4.5－1～图 4.5－4，从而获得鱼类产卵所适宜流量结果，通过对这些成果进行综合分析，可确定人造洪峰的最大值，再结合水温的分布情况，拟定不同的下泄流量方案，作为优化调度模型的生态约束条件。

结合图 4.5－1～图 4.5－4 分析可知，产卵场 1 的长丝裂腹鱼繁殖期适宜需水量为 200m³/s，青石爬鮡繁殖期适宜需水量为 113m³/s；产卵场 2 的长丝裂腹鱼繁殖期适宜需水量为 90m³/s，青石爬鮡繁殖期适宜需水量为 90m³/s；产卵场 3 的长丝裂腹鱼繁殖期适宜需水量为 54m³/s，青石爬鮡繁殖期适宜需水量为 90m³/s；产卵场 4 的长丝裂腹鱼繁殖期适宜需水量为 245m³/s，青石爬鮡繁殖期适宜需水量为 113m³/s。

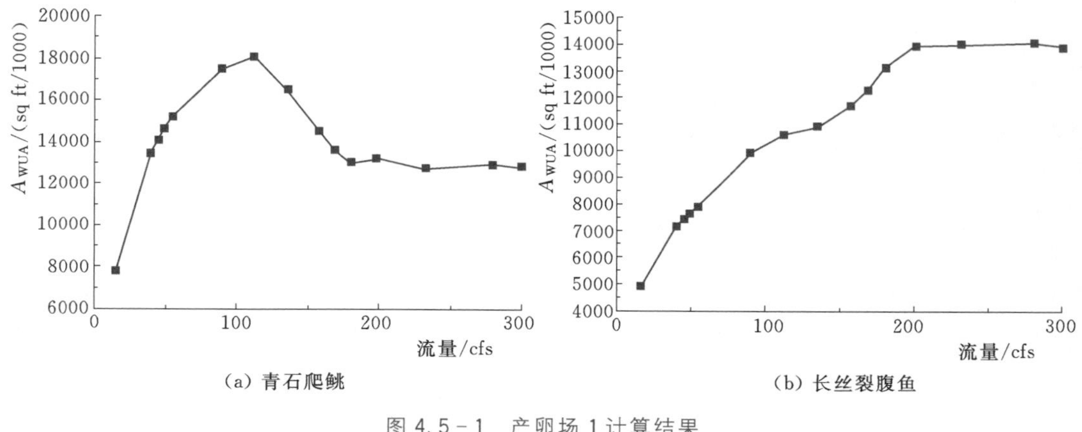

(a) 青石爬鮡　　(b) 长丝裂腹鱼

图 4.5-1　产卵场 1 计算结果

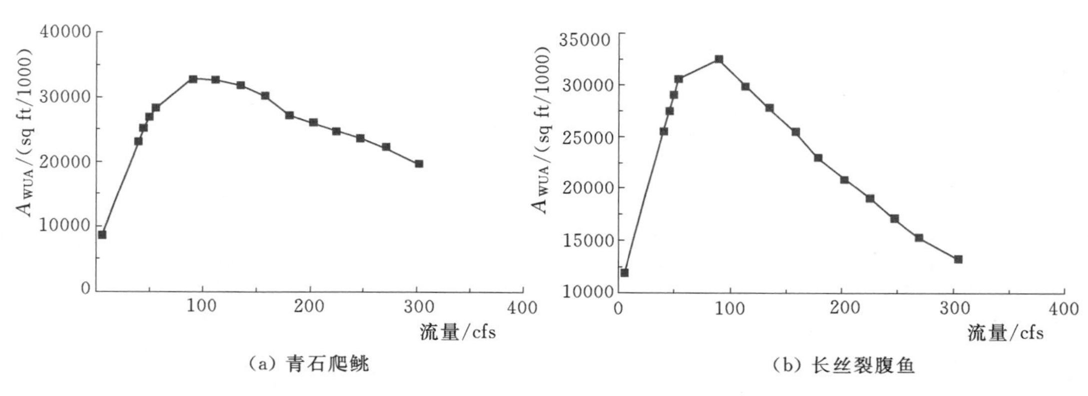

(a) 青石爬鮡　　(b) 长丝裂腹鱼

图 4.5-2　产卵场 2 计算结果

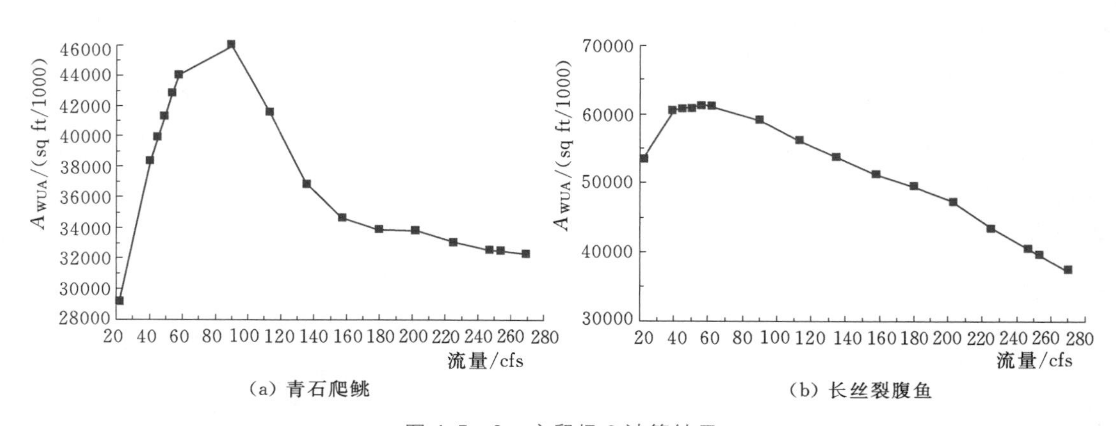

(a) 青石爬鮡　　(b) 长丝裂腹鱼

图 4.5-3　产卵场 3 计算结果

4.5.2　产漂流性卵鱼类繁殖期适宜流量

锦屏大河湾减水河段代表性鱼类产卵适宜流量计算结果见表 4.5-1，可以看出，长丝裂腹鱼和鮡科鱼类的 4 处产卵场及圆口铜鱼的 3 处产卵场的最佳洪峰流量为 54～245m^3/s。

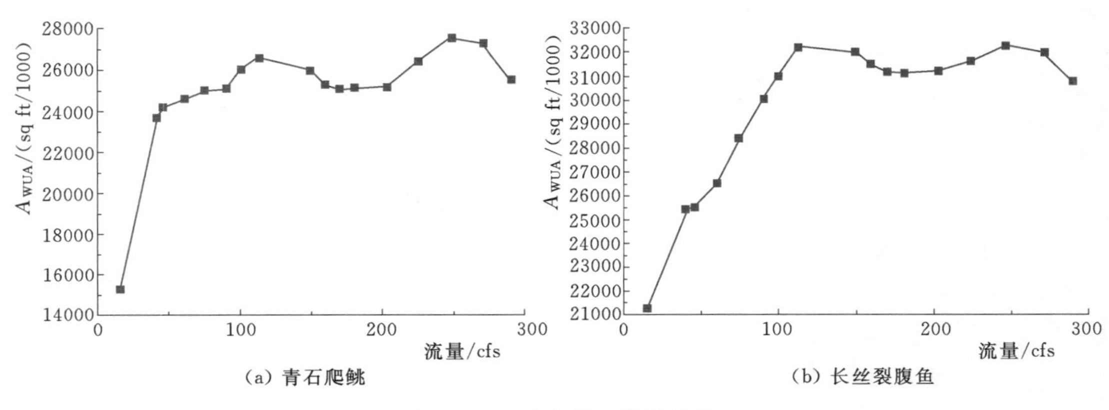

(a) 青石爬鮡　　(b) 长丝裂腹鱼

图 4.5-4　产卵场 4 计算结果

表 4.5-1　锦屏大河湾减水河段代表性鱼类产卵适宜流量计算结果　单位：m^3/s

代表性鱼类	产卵场 1	产卵场 2	产卵场 3	产卵场 4
长丝裂腹鱼	200	90	54	245
青石爬鮡	113	90	90	113
圆口铜鱼	68	110	84	
综合结果	基本洪峰值：$90m^3/s$；较好洪峰值：$200m^3/s$；最佳洪峰值：$250m^3/s$			

研究中以圆口铜鱼作为产漂流性卵鱼类的代表性物种。根据现场调查，圆口铜鱼的最佳产卵期为5—7月，鱼卵必须悬浮在水中不沉，随水漂流50～55h才能孵出，由于鱼卵密度略大于水，为了保证鱼卵不沉而完成漂流孵化，需要保证流速达到0.25m/s以上。这类生境条件在锦屏大河湾减水河段偏上段分布较多，研究从中选取了锦屏二级闸下河段、健美乡河段、烟袋乡河段3处典型河段。根据3处典型河段圆口铜鱼产卵场A_{WUA}计算结果（时晓燕，等，2016），取A_{WUA}与流量关系曲线的拐点对应的流量为河段内圆口铜鱼繁殖期的最佳流量值。其中，闸下河段的A_{WUA}拐点流量为$68m^3/s$，该流量下适宜产卵的水域主要分布在岸边水深较小处；健美乡河段A_{WUA}拐点流量为$110m^3/s$，该流量下适宜产卵的水域主要分布在岸边及河道中间水深较小处；烟袋乡河段A_{WUA}拐点流量为$84m^3/s$，该河段水深长期处于适宜范围。

综合不同目标物种适宜流量计算结果，计算的多个流量值在$90m^3/s$以上，因此，以$90m^3/s$为基本的洪峰流量值，在此条件下，可以使得50%的产卵水域具备代表性鱼类产卵所需要的水力条件；以$250m^3/s$为最佳洪峰流量值，可使得90%以上的产卵水域均具备代表性鱼类产卵所需要的水力条件；以$200m^3/s$为较好洪峰流量值，可使得75%以上的产卵水域具备代表性鱼类产卵所需要的水力条件。综合鱼类生物学习性也可以得知，长丝裂腹鱼和青石爬鮡基本也能代表整个河段在春夏季大部分产卵鱼类的特征，故以基本流量值、最佳流量值、较好流量值作为人造洪峰的峰值，以实现不同的生态目标，来构建不同的人造洪峰方案。

4.5.3 鱼类繁殖期适宜的生态水文过程

天然情况下，鱼类繁殖往往与洪水涨落相关联。因此，人造洪水过程，在涨水时段和涨水率方面以天然流量过程为基准，并考虑水温的影响，拟合单峰和双峰的流量过程。在对泸宁站（泸宁水文站距离锦屏二级水电站坝址约83km，距离九龙河汇口约43km）天然流量过程综合分析的基础上，选择近似于平水年且具有比较典型洪水过程的年型，将其天然流量过程作为人造洪水过程的拟合参照，见图4.5-5。

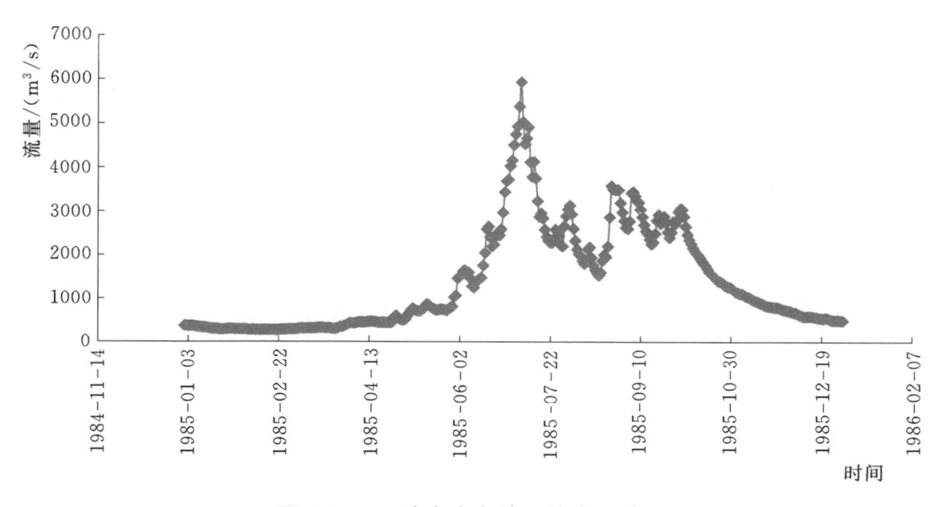

图4.5-5 泸宁水文站天然流量过程

结合雅砻江平水年鱼类产卵期的天然洪峰形态，模拟天然洪峰上涨率。根据调查结果，6月初为所有鱼类卵苗高峰期，因而选定4种人造洪水方案（图4.5-6）：

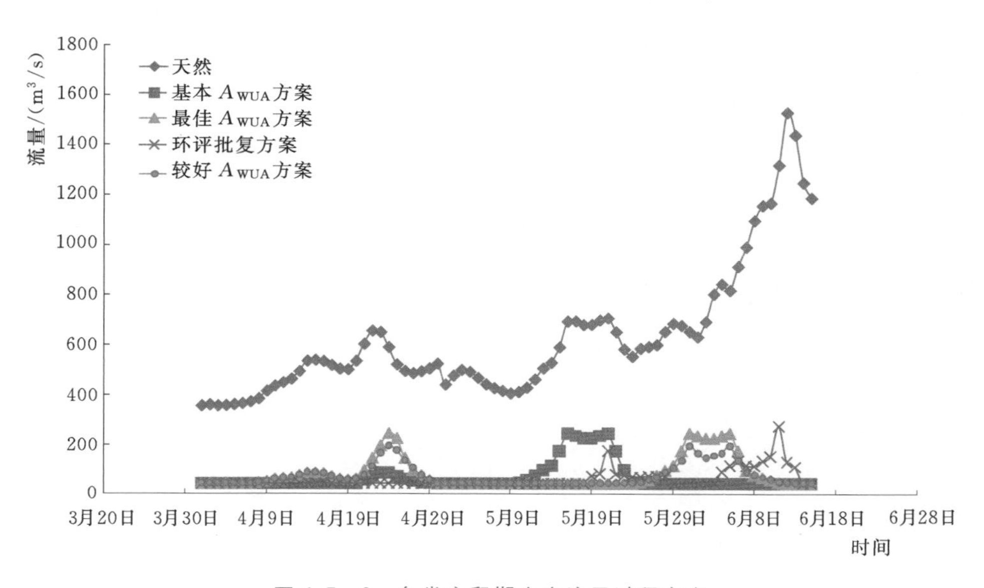

图4.5-6 鱼类产卵期生态流量过程方案

（1）环评批复方案：按照锦屏二级水电站环评批复的人造洪峰要求，以每月不同的洪峰值为标准，在3月、4月、5月、6月，每月拟合10d内的单峰流量过程。该流量过程是锦屏二级水电站环境影响评价过程中考虑的方式，涵盖了4个月份，但由于3月下泄水温偏低，难以达到刺激鱼类产卵的效果，裂腹鱼在相对集中产卵期4月的洪峰值有限；同时洪峰为单峰，时段在10d内，与天然流量过程对比来看，没有连续的双峰流量过程。

（2）基本A_{WUA}方案：基于计算的洪峰值结果，在4月以基本洪峰值拟合10d内单峰流量过程，在5月以最佳洪峰值拟合14d内双峰的流量过程。这一过程能够满足长丝裂腹鱼等大多数产黏沉性卵鱼类的产卵需求，但缺少6月的人造洪水过程，对在产卵时需要更高水温的鱼类贡献较小。

（3）最佳A_{WUA}方案：基于计算的洪峰值结果，在4月分别以基本洪峰值和最佳洪峰值拟合总计20d内的单峰流量过程，在5月底和6月初以最佳洪峰值拟合14d内双峰的流量过程。这一过程能够满足长丝裂腹鱼等大多数产黏沉性卵鱼类的产卵需求，同时在水温高于15℃以上时对一些产漂流性卵和需要更大流速条件的产卵鱼类有更大的贡献。

（4）较好A_{WUA}方案：基于计算的洪峰值结果，在4月分别以基本洪峰值和较好洪峰值拟合总计20d内的单峰流量过程，在5月底和6月初以较好洪峰值拟合14d内的双峰流量过程。这一过程能够较好满足长丝裂腹鱼等大多数产黏沉性卵鱼类的产卵需求，同时在水温高于15℃以上时对一些产漂流性卵和需要更大流速条件的产卵鱼类有一定贡献。

4.6 生态流量方案

4.6.1 锦屏大河湾生态流量方案

锦屏大河湾水流湍急，浅滩与深潭交替分布，河段内水生生物表现出典型的山区河流特征，鱼类组成以流水性种类为主。根据锦屏大河湾的河道形态、水文特征和水生生态特点，分别采用水文学法、水力学法、生态水力学法和生境分析法计算分析该河段的水生生态基流和鱼类繁殖期需水量，计算结果表明，锦屏大河湾水生生态基流为45m^3/s，鱼类繁殖期的基本洪峰值为90m^3/s、较好洪峰值为200m^3/s、最佳洪峰值为250m^3/s。在此基础上，考虑到水量调度的实际操作性，针对锦屏大河湾拟定了4种生态流量方案，用于生态调度优化分析，见图4.6-1。

4.6.2 桐子林坝下保留河段生态流量方案

桐子林坝下保留河段通过雅砻江河口与金沙江自然连通，金沙江下游的乌东德水电站建成蓄水后，该河段仍可维持流水生境，届时将有大量的鱼类被压缩到此保留河段，为给保留河段内的鱼类繁殖提供尽可能适宜的径流条件，该河段水生生态需水宜尽量接近天然流量状态。为此，以95%枯水年的天然流量过程中的3个涨水过程作为鱼类繁殖期的流量需求（图4.6-2），并以190m^3/s作为水生生态基流，拟定桐子林坝下保留河段所需的生态流量方案，见表4.6-1。此生态流量方案可同时满足该河段景观用水需求，行人在沿岸进出二滩风景区的道路上，可以感受到较好的江河景观。

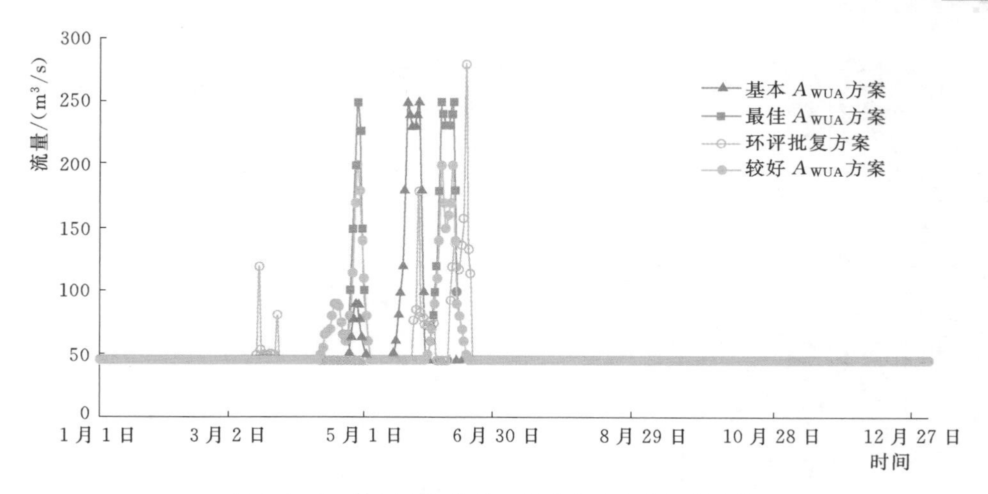

图 4.6-1 锦屏大河湾减水河段生态流量过程方案

表 4.6-1 桐子林坝下保留河段生态流量方案 单位：m^3/s

时间	流量	时间	流量	时间	流量
1月1日至3月9日	190	4月2日	391	4月26日	460
3月10日	200	4月3日	395	4月27日	463
3月11日	210	4月4日	402	4月28日	478
3月12日	220	4月5日	408	4月29日	503
3月13日	230	4月6日	418	4月30日	515
3月14日	230	4月7日	444	5月1日	503
3月15日	250	4月8日	457	5月2日	483
3月16日	270	4月9日	460	5月3日	476
3月17日	280	4月10日	458	5月4日	484
3月18日	300	4月11日	442	5月5日	502
3月19日	320	4月12日	426	5月6日	523
3月20日	340	4月13日	417	5月7日	563
3月21日	350	4月14日	412	5月8日	555
3月22日	375	4月15日	408	5月9日	513
3月23日	383	4月16日	409	5月10日	502
3月24日	390	4月17日	408	5月11日	487
3月25日	392	4月18日	404	5月12日	465
3月26日	392	4月19日	400	5月13日	457
3月27日	393	4月20日	409	5月14日	484
3月28日	394	4月21日	424	5月15日	542
3月29日	388	4月22日	437	5月16日	652
3月30日	385	4月23日	447	5月17日	739
3月31日	391	4月24日	445	5月18日	756
4月1日	394	4月25日	447	5月19日	786

续表

时间	流量	时间	流量	时间	流量
5 月 20 日	847	6 月 3 日	1050	6 月 17 日	430
5 月 21 日	882	6 月 4 日	976	6 月 18 日	400
5 月 22 日	853	6 月 5 日	880	6 月 19 日	420
5 月 23 日	831	6 月 6 日	810	6 月 20 日	390
5 月 24 日	790	6 月 7 日	797	6 月 21 日	380
5 月 25 日	824	6 月 8 日	740	6 月 22 日	370
5 月 26 日	919	6 月 9 日	700	6 月 23 日	350
5 月 27 日	936	6 月 10 日	650	6 月 24 日	350
5 月 28 日	952	6 月 11 日	610	6 月 25 日	340
5 月 29 日	989	6 月 12 日	580	6 月 26 日	300
5 月 30 日	943	6 月 13 日	550	6 月 27 日	280
5 月 31 日	904	6 月 14 日	520	6 月 28 日	250
6 月 1 日	925	6 月 15 日	500	6 月 29 日	220
6 月 2 日	976	6 月 16 日	460	6 月 30 日至 12 月 31 日	190

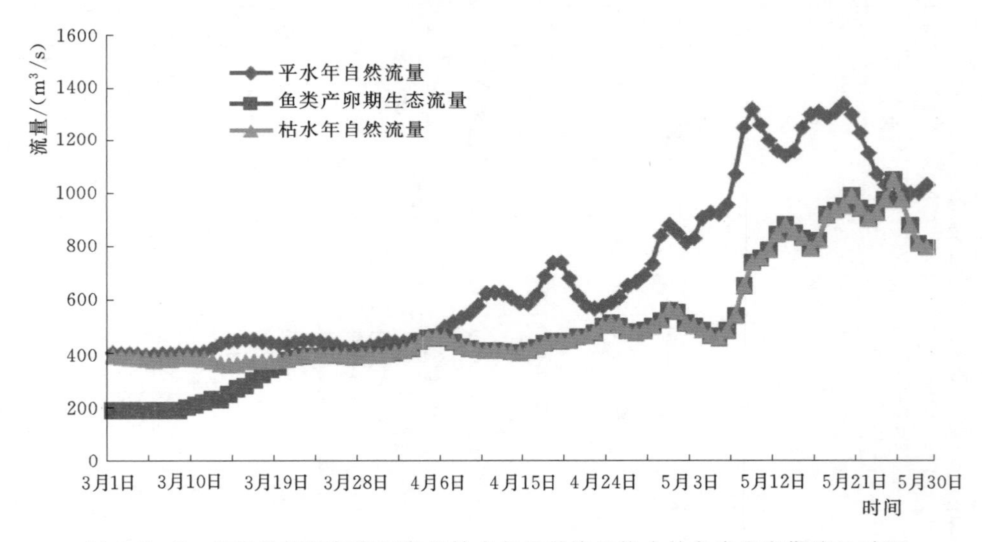

图 4.6-2 桐子林坝下保留河段以枯水年天然流量拟合的鱼类产卵期流量过程

4.7 生态水文过程维护效果

4.7.1 对流量过程及水流形态的维护效果

根据对锦屏大河湾段的现场调查及分析，锦屏二级水电站自运行以来，逐日生态流量下泄量为 48～3368m^3/s，占当日入库流量的 5.39%～92.07%；逐月生态流量下泄量为 50～1587m^3/s，占当月入库流量的 7.9%～78.06%。工程运行以来逐月入库流量和下泄流量过程规律基本一致（图 4.7-1），由此可见此河段生态流量下泄过程与天然水文节律基本一致。虽然锦屏二级水电站运行后部分时段减水河段流量及水位较蓄水前下降较为明显，但依然具有大中型河流的特征，河段水流特性依然呈现多样化（图 4.7-2），并且减水河段无影响漂流性卵鱼类洄游的较大跌水。

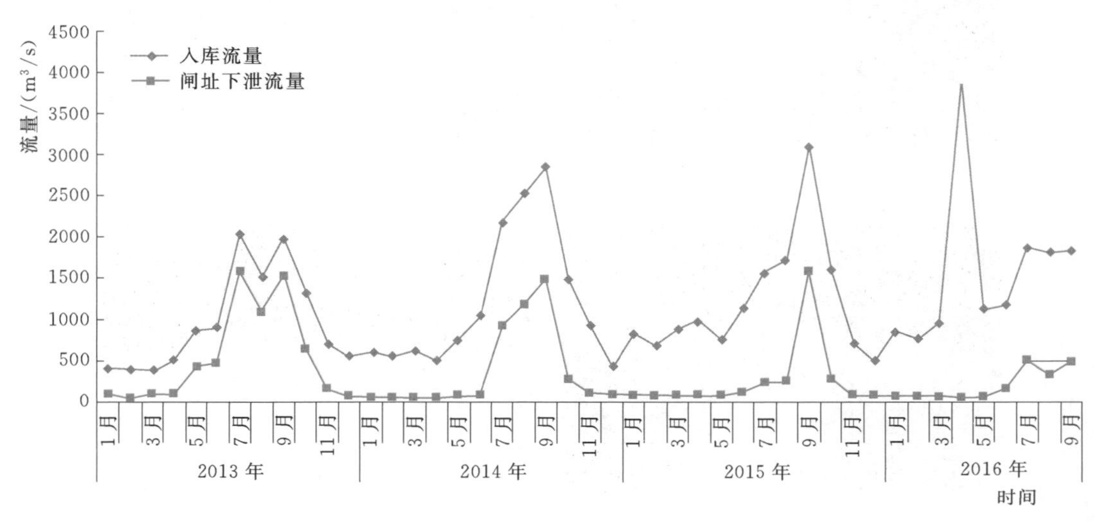

图 4.7-1　工程运行以来逐月入库流量和下泄流量过程

(a) 闸址下游约 5km 处束窄河床跌水急流

(b) 雅砻江干流松林坪（厂房上游约 10km）汇口浅滩急流

(c) 大沱营地深潭缓流（闸址下游约 5km）

(d) 锦屏水文站附近浅滩缓流（闸址下游 6km）

图 4.7-2（一）　锦屏二级水电站运行后减水河段河道现状

(e) 雅砻江干流九龙河汇口上游边滩、心滩（闸址下游约36km）

(f) 雅砻江干流九龙河汇口上游连续跌水急流（闸址下游约36km）

(g) 雅砻江干流九龙河汇口下游急、缓流相间（闸址下游约38km）

(h) 雅砻江干流九龙河汇口下游分叉水流（闸址下游约37km）

图4.7-2（二） 锦屏二级水电站运行后减水河段河道现状

此外，根据对桐子林坝下保留河段的现场调查，因雅砻江下游锦屏一级、锦屏二级、官地、二滩、桐子林等5级水电站的常规调节作用，使得桐子林坝下保留河段维持在很大的流量状态，每月流量在1000m^3/s以上，能够维护该河段水生生态对流量过程的需求。桐子林坝下保留河段基本情况见图4.7-3。

4.7.2 对水文情势的维护效果

选择锦屏水文站和九龙河江口以下5km断面进行水文情势维护效果分析。

(a) 桐子林坝下3.2km

(b) 桐子林坝下7.0km

图4.7-3（一） 桐子林坝下保留河段基本情况

(c) 桐子林坝下 9.8km

(d) 桐子林坝下 12.6km

图 4.7-3（二） 桐子林坝下保留河段基本情况

1. 锦屏水文站断面

锦屏水文站位于减水河段，设置了标准的水尺断面，每年对大断面进行修正，同时记录了逐日的水位、流量等数据，可较客观地反映水文情势现状。

锦屏水文站位于锦屏二级闸下 6km 处，水文站典型大断面见图 4.7-4。

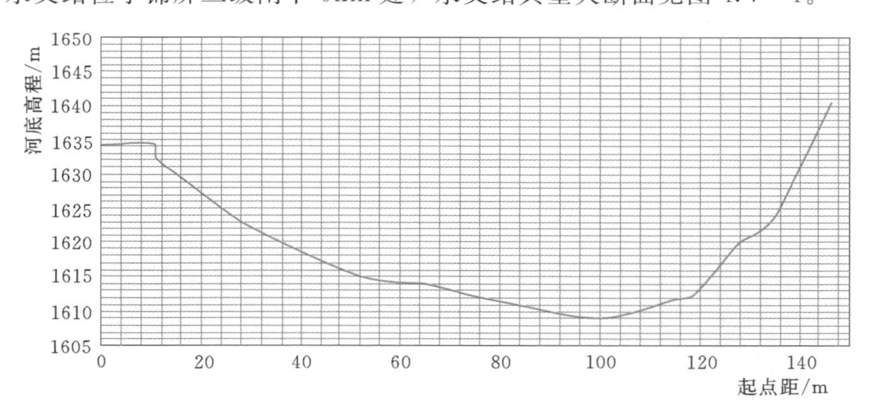

图 4.7-4 锦屏水文站典型大断面图

锦屏二级水电站运行后锦屏水文站断面各项水力参数见表 4.7-1。从表 4.7-1 中可知，工程运行后，断面最大水深为 9.55～2.18m，水面宽为 65.74～102.27m，断面流速为 0.28～2.63m/s，仍保持了大中型河流的特征。对比多年月平均流量对应的水力参数，最大水深减小 1.06～7.75m，水面宽减小 3.84～31.68m，流速减小 0.22～2.37m/s。

根据下泄流量，结合表 4.7-1 统计结果可知：锦屏水文站断面下泄流量为 50～100m^3/s 时，断面最大水深为 2.18～3.58m、水面宽为 65～73m、平均流速为 0.3～0.5m/s；下泄流量为 100～300m^3/s 时，断面最大水深为 3.3～5.24m、水面宽为 73～82m、平均流速为 0.6～1.42m/s；下泄流量为 300m^3/s 以上时，断面最大水深大于 5.3m、水面宽大于 82m、平均流速大于 1.42m/s。

2. 九龙河汇口以下 5km 断面

九龙河汇口以下 5km 典型大断面剖面见图 4.7-5。

表 4.7-1 锦屏水文站断面各项水力参数逐月变化统计表

时间		最大水深/m	水面宽/m	平均流速/(m/s)
2013年	1月	3.28	72.8	0.65
	2月	2.18	65.74	0.39
	3月	3.24	72.40	0.62
	4月	3.14	71.89	0.62
	5月	5.51	83.16	1.48
	6月	5.39	82.60	1.68
	7月	9.44	101.75	2.51
	8月	8.08	95.38	2.12
	9月	9.33	101.24	2.63
	10月	6.42	87.48	1.78
	11月	4.17	76.84	0.72
	12月	3.47	73.50	0.39
2014年	1月	3.37	73.02	0.32
	2月	3.34	72.87	0.30
	3月	3.27	72.54	0.28
	4月	3.35	72.92	0.33
	5月	3.57	73.97	0.47
	6月	3.46	73.45	0.47
	7月	7.73	93.89	2.11
	8月	8.22	96.04	2.60
	9月	9.55	102.27	2.61
	10月	4.87	80.17	1.19
	11月	3.73	74.74	0.60
	12月	3.58	74.02	0.52
2015年	1月	3.38	73.09	0.38
	2月	3.48	73.56	0.42
	3月	3.43	73.31	0.41
	4月	3.27	72.54	0.33
	5月	3.32	72.77	0.36
	6月	3.86	75.35	0.63
	7月	4.77	79.69	0.95
	8月	4.58	78.79	1.03
	9月	8.63	97.93	2.40
	10月	5.24	81.90	1.42
	11月	3.60	74.13	0.49
	12月	3.28	72.60	0.34

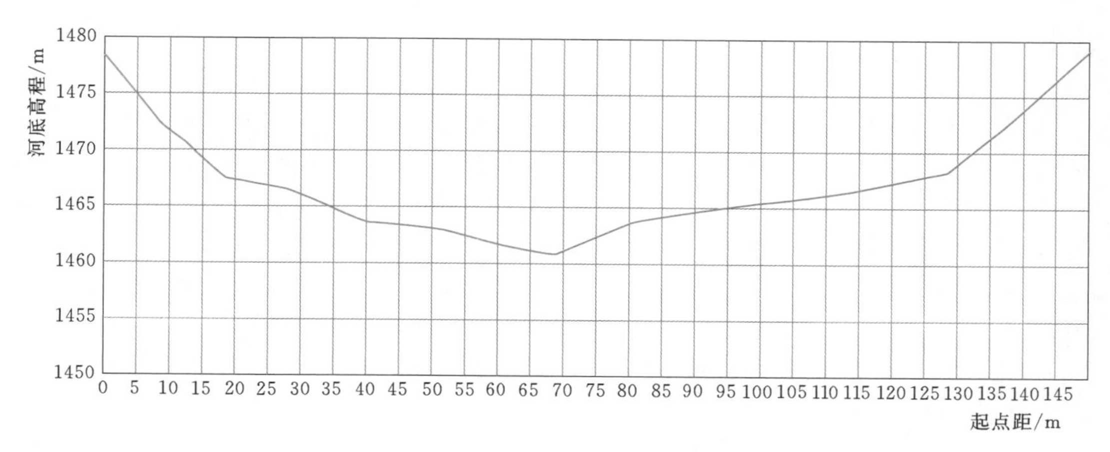

图 4.7-5 九龙河汇口以下 5km 典型大断面剖面图

锦屏二级水电站运行后九龙河汇口以下 5km 断面的各项水力参数见表 4.7-2。从表 4.7-2 中可知，工程运行后，断面最大水深为 8.06～2.31m，水面宽为 42.16～119.13m，平均流速为 1.17～3.69m/s，仍保持了大中型河流的特征。

表 4.7-2 九龙河江口以下 5km 断面各项水力参数逐月变化统计表

时间		最大水深/m	水面宽/m	平均流速/(m/s)
2013 年	1 月	3.02	52.55	1.88
	2 月	2.31	42.16	1.17
	3 月	3.02	52.64	1.88
	4 月	2.99	52.25	1.86
	5 月	5.04	85.69	2.80
	6 月	5.40	92.16	2.91
	7 月	8.06	114.13	3.69
	8 月	6.92	106.29	3.35
	9 月	8.02	113.96	3.67
	10 月	5.75	97.60	3.02
	11 月	3.49	59.00	2.14
	12 月	2.72	46.76	1.69
2014 年	1 月	2.47	45.96	1.52
	2 月	2.42	44.91	1.48
	3 月	2.34	42.93	1.41
	4 月	2.37	43.63	1.76

4.8 小结

生态水文过程是维持河流可持续发展的重要因素之一。锦屏一级水电站作为雅砻江干流下游河段的控制性工程，在进行年调节运行时对雅砻江流域下游河段水文过程变化的影响范围很大，对雅砻江下游仍然具备流水生境条件的锦屏大河湾减水河段和桐子林坝下保留河段的生态水文过程存在影响。本章通过对雅砻江下游河段水文过程和水生生态保护目标的研究，提出了适于计算雅砻江下游河段水生生态需水的生态水力学法和生境分析法，构造了鱼类产卵繁殖期的生态水文过程，确定了锦屏大河湾减水河段和桐子林坝下保留河段的生态流量方案，并验证了计算结果应用后的保护效果。研究中提出的生态水力学法和生境分析法目前已纳入《水电工程生态流量计算规范》(NB/T 35091—2016)，并广泛应用于其他流域或水电开发河段的水生生态需水研究中。

第5章

大型水库水温影响与分层取水

水温是河流水体重要的环境因子之一，河流水温的变化直接关系到水生生态系统稳定。大型水库建成蓄水后，由于库区水动力学条件改变及水库的蓄热作用，使原有天然河道水温在时空分布上发生一定程度的改变，出现库区水体垂向水温分层，当电站进水口处于低温水层时，又会出现下泄低温水现象，从而对水生生物的繁殖与生长、农田灌溉水利用及农作物生长等产生不利影响（张士杰，等，2011；余文公，等，2007；郭文献，等，2009）。因此，开展水库水温分布特征研究，并提出科学合理的下泄低温水影响缓解措施，是大型水库生态环境保护的重要工作内容之一。

锦屏一级水库水温影响研究始于20世纪90年代，彼时国内关于水库水温的研究刚起步（邓云，2003），尚未形成相关技术体系，水温研究技术标准处于空白状态，高精度水温预测数值模拟在工程实践中的应用也未有成熟的案例。结合锦屏一级水库深、窄的特点及国内外研究现状，提出了宽度平均的立面二维水温数学模型，以及主库和支库等高程耦合模型对库区水温分布特征进行数值模拟（李嘉，等，2007）。选取同流域的二滩水库进行类比，开展水温原型观测，在掌握其水温分布特征的同时，将实测数据用于数学模型的参数率定和验证。利用数学模型预测锦屏一级水库水温影响，同时对分层取水的方式及效果进行评价和比选，首次提出了经济可行的叠梁门分层取水设计方案（周钟，等，2006）。工程建成后，随即开展了锦屏一级水库水温原型观测，观测结果表明锦屏一级水电站水库水温预测计算较为准确，叠梁门分层取水对低温水影响的缓解效果显著。

5.1 研究思路

锦屏一级水库水温影响主要是由库区水温结构改变导致的下泄水温及下游河流水温分布过程变化，因此库区水温结构特征分析是水温影响研究的核心。通常而言，首先采用库水交换次数 $\alpha-\beta$ 判别法、Norton 密度弗劳德数法等经验判别法初步判别库区水温结构（蒋红，1999），再利用数学模型对库区水温结构进行分析。鉴于锦屏一级水库水温研究期间，国内关于大型水库的水温研究尚不深入，尚未形成系统的研究方法，因此选择同流域中自然地理相近、水库特性类似且已蓄水发电的二滩水库作为类比工程进行水温类比观测，探索适用于大型水库水温分析的数值模型，并在锦屏一级水库进行应用，分析库区水温结构特征、下泄水温过程和下游河流沿程水温分布，研究水温的影响范围与程度。

针对锦屏一级水库的水温影响，结合环境敏感保护目标的水温需求，以缓解低温水影响为目标，科学、客观地提出低温水缓解措施。鉴于研究期间，国内关于大型水库低温水缓解措施的研究及应用尚处于空白，通过对国外大型工程的调查及分析，并结合锦屏一级工程地形陡峭、场地局促、水位落差大、水文情势复杂等特点，在国内首次应用叠梁门分层取水技术缓解低温水影响。通过取水效果研究、水力研究、结构研究等进一步深化设计分层取水结构，并结合水库调度提出分层取水运行管理方案。

锦屏一级水库水温影响与分层取水技术研究思路程序框图见图5.1-1。

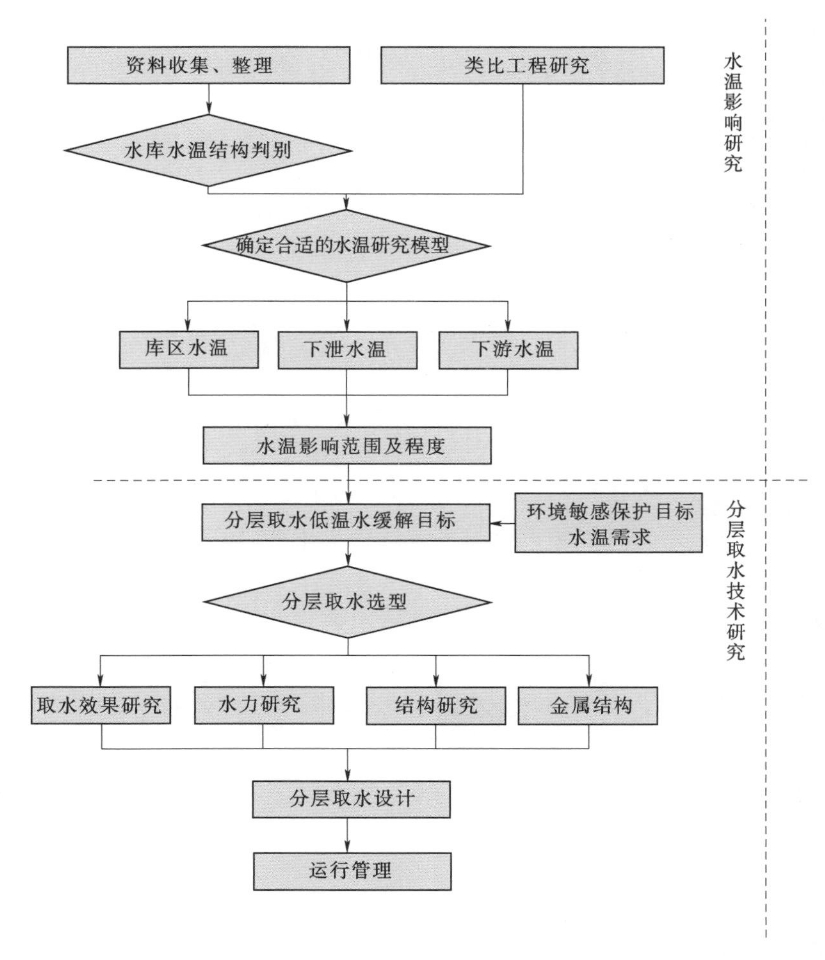

图 5.1-1 锦屏一级水库水温影响与分层取水技术研究思路程序框图

5.2 水温影响研究

锦屏一级水库建成蓄水至正常蓄水位 1880.00m 时，回水至卡拉乡下游约 3.4km 处，干流回水长度为 59.2km、支流小金河回水长度为 89.6km（从汇口起算），库水面宽 180～1617m，平均水面宽约 580m；水面面积约 82.55km²，较天然水面面积增大约 6.4 倍；总库容约 77.65 亿 m³，约为原河槽水体的 152 倍；库区内水体流速将明显减缓，从库尾的 2.9m/s 降低到坝前的 0.01m/s。随着库区水动力条件改变以及水库蓄热、热传导等因素，库区水体水温在时空分布上发生一定程度的改变，导致下泄水温较原天然河道水温也发生变化，从而影响下游沿程水温分布，并对雅砻江下游分布的鲈鲤、细鳞裂腹鱼等珍稀特有鱼类的繁殖与成长等产生不利影响。因此，锦屏一级水库水温影响将重点研究水库水温、下泄水温和坝址下游河流水温等的变化程度及范围。

5.2.1 水库水温影响

5.2.1.1 水库水温结构判别

1. 水库水温分布特征

水体热量主要来源于太阳辐射、大气辐射，以及降雨、入流等所带来的热量，并通过反射、对流、水体增温、蒸发和出流等吸收和消耗热量，水体热能流动详见图 5.2－1。其中，太阳辐射是水体热量的主要来源，除一小部分被水面反射以外，大部分被表层水体吸收，然后以指数衰减的形式向下层水体穿透。受太阳辐射及水体热传导作用，大型水库在水深方向上存在温度梯度，在重力的作用下出现季节性分层现象，可将这种季节性变化分为升温期、高温期、降温期和低温期四个阶段。在升温期，随着太阳辐射增强、气温升高，库区表层水体升温较下层水体快，同时与入流高温水混合，库区开始形成表层水温高、底层水温低的水温分层结构；在高温期，随着太阳辐射、气温、入流水温的进一步升高，库区表层、底层水温差进一步增大，水温分层现象进一步增强；在降温期，随着太阳辐射减弱、气温降低，表层水温降低，与入流低温水在重力的作用下，与下层水体进行掺混，水温分层结构开始减弱；在低温期，随着太阳辐射、气温、入流水温的进一步降低，库区水体不断垂向对流和热交换，水温分层结构消失，上、下层水体基本处于均温状态（Bartholow et al.，2001；邓云，2003；陈小红，1991、1992）。

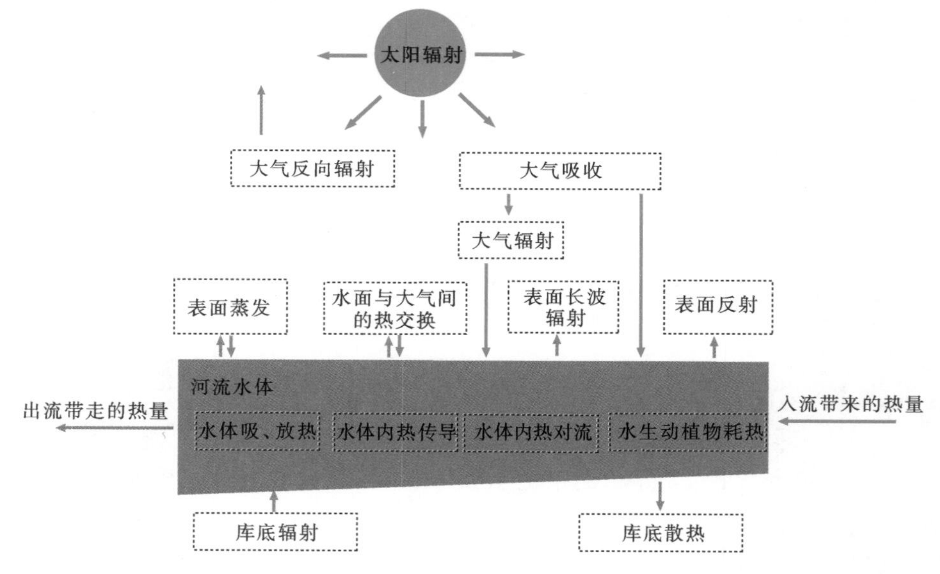

图 5.2－1 水体热能流动示意图

受地理位置、气象条件、水库特性、运行调度等条件影响，水库水温结构一般分为分层型、混合型和过渡型三种。其中，分层型水库指全年中除冬季外的其他时段水温随深度的变化明显，存在表温层（指分布在水库库表，全年水温随气温变化而变化，且随水深变化较小的水层）、温跃层（指介于表温层和滞温层之间，且水温垂向梯度明显，全年水温变化较大的水层）和滞温层（指分布在水库库底，全年水温维持在很小的范围内变化，且随水深变化较小的水层）多层水温结构，或者滞温层分布不明显但有明显的温跃层的水库。混合型水库指全年水温随深度的变化较小，无明显的滞温层和温跃层的水库。过渡型水库指介于分层型和混合型之间，且年内部分时段存在水温分层现象的水库。

2. 锦屏一级水库水温结构

锦屏一级水库规模巨大，采用库水交换次数 $\alpha-\beta$ 判别法、Norton 密度弗劳德数法等经验判别法进行水库水温结构判别，判别方法及计算结果详见表 5.2-1。经计算，$\alpha=5.2$，$\beta=0.4$，初步判别锦屏一级水库水温分布结构为分层型，且洪水对水温结构影响不大，库底存在稳定的低温水体；$Fr=0.15$，初步判别锦屏一级水库水温分布结构为过渡型。综合 $\alpha-\beta$ 判别法与 Norton 密度弗劳德数法判别结果，尚无法完全判断锦屏一级水温结构，但可以确定其会对库区水温结构产生较大影响，需进一步深入研究分析。

表 5.2-1　　水温结构判别方法及计算结果一览表

项目	库水交换次数 $\alpha-\beta$ 判别法		Norton 密度弗劳德数法
计算公式	$\alpha=W/V$	$\beta=W_1/V$	$Fr=\frac{1}{(\varepsilon g)^{1/2}}\frac{LQ}{HV}$
	式中：α、β 为判别参数；W 为多年平均年径流量，m^3；W_1 为一次洪水量，m^3；V 为正常蓄水位库容，m^3		式中：Fr 为密度弗劳德数；L 为水库长度，m；Q 为入库流量，m^3/s；ε 为参数，可取 1×10^{-6}；g 为重力加速度，m/s^2；H 为平均水深，m
判别公式	（1）$\alpha\leqslant10$ 时，水温结构为分层型。对于分层型水库，如果遇到 $\beta>1$ 的洪水，将出现临时混合现象；但如果 $\beta<0.5$ 时，洪水对水库水温结构没有影响，水库仍稳定分层；$0.5\leqslant\beta\leqslant1$ 时，其影响介于二者之间； （2）$\alpha\geqslant20$ 时，水温结构为混合型； （3）$10<\alpha<20$ 时，水温结构为过渡型		（1）$Fr\leqslant0.1$ 时，水温结构为分层型； （2）$0.1<Fr<1.0$ 时，水温结构为过渡型； （3）$Fr\geqslant1.0$ 时，水温结构为混合型
适用范围	判别分层型水库的水温结构准确度较高		判别过渡型、混合型水库的水温结构准确度较高
锦屏一级水库计算结果	$\alpha=5.2$	$\beta=0.4$	$Fr=0.15$
锦屏一级水库判别结果	分层型水库，且洪水对水库水温结构没有影响		过渡型水库

5.2.1.2　类比水库水温研究

1. 类比水库选择

经调查，锦屏一级水库所在的雅砻江干流下游约 314km 为已建二滩水库，工程于 1998 年蓄水发电，是雅砻江干流上最先开发的梯级电站，也是我国在 20 世纪建成投产的最大水电站。二滩水库最大坝高为 240m，水库正常蓄水位为 1200.00m，总库容为 58 亿 m^3，具有季调节能力，装机总容量为 330 万 kW。鉴于二滩水库与锦屏一级水库在地理位置、气象条件、工程特性、调节能力等诸多方面具有一定的相似性（表 5.2-2），因此选择二滩水库作为类比水库进行水温原型观测，用于类比分析锦屏一级水库水温影响。

表 5.2-2 锦屏一级水库与二滩水库特性对比一览表

项目	单位	水库名称	
		锦屏一级	二滩
建设地点		四川省凉山州盐源县	四川省攀枝花市盐边县
控制流域面积	km^2	102560	116400
多年平均流量	m^3/s	1200	1650
多年平均气温	℃	12.1	19.8
开发方式		坝式	坝式
正常蓄水位	m	1880.00	1200.00
死水位	m	1800.00	1155.00
坝前最大水深	m	300	230
水面宽	m	440	400
库区长度	km	59.2	145
正常蓄水位以下库容	亿 m^3	77.6	57.9
调节库容	亿 m^3	49.1	33.7
调节性能		年调节	季调节
利用落差	m	233	185
装机容量	MW	3600	3300

2. 类比水库水温原型观测

(1) 原型观测方案。选择典型月份 2 月（低温期）、5 月（升温期）、7 月（高温期）、11 月（降温期）对二滩水库进行水温原型观测，观测范围涵盖二滩水库库区干流主库 145km 和鳡鱼河支库 25km 河段，其中干流主库每隔 10～14km 布设 1 个观测断面，支库每隔 5～7km 布设 1 个观测断面，干支流库区共布设 22 个观测断面，观测断面详见图 5.2-2。采用人工观测方式在每个观测断面的中泓线进行垂向水温观测，其中坝前断面左、右侧各增加 1 条水温观测垂线。同时，同步收集二滩水库库尾打罗水文站（坝址上游约 150km）和坝下小得石水文站（坝址下游约 5km）水温监测成果。

图 5.2-2 二滩水库水温原型观测断面分布示意图

(2) 库区水温分布特征。二滩水库库区典型月份水温结构分布详见图 5.2-3，坝前水温垂向分布详见图 5.2-4。观测结果显示，在垂向上二滩水库全年存在不同程度的水温分层现象，且从低温期到高温期水温分层现象逐步加强，表层与底层水温差距逐步增大，汛期洪水并未破坏水库水温分层结构，甚至出现双温跃层现象；在纵向上二滩水库受水文气象、运行调度等因素影响，表层水温在高温期沿程增温，在低温期沿程降温；在横向上，对比坝前左、中、右水温垂向观测成果，3条垂线的水温分布趋势基本一致，各高程水温差异不大，库区横向上水温分布差异不大。

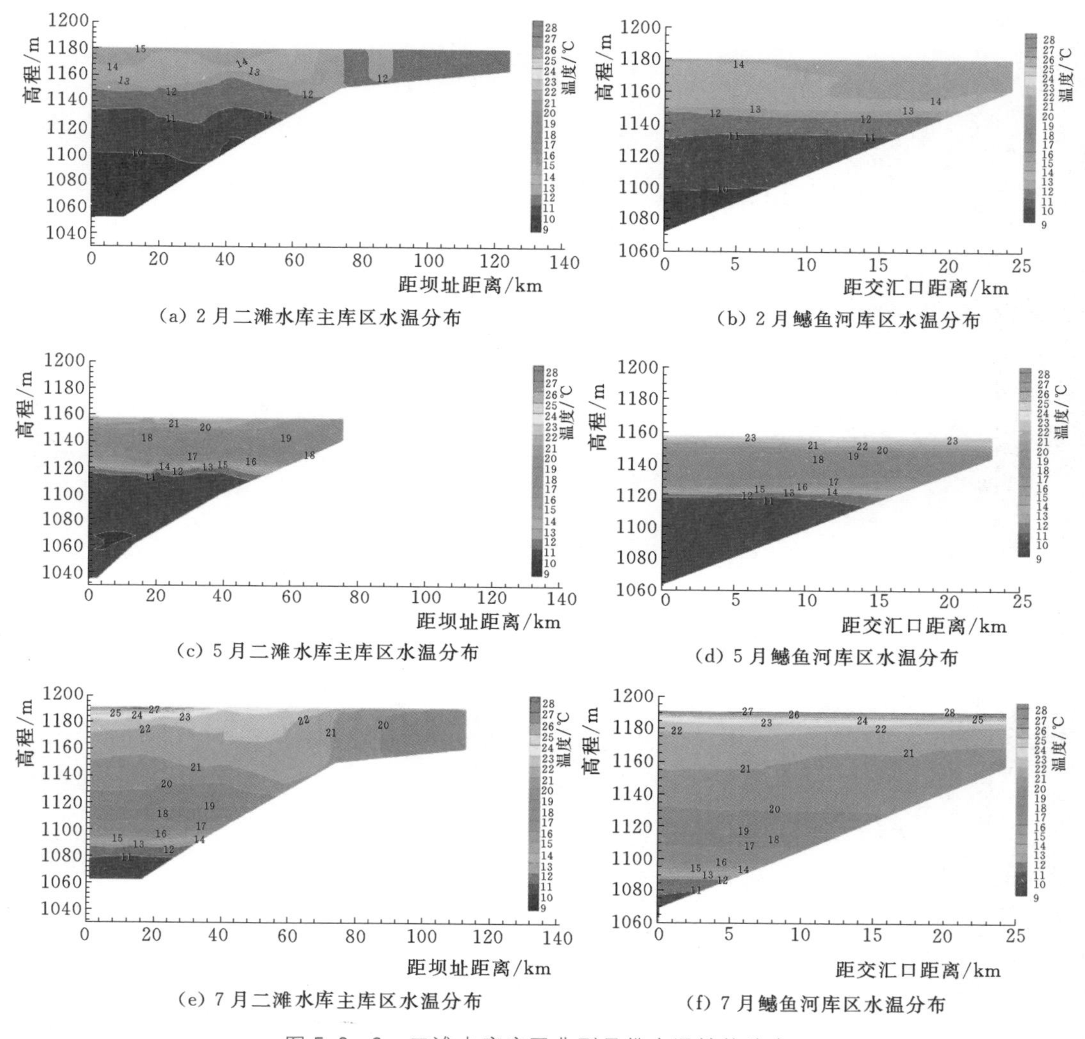

(a) 2月二滩水库主库区水温分布　(b) 2月鳡鱼河库区水温分布

(c) 5月二滩水库主库区水温分布　(d) 5月鳡鱼河库区水温分布

(e) 7月二滩水库主库区水温分布　(f) 7月鳡鱼河库区水温分布

图5.2-3　二滩水库库区典型月份水温结构分布

(3) 干、支库交汇处水温分布规律。对比鳡鱼河支库汇口上游断面、汇口下游断面以及支库河口断面（图5.2-5），典型月份3个断面水温垂向分布趋势相同，除局部时段表层水温存在约1℃的差异外，其他高程水温基本一致，由于主库流量较大，对支库存在倒灌现象，因此支库垂向水温结构分布基本受主库控制，在干、支库交汇处未发生温度突变。

5.2.1.3　水库水温计算模型研究

水库水温计算方法总体上分为类比法、经验公式法、数值模型法等三大类。锦屏一级

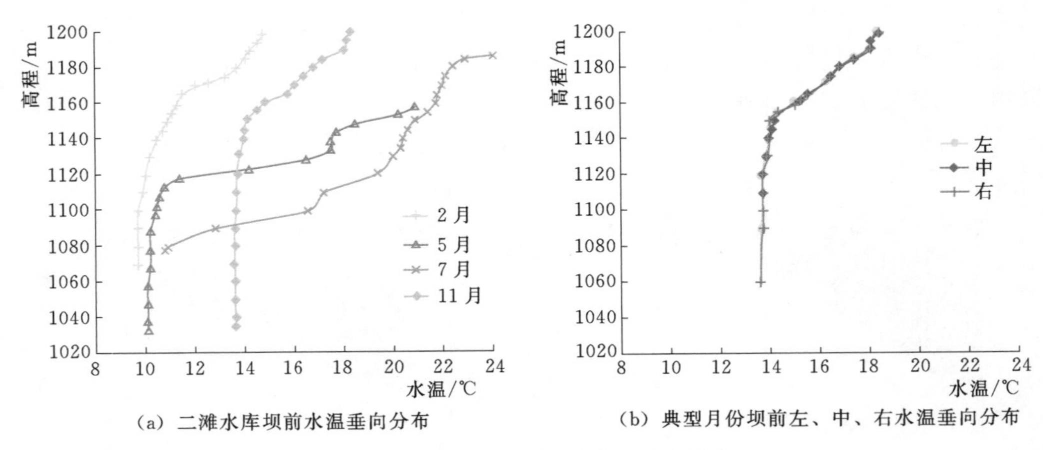

(a) 二滩水库坝前水温垂向分布

(b) 典型月份坝前左、中、右水温垂向分布

图5.2-4 二滩水库坝前水温垂向分布

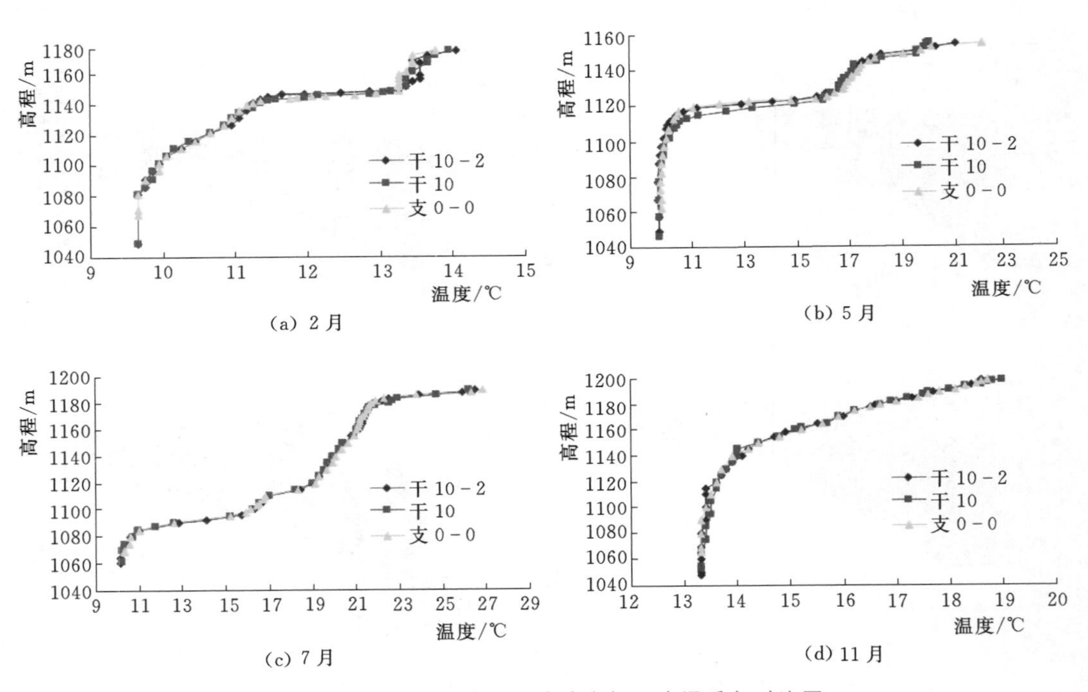

(a) 2月

(b) 5月

(c) 7月

(d) 11月

图5.2-5 二滩水库干、支库交汇口水温垂向对比图

水电站是雅砻江下游的控制性工程，规模巨大，工程水温影响显著，采用类比法、经验公式法计算误差较大，无法科学、客观分析水温影响，因此采取数值模型法分析水库水温影响。数值模型法又分为零维、一维（纵向一维、垂向一维）、二维（立面二维、平面二维）、三维数学模型，研究精度随着维度的增加而增加，但计算量也随之增加。

锦屏一级水库蓄水后将形成典型的高山峡谷河道型水库，正常蓄水位为1880.00m时，干流回水长度约59.2km，库水面宽67～1020m，平均水面宽约440m，坝前最大壅水高度约300m，库区平均水深超过100m，总库容为77.65亿m^3。根据类比工程二滩水库的水温原型观测成果，对于高山峡谷河道型水库，蓄水后水温在纵向上沿程增（降）

温，在垂向上存在分层现象，在横向上基本一致。因此，综合考虑研究方法的精度与效率，选择宽度平均的立面二维数学模型对锦屏一级水库水温进行研究。

同时，锦屏一级水库坝址上游约 18km 有小金河（河口处多年平均流量为 302m³/s，约占锦屏一级坝址流量的 24.7%）自右岸汇入，工程蓄水后将在小金河形成长约 89.6km 的支库，支库库容约占水库总库容的 52.4%，对雅砻江主库水温分布的影响不可忽视。根据类比工程二滩水库干、支库交汇处水温分布规律，锦屏一级水库采用主库与支库耦合模型，分析支库与主库的影响。

1. 立面二维数学模型

立面二维数学模型包括水动力学方程组［式（5.2-1）～式（5.2-3）］和水温方程［式（5.2-4）］。水动力学方程组包括连续方程和动量方程，采用鲍辛涅斯克假定，在密度变化不大的浮力流中，只在重力项中计入浮力影响。

$$\frac{\partial(Bu)}{\partial x}+\frac{\partial(Bw)}{\partial z}=qB \tag{5.2-1}$$

$$\frac{\partial(Bu)}{\partial t}+u\frac{\partial(Bu)}{\partial x}+w\frac{\partial(Bu)}{\partial z}=-\frac{B}{\rho}\frac{\partial P}{\partial x}+\frac{\partial}{\partial x}\left(D_xB\frac{\partial u}{\partial x}\right)+\frac{\partial}{\partial z}\left(D_zB\frac{\partial u}{\partial z}\right)+qBu_b \tag{5.2-2}$$

$$\frac{\partial(Bw)}{\partial t}+u\frac{\partial(Bw)}{\partial x}+w\frac{\partial(Bw)}{\partial z}=-\frac{B}{\rho}\frac{\partial P}{\partial z}+\beta B\Delta Tg+\frac{\partial}{\partial x}\left(D_xB\frac{\partial w}{\partial x}\right)+\frac{\partial}{\partial z}\left(D_zB\frac{\partial w}{\partial z}\right) \tag{5.2-3}$$

$$\frac{\partial(BT)}{\partial t}+u\frac{\partial}{\partial x}(BT)+w\frac{\partial}{\partial z}(BT)=\frac{\partial}{\partial x}\left(\frac{BD_x}{\sigma_T}\frac{\partial T}{\partial x}\right)+\frac{\partial}{\partial z}\left(\frac{BD_z}{\sigma_T}\frac{\partial T}{\partial z}\right)+\frac{1}{\rho C_p}\frac{\partial(B\varphi_z)}{\partial z}+qBT_b \tag{5.2-4}$$

式中：u、w 分别为 x、z 方向的流速分量，m/s；B 为河宽，m；q 为单位体积净旁侧入流流量，1/s；ρ 为水体密度，kg/m³；D_x、D_z 分别为 x、z 方向的涡粘系数，m²/s；u_b 为旁侧入流的 x 向流速，m/s；P 为压强，Pa；β 为热膨胀系数，℃⁻¹；ΔT 为当地温度与参考温度的差值，℃；σ_T 为温度普朗特数，可取 0.9；C_p 为水的比热，J/(kg·℃)；g 为重力加速度，m/s²；T 为水温，℃；φ_z 为穿过高程 z 的平面的太阳辐射，W/m²；T_b 为旁侧入流的温度，℃。

2. 主库与支库耦合模型

主库与支库耦合模型综合考虑流量与热量的影响，公式详见式（5.2-5）和式（5.2-6）。

$$SU_{TM,j}=\rho\times QB_j\times(TMB_j-TM_{i0,j}) \tag{5.2-5}$$

$$SU_{Q,j}=\rho\times QB_j \tag{5.2-6}$$

式中：$SU_{TM,j}$ 为垂向 j 单元由于支流汇入而增加的热量，J；TMB_j 为汇入 j 单元的支流水温，℃；$TM_{i0,j}$ 为 j 单元的主库水温，℃；i，j 为主库在纵向和垂向上的单元数；i_0 为汇口在主库纵向上的单元数；$SU_{Q,j}$ 为支流汇入垂向 j 单元的支流流量，m³/s；QB_j 为汇入垂向 j 单元的支流流量，m³/s。

3. 模型验证

锦屏一级水库水温研究期间，国内尚无系统的水温研究标准指南，立面二维水温模型也没有在大型水库中应用的案例。为了确保立面二维水温模型能够准确地模拟锦屏一级水库水温结构，利用类比工程二滩水库水温原型观测成果，对模型进行验证。

根据水下地形资料，将二滩水库离散化为394×67个矩形网格，网格在主流方向上尺寸为10～400m，在水深方向上为2～3m。以2005年11月14日二滩水库实测库区水温分布作为初始水温场，初始流速设为0；计算时段为2005年11月至2006年7月，入库流量、入库水温、出库流量和气象条件等边界条件参照与计算时段同步的观测资料进行输入。

（1）水库水温结构。典型时段水库水温分布实测值与计算值对比情况详见图5.2-6和图5.2-7。模拟结果显示，水库各断面水温分布的模型计算值与实测值基本符合，模型较好地模拟了从库尾到坝址沿程均温水体到温度分层的形成、发展过程，以及在入流、出流和水气界面热交换影响下垂向斜温层的形成和发展。3月初库区温跃层结构已初步形成，7月底由于入库流量、水温加大，以及水库调度运行，库区出现双温跃层，库底低温层稳定存在。

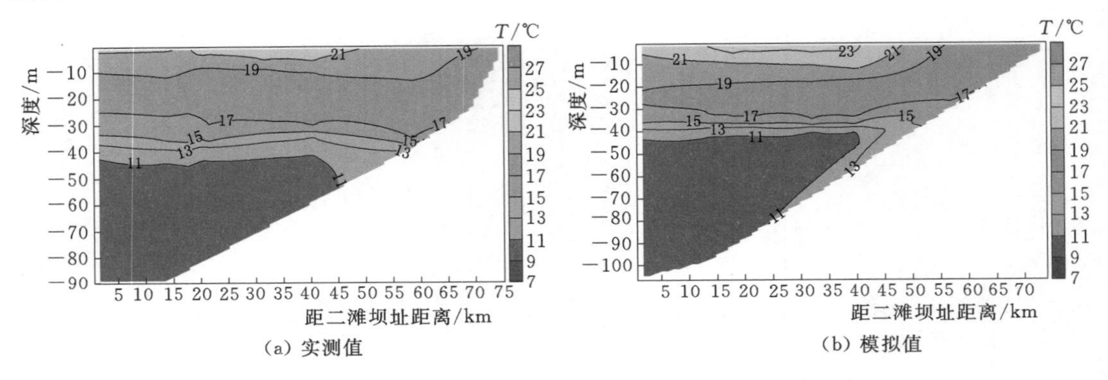

图5.2-6 二滩水库实测及模拟水温纵剖面图（2006年5月）

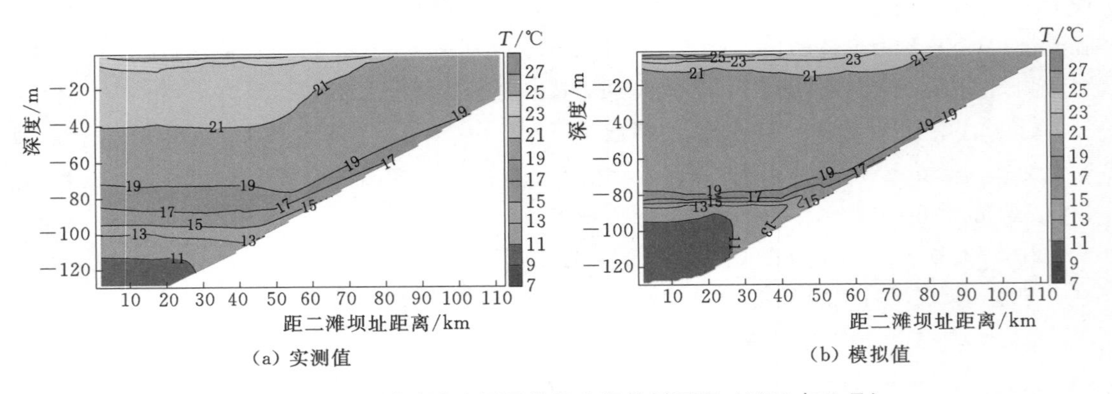

图5.2-7 二滩水库实测及模拟水温纵剖面图（2006年7月）

（2）坝前水温分布。坝前不同时间垂向水温实测值与计算值对比情况详见图5.2-8。模拟结果显示，计算结果与实测结果吻合较好，模拟计算水温与实测水温在不同时间的垂向水温绝对平均误差均为1℃左右，满足实际应用中的误差要求。

（3）下泄水温。水库下泄水温实测值与计算值对比情况详见图5.2-9。模拟结果显示，计算下泄水温过程与小得石水文站（二滩水库坝址下游约12km）实测水温过程总体

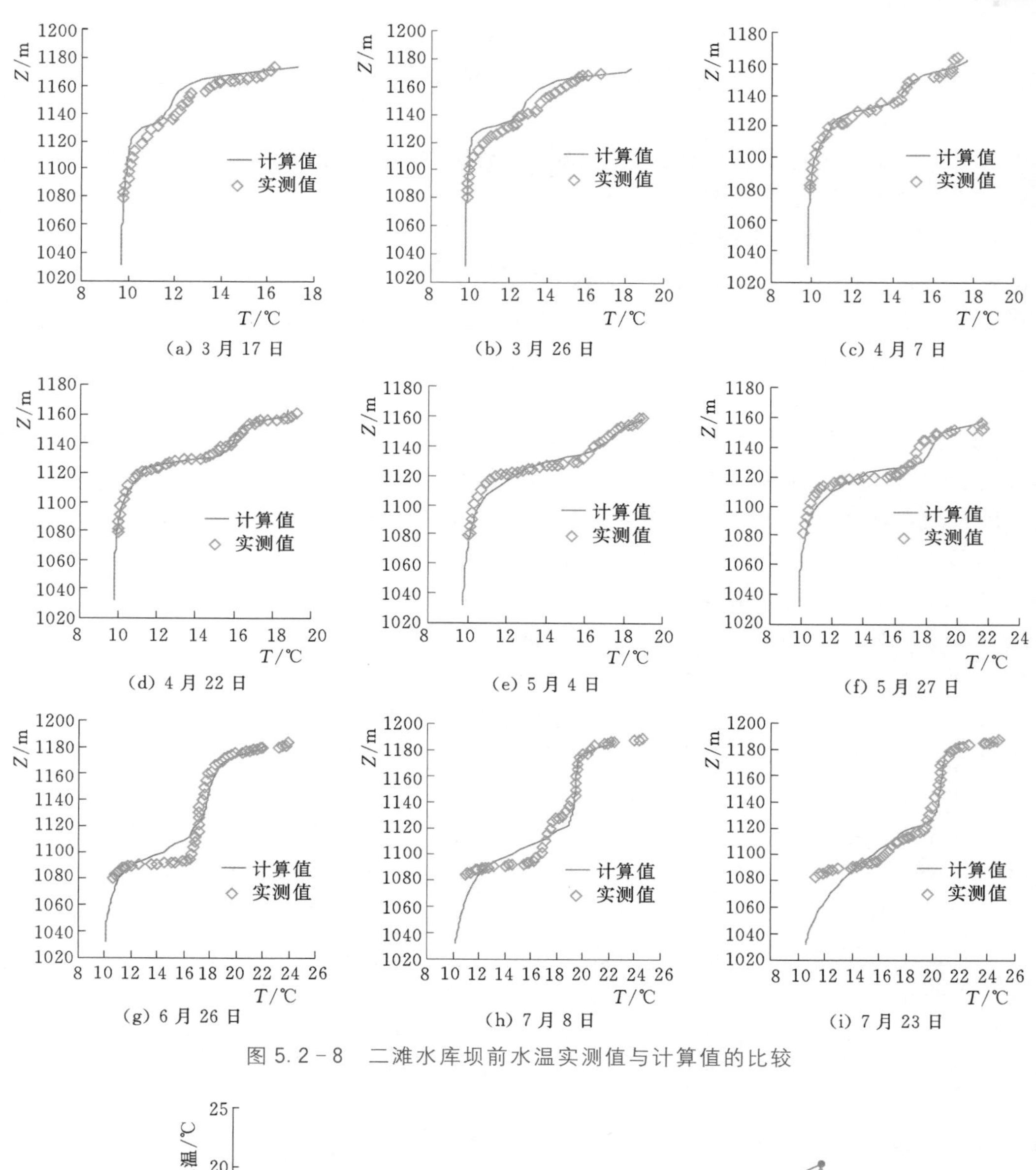

图 5.2-8　二滩水库坝前水温实测值与计算值的比较

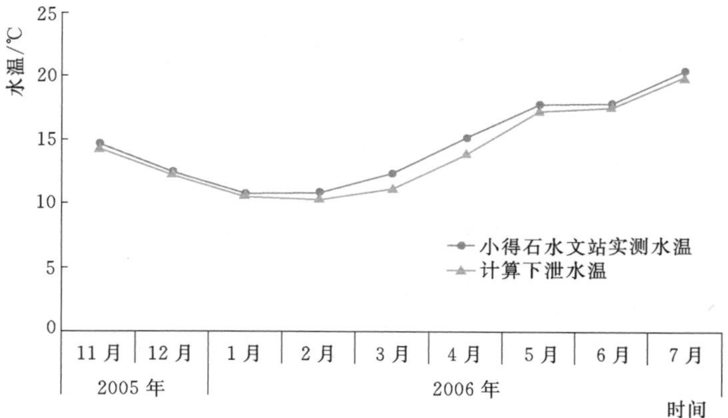

图 5.2-9　二滩水库下泄水温实测值与计算值的比较

吻合较好，但由于立面二维水温模型本身的局限性和网格尺寸精度，无法有效模拟水库坝前进水口的局部三维效应，因此模拟的下泄水温整体略低于实测值，其中3月、4月最大偏低约1℃。

综上可见，经率定后的立面二维水温模型对二滩水库垂向水温结构有较好的模拟效果，可用于同类型大型河道型水库的水温影响预测。

5.2.1.4 锦屏一级水库水温模拟计算

采用已验证的立面二维水温数学模型、主库与支库耦合模型模拟计算锦屏一级水库库区水温，平水年典型月干流主库区及小金河支库纵剖面二维水温分布详见图5.2-10，坝前垂向水温分布详见图5.2-11。计算结果显示，锦屏一级水库存在稳定的水温分层现象，水温结构为分层型。

(1) 雅砻江干流主库水温结构。升温期3—5月，随着入库水温、气温、太阳辐射等的升高，同时水库为迎接汛期到来将水位逐渐降低至死水位1800.00m运行，表层水体水温逐渐升高，从3月的15.5℃升至5月的18.1℃，表、底温差不断变大，库区逐渐形成明显的温跃层；高温期6—8月，入、出库流量显著增大，受电站进水口（底板高程为1779.00m）附近水体紊动影响，在表层20m的水体和进水口以下约40m的水体出现双温跃层，库底仍维持约8.6℃的低温水；降温期9—11月，随着入库水温、气温、太阳辐射等的降低，表层水温降低、密度增大，在重力的作用下下沉，与下层水混合，表、底温差逐渐减小，水温垂向分层逐渐减弱；低温期12月至翌年2月，入库水温、气温、太阳辐射等降低至全年最低水平，库表水温不断降低，表、底水体进一步混合，水温及垂向温差也随之进一步降低，直至2月达到最低。

(2) 小金河支库水温结构。受主库一定程度的影响，也存在水温分层现象。升温期3—5月，随着入库水温、气温、太阳辐射的升高，表层水温不断增高，在表层20～40m出现温跃层，其下层水温变化很小；高温期6—8月，受主库影响，以及入库水温、气温升高，垂向出现了与主库一致的双温跃层分布；降温期9—11月，随着入库水温、气温、太阳辐射等的降低，表层水温降低、密度增大，在重力的作用下下沉，与下层水混合，表、底温差逐渐减小，水温垂向分层逐渐减弱；低温期12月至翌年2月，入库水温、气温、太阳辐射等降低至全年最低水平，库表水温不断降低，表、底水体进一步混合。

5.2.2 下泄水温影响

锦屏一级水库通过发电系统和泄洪系统下泄流量。锦屏一级水库下泄水温依托坝前垂向水温分布和各出水口高程与流速分布结果，采用流速加权的方法计算，计算公式如下：

$$T_0=\frac{\sum_{j=J_1}^{j=J_2}u_{NI,j}B_{NI,j}T_{NI,j}\Delta z_{NI,j}}{Q_0} \tag{5.2-7}$$

式中：NI为出口断面编号；J_1、J_2为出水口上下缘高程对应的编号；u为x方向的流速分量，m/s；$B_{NI,j}$为相应于某一高程的河宽，m；$T_{NI,j}$为相应于某一高程的水温，℃；T_0为下泄水温，℃；$\Delta z_{NI,j}$为相应于某一断面的高度，m；Q_0为下泄流量，m^3/s。

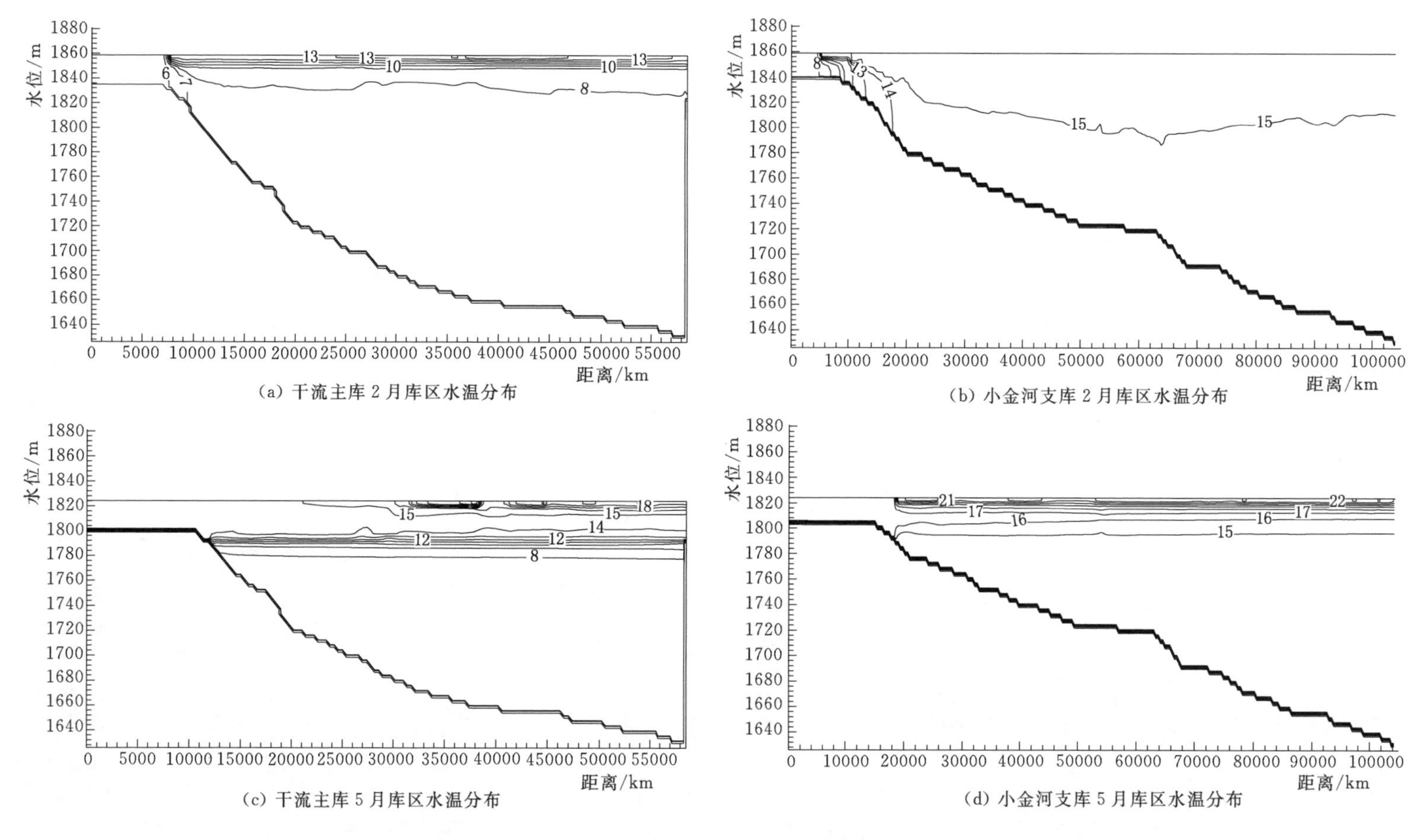

(a) 干流主库 2 月库区水温分布

(b) 小金河支库 2 月库区水温分布

(c) 干流主库 5 月库区水温分布

(d) 小金河支库 5 月库区水温分布

图 5.2-10（一） 锦屏一级水库平水年典型月干流主库区及小金河支库纵剖面二维水温分布（单位：℃）

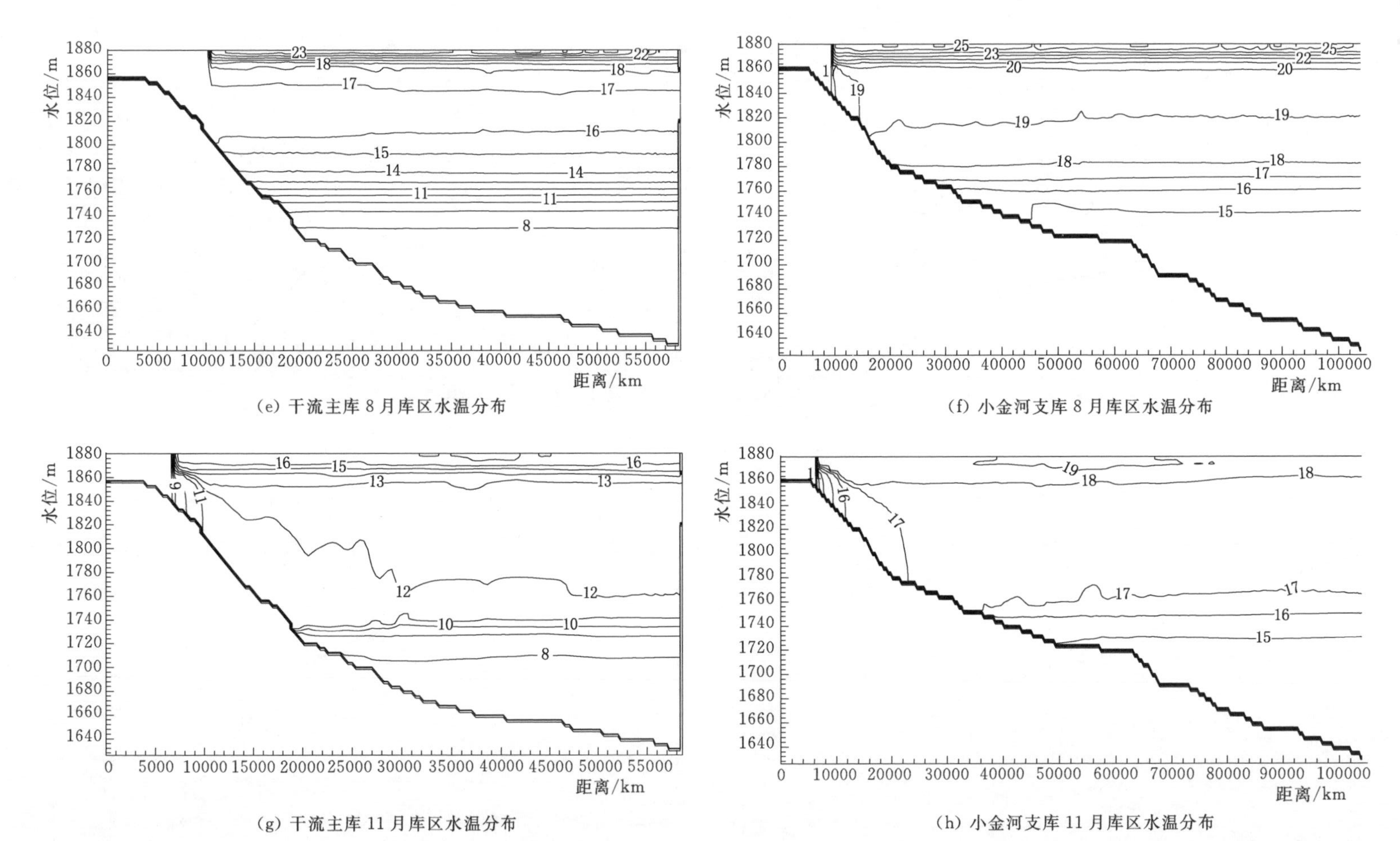

(e) 干流主库 8 月库区水温分布

(f) 小金河支库 8 月库区水温分布

(g) 干流主库 11 月库区水温分布

(h) 小金河支库 11 月库区水温分布

图 5.2-10（二） 锦屏一级水库平水年典型月干流主库区及小金河支库纵剖面二维水温分布（单位：℃）

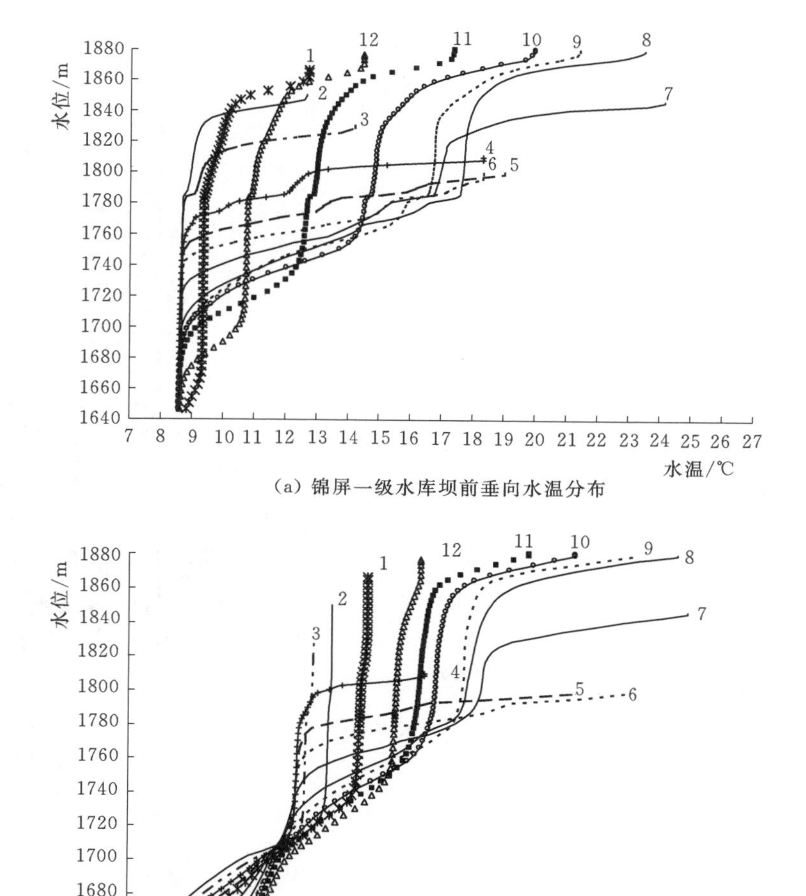

(a) 锦屏一级水库坝前垂向水温分布

(b) 小金河支库河口前垂向水温分布

图 5.2-11 锦屏一级水库坝前、小金河支库河口前垂向水温分布

注 图中数字表示月份。

通过流速加权方法计算得到平水年锦屏一级水库月均下泄水温及与坝址天然水温对比情况，详见图 5.2-12。计算结果显示，锦屏一级水库蓄热作用显著，平水年水库年均下泄水温较天然情况上升 0.7℃。同时，下泄水温存在春夏季偏低、秋冬季偏高现象，在 3—8 月较天然情况偏低，平均降低 1.2℃，其中 4 月降低最多，达 2.1℃；9 月至翌年 2 月较天然情况偏高，平均上升 2.6℃，其中 12 月上升最高，达到 5.0℃。建坝前后，全年月均最高温度均出现在 8 月，月均最高温度从 17.6℃降到 17.2℃；月均最低温度月份由 1 月变为 2 月，温度由 5.2℃升至 8.8℃。

5.2.3 下游河流水温影响

雅砻江天然水温随着太阳辐射的吸收以及与空气、河床的热交换而沿程增温。锦屏一

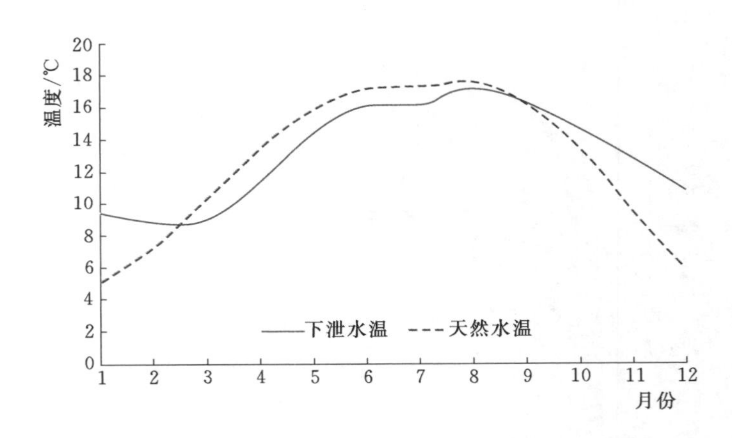

图5.2-12 平水年锦屏一级水库月均下泄水温与坝址天然水温对比图

级水库蓄水运行后，下泄流量及水温发生一定程度的变化，从而导致坝址下游沿程水温分布发生变化。研究期间锦屏一级水库下游仅二滩水电站已建成发电，其他梯级尚处于前期研究阶段，二滩水库库区及其下游河道水温主要受二滩水电站影响，因此锦屏一级水库下游水温计算范围为锦屏一级坝址至二滩库尾约169.16km河段。该河段为峡谷型河流，水温计算采用已经成熟应用的纵向一维数学模型，计算公式如下：

$$\frac{\partial A_x}{\partial t}+\frac{\partial Q}{\partial x}-q_l=0 \tag{5.2-8}$$

$$\frac{\partial Q}{\partial t}+\frac{\partial Q\overline{u}}{\partial x}+gA_x\left(\frac{\partial z}{\partial x}+S_f\right)=0 \tag{5.2-9}$$

$$\frac{\partial(A_xT)}{\partial t}+\frac{\partial(QT)}{\partial x}=\frac{\partial}{\partial x}\left(A_xD_L\frac{\partial T}{\partial x}\right)+\frac{B_0\varphi}{\rho C_p}+q_lT_b \tag{5.2-10}$$

式中：A_x为过水断面面积，m^2；Q为流量，m^3/s；q_l为单位长度的旁侧入流量，m^2/s；T为水温，℃；T_b为旁侧入流温度，℃；$\overline{u}$为断面平均流速，m/s；g为重力加速度，m/s^2；S_f为摩阻坡降；B_0为水面宽度，m；φ为水气热交换通量，W/m^2；D_L为纵向综合扩散系数，m^2/s；ρ为水体密度，kg/m^3；C_p为水的比热，J/(kg·℃)。

由于资料不足等原因，坝址下游水温计算未考虑沿程支流入汇影响，仅考虑水气热交换影响。根据计算结果，锦屏一级坝址下游河流水温主要受控于锦屏一级水库下泄水温，与天然水温相比，下游河道3—8月水温降低，最大降温发生在4月；9月至翌年2月水温升高，最大升温发生在12月。综合下泄水温、太阳辐射、气温、流量等因素，下游沿程增温率发生变化，升温期及高温期3—8月沿程增温率升高，降温期与低温期10月至翌年2月沿程增温率降低，详见图5.2-13。随着坝址下游沿程水温逐渐恢复，至二滩库尾断面，下游河道3—8月水温恢复0.2～0.5℃，较天然偏低0.2～1.7℃；9月至翌年2月水温恢复0.1～1.6℃，较天然偏高0.1～3.4℃，水温影响依然存在。

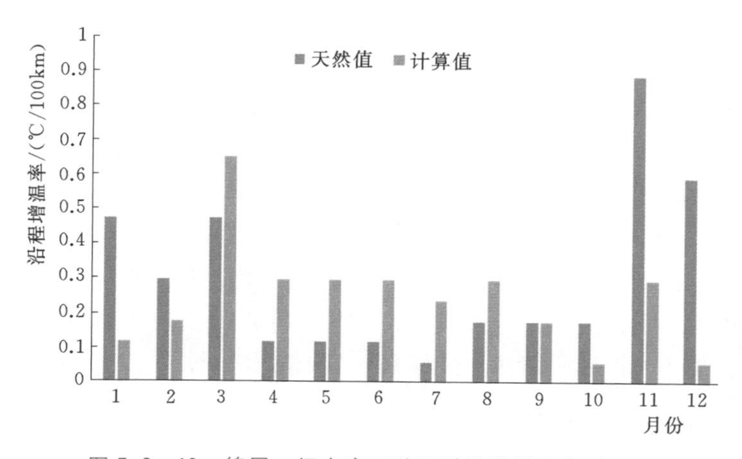

图 5.2-13　锦屏一级水库下游河道沿程增温率对比图

5.3　分层取水技术研究

5.3.1　水温需求目标

大型水库建成蓄水后，改变了天然河道水温分布，出现库区水温分层和下泄低温水现象，下游对水温敏感的农作物及水生生物将受到一定程度的不利影响，分析具体的水温敏感对象及其水温需求，是开展低温水缓解措施研究的基础。

锦屏一级水库位于高山峡谷区，受自然条件制约，库区及下游沿岸农作物耕种面积较少，零星分布在河谷两岸，以旱作物为主，无大规模的灌区或集中成片农田分布，灌溉水一般从雅砻江支沟取水，对雅砻江干流无用水需求，不受锦屏一级水库下泄水温变化影响。锦屏一级水库库区及下游河段分布有鱼类 47 种，以广布种或长江上游特有鱼类为主，其中珍稀保护鱼类主要有四川省保护鱼类鲈鲤、细鳞裂腹鱼、长丝裂腹鱼、松潘裸鲤、青石爬鮡、中华鮡和西昌白鱼等 7 种。上述鱼类大多属冷水鱼类，对低温水具有较好的适应能力，但鱼类产卵对水温要求较高，当水温低于其适宜产卵水温时，会导致性腺发育迟缓，产卵期推迟甚至不产卵，从而对鱼类资源造成影响。因此，锦屏一级水库在进行水温需求研究时，以上述珍稀保护鱼类为对象，综合考虑国内相关鱼类繁殖水温需求研究以及雅砻江天然河段水温变化情况，来确定鱼类繁殖的适宜水温范围，详见表 5.3-1。

表 5.3-1　　锦屏一级水库主要鱼类繁殖季节水温要求表　　单位：℃

编号	鱼类名称	保护级别	产卵时段	适宜产卵水温	天然水温	下泄水温	备注
1	鲈鲤	省级	5—6 月	14.5～16	15.9～17.2	14.5～16.1	
2	细鳞裂腹鱼	省级	3—5 月	11～14	10.3～15.9	9.0～14.5	
3	长丝裂腹鱼	省级	3—4 月	11～18	10.3～13.5	9.0～11.4	
4	松潘裸鲤	省级	3—6 月	11～18	10.3～17.2	9.0～16.1	

续表

编号	鱼类名称	保护级别	产卵时段	适宜产卵水温	天然水温	下泄水温	备注
5	青石爬鮡	省级	5—7 月	15～22	15.9～17.3	14.5～16.2	
6	中华鮡	省级	5—7 月	15～22	15.9～17.3	14.5～16.2	研究较少
7	西昌白鱼	省级	12 月至翌年 3 月	9～12	5.2～10.3	8.8～10.8	研究较少

结合锦屏一级水库下泄水温预测结果，水库蓄水运行后下泄水温在 3—8 月较天然情况偏低，平均降低 1.2℃，其中 4 月降低最多达 2.1℃。对比鱼类繁殖水温需求，细鳞裂腹鱼、长丝裂腹鱼、松潘裸鲤、青石爬鮡、中华鮡等将受到较大影响，影响时段集中在 3—6 月，为此将其作为锦屏一级水库分层取水措施的保护目标。

5.3.2 分层取水设施选型

低温水缓解措施一般可以采用人工破坏水温分层结构、水利调控和分层取水措施等三种（薛联芳，等，2016）。其中人工破坏水温分层结构措施效率低、成本高，适用于小型水库。水利调控措施效率较低，且与水库防洪、发电等运行调度存在一定冲突。分层取水措施是国际上主流低温水缓解措施，早在 20 世纪 40 年代，日本和美国已经在一些实际工程中采用了分层取水措施，并取得了较好的效果；20 世纪 80 年代日本所兴建的分层取水工程已被国际大坝会议环境特别委员会作为典型工程推荐（黄永坚，1986）。

锦屏一级工程位于高山峡谷，场地狭小，同时具有高坝、深库、大流量的特点。对比不同低温水缓解措施的优缺点，考虑到分层取水措施在国外有成熟的应用，并可以降低工程对场地的要求，解决了高坝、深库、大流量、场地狭小的水电站的分层取水问题，具有布置简单、效果良好、运行简便等诸多优点，因此推荐采用分层取水措施缓解锦屏一级工程低温水影响。

5.3.2.1 常用的分层取水形式

分层型水库的取水口流速分布和取水范围见图 5.3-1。对于分层型水库，由于温度梯度导致水体分层，水库取水时仅取水口中心上下一定范围内的水体进入取水口，因此可以通过在不同高程处设置取水口，取用不同水层的水体，从而达到分层取水缓解低温水下泄影响的目的（张绍雄，2012）。

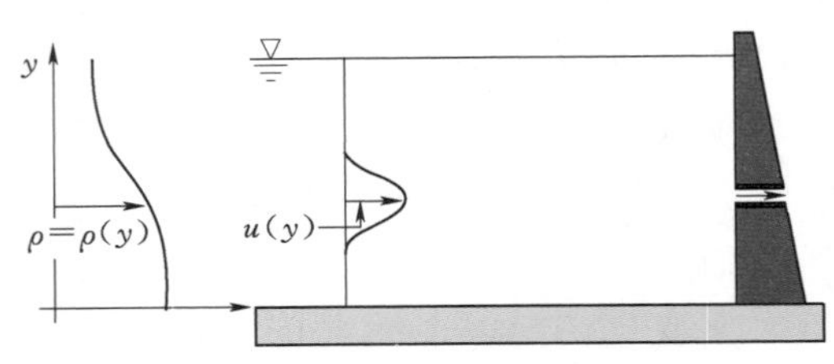

图 5.3-1 分层型水库的取水口流速分布和取水范围

取水口的形式、尺寸以及设置方式都将直接影响到取水结构和取水性能，是分层取水结构的关键部位和设计核心。目前，国内外已建和在建的分层取水建筑物多种多样，根据水流特点将其分为四种：多层取水口、叠梁门分层取水、隔水幕布取水、浮式管型取水口（杜效鹄，等，2008；刘欣，等，2008；吴莉莉，等，2007；汤世飞，2011）。其中，多层取水口和叠梁门分层取水多应用于大型水库工程；隔水幕布取水和浮式管型取水口多应用于中小型水库工程。各取水口形式和主要特征详见表 5.3-2。

表 5.3-2 常见分层取水口形式一览表

名称	结构特点	适用范围	取水示意图
多层取水口	组成：闸门、取水口、过水廊道等； 运行：根据库水位启闭不同进水闸门	适用于大型深水库，如美国的埃尔克里克、沙斯塔和格伦峡谷大坝等	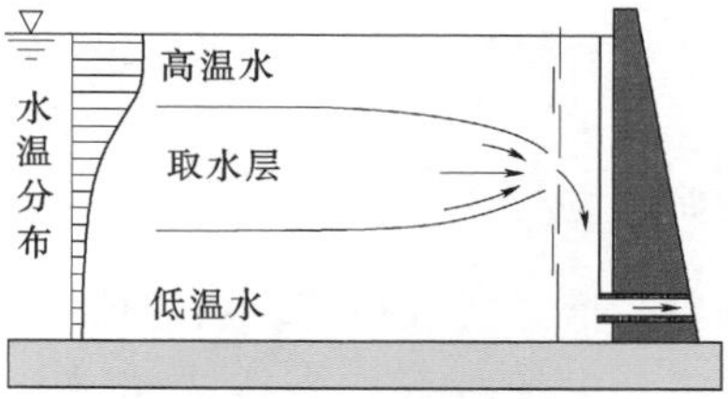 水温分布 高温水 取水层 低温水
叠梁门分层取水	组成：叠梁门、储门槽、门机等； 运行：根据水库水位、水温分布调整叠梁门层数	适用于流量较大，水头较高的大型水库，如日本下久保水库等	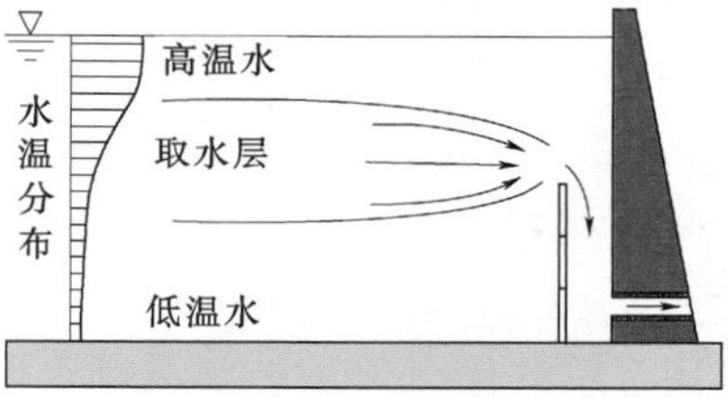 水温分布 高温水 取水层 低温水
隔水幕布取水	组成：帷幕、引水管道等； 运行：根据水库水位、水温分布调节控制幕布的位置	适用于中、小型水库，如美国田纳西州切罗基水库等	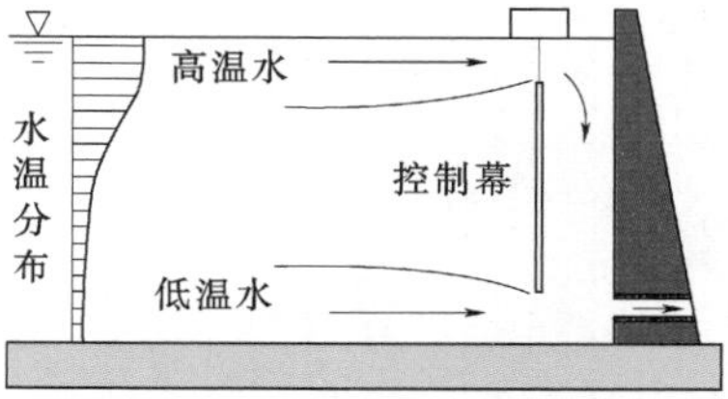 水温分布 高温水 控制幕 低温水
浮式管型取水口	组成：浮筒、取水口、取水管等； 运行：根据水库水位调节取水管高度	适用于小型水库工程，如吉林永林水库等	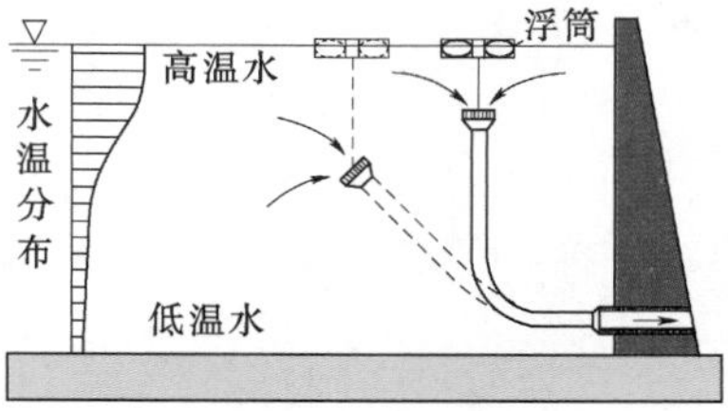 水温分布 浮筒 高温水 低温水

5.3.2.2 分层取水方案比选

锦屏一级水库为大型水库，岸塔式进水口布置在普斯罗沟下游沟壁，设6孔进水口，呈“一”字形布置，进水塔前缘方位角为N27.5°W。塔体总长度为158.0m，进水口孔口中心线间距为26.0m，进水塔塔顶高程为1886.00m，塔基高程为1774.00m，进水底板高程为1779.00m，塔体顺水流长度为31.0m，塔高为112m。进水塔沿水流方向主要分为拦污栅闸段、取水塔体段两个部分。进水塔前半部为拦污栅闸段，设置工作栅槽和备用栅槽，拦污栅顶高程为1848.00m；两栅墩间设置了拦污栅胸墙（厚度为1.0m）或横撑（横撑中心间距为8.0m、断面尺寸为1.1m×1.0m）连接，以加强拦污栅结构的整体性。拦污栅闸段和取水塔体段之间采用隔墙（墙厚1.60m、底高程为1801.00m）和纵撑（中心间距为8.0m、断面尺寸为1.20m×1.0m）连接；取水塔体段为进水闸室结构，采用喇叭形进口，上唇采用椭圆曲线，曲线方程为$\frac{X^2}{9^2}+\frac{Y^2}{3^2}=1$；喇叭口两侧也采用椭圆曲线，曲线方程为$\frac{X^2}{9^2}+\frac{Y^2}{1.5^2}=1$。进水口内设检修闸门槽、工作闸门槽和通气孔，通气孔后与压力管道渐变段相接。水塔顶层设有工作闸门启闭机室、油泵室、储门槽、储栅槽、油管廊道、电缆沟等，塔体之间设置门机轨道梁和连接桥。单进水口设计引用流量达337.4m^3/s，取用流量较大，因此依托工程岸塔式进水口拟定了多层取水口及叠梁门分层取水两种分层取水方案进行比选。

多层取水口分层取水方案依托岸塔式进水口布设，并进行部分调整：新增底板高程为1825.00m的进水口，作为上层进水口；原底板高程为1779.00m的进水口，作为下层进水口；此外在顺水流方向增加一道闸门，塔体布置向后延伸20m；其他结构设计不变，详见图5.3-2。水库蓄水运行后，在3—6月低温水影响时期，水库水位高于1846.00m时，启用上层取水口取用表层高温水体；其他时期，启用下层取水口。

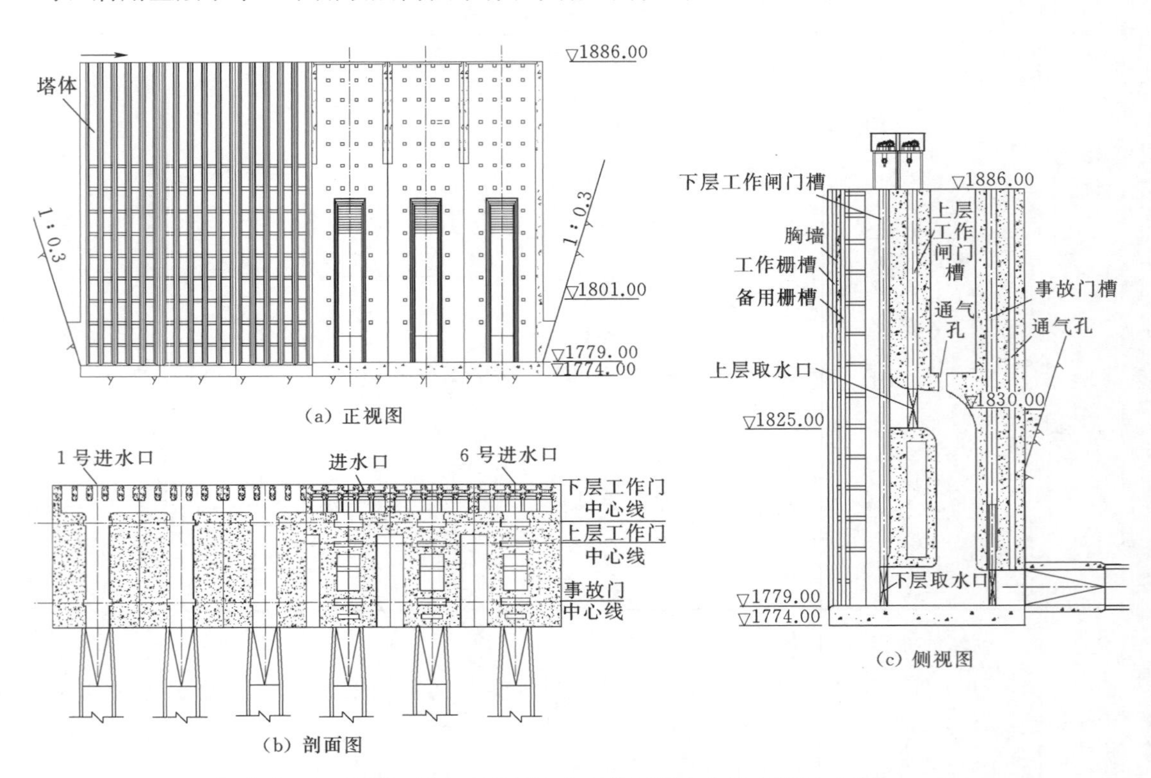

图5.3-2 锦屏一级水库多层取水口分层取水方案布置图（单位：m）

叠梁门分层取水方案利用进水塔拦污栅闸段的备用拦污栅槽放置叠梁门来分层取水，不改变进水塔塔体结构，详见图5.3-3。进水塔每孔进水口设有4孔栅闸，包括3个拦污栅中墩，2个拦污栅边墩，栅墩间净间距为3.80m，栅墩长度为7.20m，中墩宽度为2.20m，边墩宽度为2.10m。水库蓄水运行后，在3—6月低温水影响时期启用叠梁门，通过放置不同层高的叠梁门尽可能地取用表层高温水体。

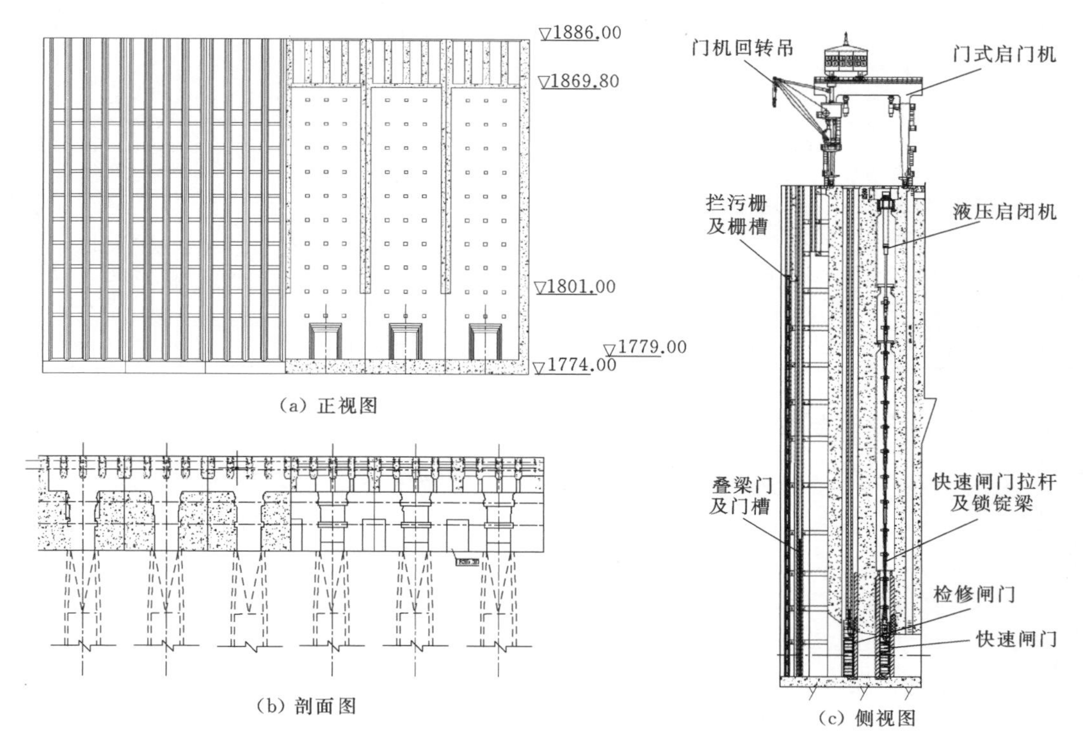

图5.3-3 锦屏一级水库叠梁门分层取水方案布置图（单位：m）

锦屏一级水库地处高山峡谷，电站进水口所在位置岩壁耸立、基岩裸露，地形地质条件复杂；同时，进水塔体规模大、单孔取水流量大，进水口水力学问题复杂，对进水口结构稳定性要求高。综合比选多层取水口和叠梁门分层取水方案（表5.3-3），叠梁门分层取水方案结构布置相对简单，取水效果相对较好，施工难度相对较低，运行管理相对简便，工程投资相对较少，作为低温水缓解措施优势明显。

表5.3-3 锦屏一级水库分层取水方案比选

比选项目	多层取水口方案	叠梁门分层取水方案	分项比选结果
水工结构及布置	1. 上层取水口存在两个弯道，水流条件较为复杂； 2. 多层取水口方案塔体顺水流向较单层取水方案长度增加20m	水工结构布置与原单层进水口结构布置基本相同，塔体顺水流向长度较单层方案增加2.0m	叠梁门取水方案较优
取水深度	多层取水口方案仅分1779.00m、1825.00m两个高程取水口取水，3—7月取水最大水深67m	通过叠梁门分成1821.00m、1807.00m、1793.00m、1779.00m四个高程取水，3—7月取水平均深度为20～30m	叠梁门取水方案较优

续表

比选项目	多层取水口方案	叠梁门分层取水方案	分项比选结果
起闸布置及运行	1. 水库运行期间，多层取水口方案若采用不停机操作方式，当启闭闸门时，其拉杆要承受水流冲击，且引发闸门振动的可能性较大； 2. 整体起吊闸门，回转吊容量较大，其门机的设计难度相当大	分节起吊闸门及拦污栅，启闭机容量合适，其门机的设计难度较单层取水时有所增加	叠梁门取水方案较优
施工布置	多层取水口方案塔体布置向后延伸 20m，进口开挖对缆机平台（高程为 1975.00m）布置有一定的影响，使缆机平台顺水流方向的位置向后推移了 15m 左右，影响了施工的布置	对施工布置基本无影响	叠梁门取水方案较优
工程投资	多层取水口方案工程投资较单层取水口方案增加 3.36 亿元	叠梁门方案工程投资较单层取水口方案增加 0.9 亿元	叠梁门取水方案较优
综合比较	叠梁门取水方案优于多层取水口方案		

5.3.3 叠梁门分层取水设计

叠梁门分层取水依托进水塔布设，需要全面、系统考虑取水效果及其对进水塔的水流流态影响。首先，根据进水口最小淹没深度及叠梁门最大挡水高度，结合水温敏感时期的水库运行调度，确定叠梁门门叶组合方案。其次，通过数值模拟分析不同门叶组合方案取水效果，以及通过物理模型试验分析叠梁门对进水口水力学影响，结合三维有限元计算分析叠梁门对进水塔结构影响，综合比选确定合适的叠梁门方案。

5.3.3.1 叠梁门取水方案

1. 进水口最小淹没深度的确定

锦屏一级水库正常蓄水位为 1880.00m，死水位为 1800.00m。为防止进水口产生贯通式漏斗漩涡，同时保证进水口内为压力流，进水口需满足最小淹没深度的要求。一般按照式（5.3-1）与式（5.3-2）计算，取较大值作为最小淹没深度。

$$S=CVd^{1/2} \tag{5.3-1}$$

式中：S 为进水口淹没深度，m；V 为闸孔断面平均流速，m/s；d 为闸孔高度，m；C 为与进水口几何形状有关的系数，进水口设计良好和水流对称时取 0.55，边界复杂和侧向水流时取 0.73。

$$S=K\left(\Delta h_1+\Delta h_2+\Delta h_3+\Delta h_4+\Delta h_5+\frac{v^2}{2g}\right) \tag{5.3-2}$$

式中：$\Delta h_1\sim\Delta h_4$ 分别为进口喇叭段、拦污栅、闸门槽、渐变段的局部水头损失，m；Δh_5 为进水口沿程水头损失，m；v 为输水道平均流速，m/s；K 为不小于 1.5 的安全系数。

根据计算结果，锦屏一级水库进水口最小淹没深度为 10.86m。锦屏一级水库死水位为 1800.00m，考虑进水口孔口高度 9.5m，确定进水口底板高程为 1779.00m，底板以上最小水深为 21.0m。

2. 叠梁门最大挡水高度的确定

根据水温需求目标研究，锦屏一级水库水温对水生生态的影响集中在 3—6 月，其中

4 月下泄水温降低最多达 2.1℃，故以 4 月水库运行水位来确定叠梁门最大挡水高度。

根据锦屏一级水库平水年（1982—1983 年）4 月逐日库水位调度资料可知，平水年 4 月 1 日库水位最高达到 1836.00m，综合工程进水口底板高程 1779.00m 以及底板以上最小水深 21.0m，可供设置叠梁门的最大挡水高度为 36.0m。综合考虑水工、机电、运输等综合因素，锦屏一级水库叠梁门最大挡水高度设置为 35.0m。

3. 叠梁门门叶组合方案

叠梁门单节门叶高度一般结合水库水位变化幅值及频率、下泄水温要求等设置，同时避免层数设置过多、频繁启闭影响运行效率。根据锦屏一级水库叠梁门最大挡水高度研究结果，结合水库水位变化幅值及频率，同时考虑低水温缓解效果、叠梁门运行效率等因素，设置二节叠梁门方案（14m＋14m）和三节叠梁门方案（7m＋14m＋14m）进行比选。

5.3.3.2 取水效果研究

采用已验证的立面二维水温数学模型、主库与支库耦合模型分析锦屏一级库区采用二节叠梁门方案和三节叠梁门方案后的坝前水温结构，详见图 5.3-4。由于叠梁门依托进水口备用拦污栅布设，进水塔整体结构不变，仅叠梁门挡水时存在局部水流影响，因此计算得到的二节和三节叠梁门方案坝前垂向水温分布基本一致，且与单层进水口也基本一致。

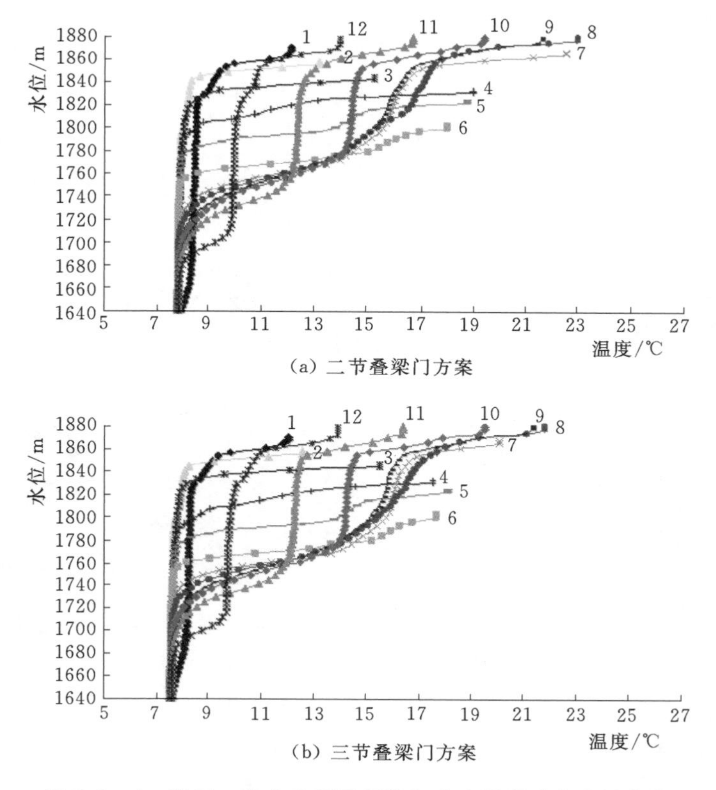

图 5.3-4 锦屏一级水库不同叠梁门方案坝前垂向水温分布

注 图中数字表示月份。

二节叠梁门方案和三节叠梁门方案计算得到的下泄水温成果详见图 5.3-5。二节叠梁门方案和三节叠梁门方案均缓解了低温水影响，且三节叠梁门方案效果相对更好，3 月、4 月、6 月下泄水温均较二节叠梁门方案进一步提高约 0.1℃。对于三节叠梁门方案，全年平均下泄水温较单层进水口提高 0.3℃，特别是 3—6 月叠梁门运行期间，下泄水温较单层进水口显著提高，其中 4 月提高最多达到 1.4℃，有效缓解了低温水影响。

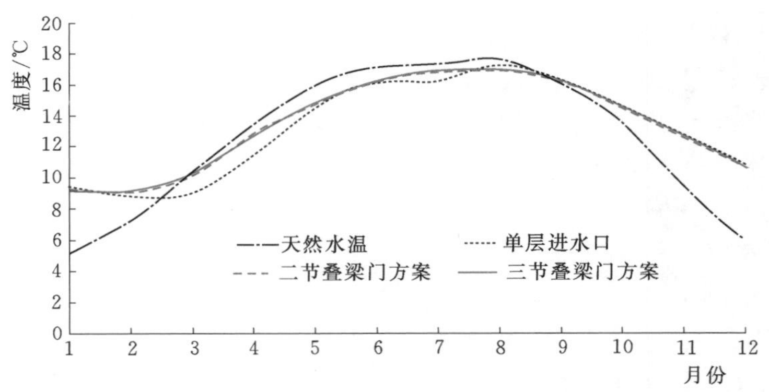

图 5.3-5　锦屏一级水库采用叠梁门分层取水措施后下泄水温对比

5.3.3.3　流道水力学研究

锦屏一级水库采用“单机单管供水”，机组总引用流量为 2024.4m^3/s，单机引用流量达 337.4m^3/s，其进水塔规模及进水口引用流量规模均较大，工程进水口流道结构复杂，为避免叠梁门方案对流道水力特性的影响，特开展模型试验进行分析（游湘，等，2010），通过 1∶20 的模型模拟不同叠梁门方案进水塔在恒定水流、非恒定水流条件下正常运行、机组增甩负荷等多种工况下的水力特性，详见表 5.3-4。

表 5.3-4　　锦屏一级水库分层取水试验控制水位及取水条件

取水条件	库水位/m	引用流量/(m^3/s)	备　注
一节叠梁门	1814.00	350	（1）正常引水； （2）机组甩负荷，下游事故闸门快速（7～12s）关闭； （3）机组开机，下游事故闸门快速开启； （4）1880.00m 为正常蓄水位，其他为取水最低控制水位
	1828.00	350	
二节叠梁门	1828.00	350	
	1835.00	350	
	1880.00	320	
三节叠梁门	1835.00	350	
	1880.00	320	

根据试验研究结果，设置叠梁门后将增加一定的水头损失，设置二节和三节叠梁门时的水头损失分别为 1.23m 和 1.36m 水柱。正常取水工况下，二节叠梁门方案和三节叠梁门方案的进水口水流流态均较稳定，压力分布合理，叠梁门的最低控制运行水位均能避免进口水流产生漩涡、跌流等不良流态；机组甩负荷和增负荷工况下，作用在叠梁门上的最大正向冲击压力小于 200kPa，压力波动的负值不大，门井及通气孔水位波动处于正常范

围。事故闸门动水关闭过程中，门顶能形成水柱，闸门能够动水关闭，通气孔风速也在允许值范围内。二节叠梁门方案和三节叠梁门方案水流条件差别不大，但二节叠梁门方案中叠梁门及闸墩的冲击压力和水头损失要略小于三节叠梁门方案，两者均满足工程正常运行的要求。

5.3.3.4 结构设计研究

锦屏一级水库进水口规模较大，体型复杂，特别是拦污栅框架部位，是抗震的关键部位。为系统研究叠梁门分层取水进水口结构的受力状态，并满足结构抗震要求，采用三维结构静动力有限元分析软件对进水塔进行了计算，着重分析拦污栅框架结构内力、闸室孔口各周边应力、塔基及塔背的应力分布（徐远杰，等，2007）。

根据三维结构静动力有限元分析，在事故工况下，塔体结构以及拦污栅框架的位移和相对变形量级较小，塔体顶部典型工况下进水塔整体位移等值线云纹图见图 5.3-6，典型工况下拦污栅框架栅柱、纵撑、横撑、胸墙等各部分位移等值线云纹图见图 5.3-7，拦污栅框架正应力等值线云纹图见图 5.3-8。此外，横撑、栅墩的应力随着叠梁门及闸墩冲击压力的增加有所增大，二节叠梁门和三节叠梁门纵撑最大拉应力值分别为 4.48MPa、5.86MPa。总体而言，在各事故工况下，结构各部位受力尚在正常范围，不会导致结构配筋异常情况，均满足结构设计要求。

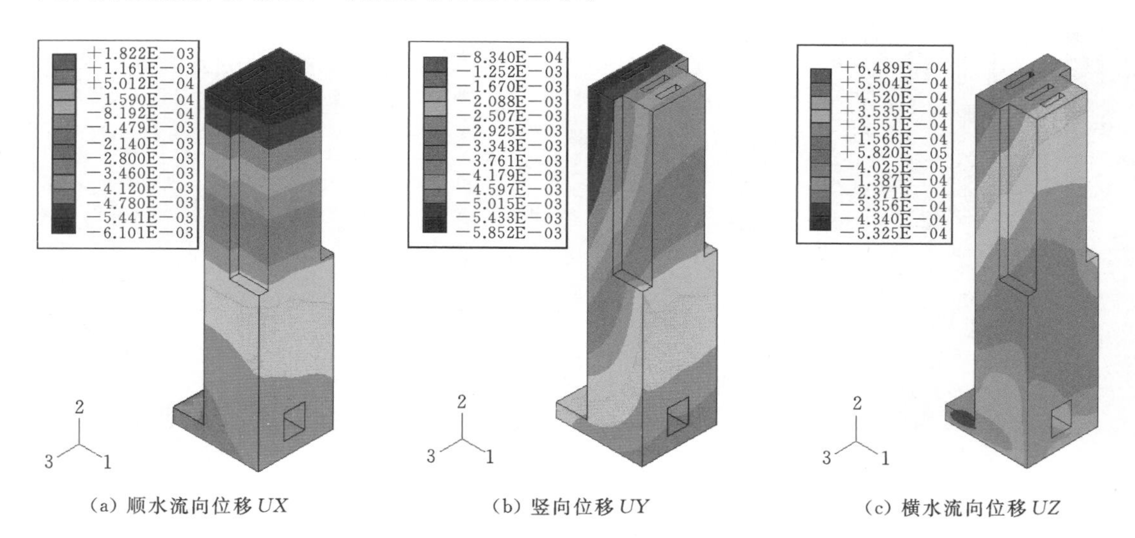

(a) 顺水流向位移 *UX*　　(b) 竖向位移 *UY*　　(c) 横水流向位移 *UZ*

图 5.3-6 塔体顶部典型工况下进水塔整体位移等值线云纹图（单位：m）

5.3.3.5 叠梁门推荐方案

综合比较二节叠梁门方案和三节叠梁门方案：①从取水效果方面，三节叠梁门方案低温水缓解效果更好，3 月、4 月、6 月均提高下泄水温 0.1℃；②从水力学、结构设计方面，二节和三节叠梁门方案水流条件差别不大，结构各部位受力均在正常范围，均可满足工程安全、稳定运行等要求。为了更好地保护下游水生生态，推荐三节叠梁门方案，即从上至下布置 7m＋14m＋14m 三节叠梁门。锦屏一级水库设有 6 个进水口，每个进水口设 4 孔拦污栅闸，每孔拦污栅设 3 节叠梁门，共计 72 叶叠梁门。

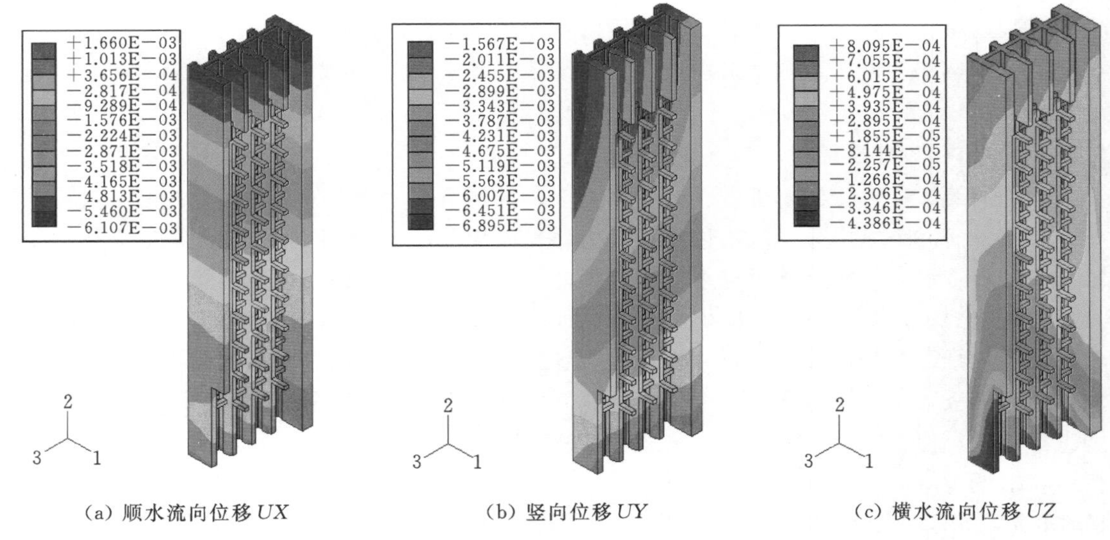

(a) 顺水流向位移 UX　　(b) 竖向位移 UY　　(c) 横水流向位移 UZ

图 5.3-7　拦污栅各部分位移等值线云纹图（单位：m）

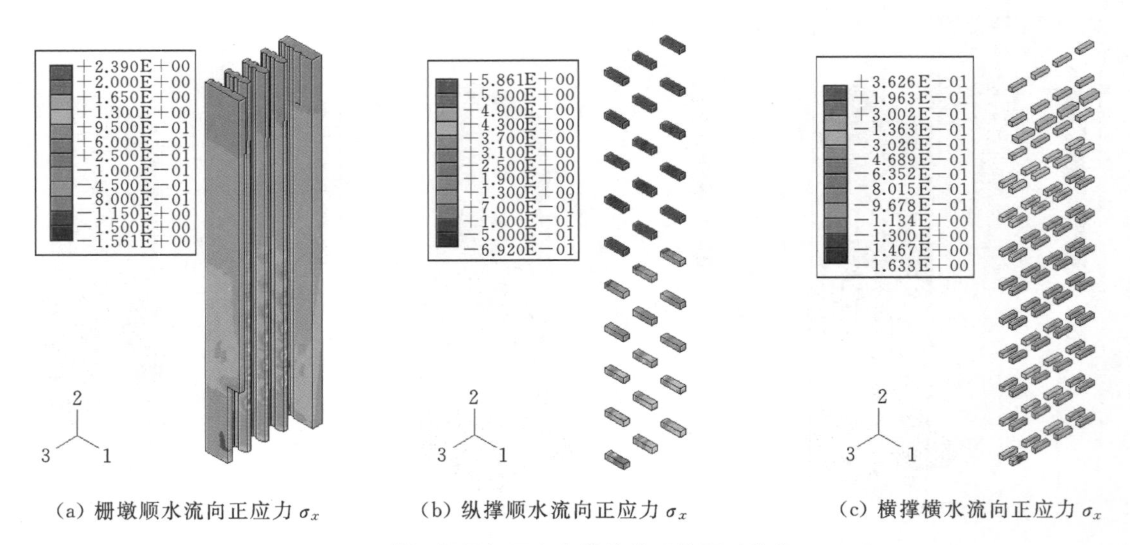

(a) 栅墩顺水流向正应力 σ_x　　(b) 纵撑顺水流向正应力 σ_x　　(c) 横撑横水流向正应力 σ_x

图 5.3-8　拦污栅框架正应力等值线云纹图（单位：MPa）

5.3.4　运行方案设计

根据锦屏一级水库下游河道的水温需求，每年3—6月启动叠梁门分层取水。利用进水口双向门机附设的回转吊通过自动抓梁分节起吊，起吊时其前后水位差 $\Delta h \leqslant 1.5\text{m}$。回转吊起升容量为650kN，轨上扬程为18m，总扬程为125m。挡水门起吊后可分别放置在挡水门后的储门槽内或锁锭在前面一道拦污栅槽顶部，最下面一节可锁锭在挡水门槽顶部。因分层取水设置的挡水门数量较多，为缩短挡水门运行时间，设置有两台门机同时操作挡水闸门，两台门机之间设有激光测距保护装置，以使两台门机在同时运行时保持一定的安全距离。

每年2月底，三节叠梁门全部下放，3—6月根据水位消落情况调度叠梁门，详见表5.3-5，与之相应的具体操作过程如下。

(1) 水库水位在1835.00m以上时，叠梁门整体挡水，此时挡水闸门顶高程1814.00m，此为第1种取水方式。

(2) 水库水位为1835.00～1828.00m时，吊起第一节7m高叠梁门，仅用第二、第三节门叶挡水，此时挡水闸门顶高程为1807.00m，此为第2种取水方式。

(3) 水库水位为1828.00～1821.00m时，吊起第二节14m高叠梁门的同时放下7m高叠梁门，用第一节和第三节门叶挡水，此时挡水闸门顶高程为1800.00m，此为第3种取水方式。

(4) 水库水位为1821.00～1814.00m时，继续吊起放下的7m高叠梁门，用第三节门叶挡水，此时挡水闸门顶高程为1793.00m，此为第4种取水方式。

(5) 水库水位为1814.00～1807.00m时，吊起第三节14m高叠梁门的同时放下7m高叠梁门，用第一节门叶挡水，此时挡水闸门顶高程为1786.00m，此为第5种取水方式。

(6) 水库水位在1800.00m以下时，吊起7m高叠梁门，无闸门挡水，此为第6种取水方式。

表5.3-5　　叠梁门分层取水运行方式　　单位：m

叠梁门门叶组合方式	叠梁门顶部高程	水库最低运行水位	叠梁门门叶组合方式	叠梁门顶部高程	水库最低运行水位
7＋14＋14	1814.00	1835.00	14	1793.00	1814.00
14＋14	1807.00	1828.00	7	1786.00	1807.00
7＋14	1800.00	1821.00	0	1779.00	1800.00

5.4 锦屏一级水库水温影响及分层取水效果研究

5.4.1 锦屏一级水库水温原型观测及成果分析

锦屏一级水库于2012年11月30日下闸蓄水，2014年8月蓄至正常蓄水位1880.00m。为掌握锦屏一级水库水温结构、坝前水温分布以及下泄水温和下游河流水温沿程恢复情况，并为水库水温模拟计算研究成果提供验证，2015年4月至2016年4月对锦屏一级水库库区及下游河段展开了一个完整水文年的水温原型观测。

5.4.1.1 原型观测方案

根据水库特点，对入库水温，在雅砻江干流主库库尾与小金河支库库尾（即小金河支流木里河和卧落河）设置3个断面，逐时观测表层水温；对库区垂向水温，在雅砻江主库设置8个断面、小金河支库设置3个断面，逐月在中泓线观测垂向水温，同时在主库、支库汇口及坝前两个断面增加左、右两条观测垂线；对下泄水温，在厂房尾水下游设置1个断面，逐时观测表层水温。同时，由于在原型观测期间，锦屏一级坝下规划的锦屏二级（2012 年蓄水）、官地（2012 年蓄水）、二滩（1998 年蓄水）、桐子林（2015 年蓄水）4 个梯级均已蓄水发电，锦屏一级坝址下游至二滩库尾约 169.16km 河段已由可行性研究阶段水温研究期的天然河流变为库区河段或减水河段，为此综合考虑各工程对水温的影响，将下游水温原型观测范围定为锦屏一级坝址至官地库尾约 128.5km 的河段，共设置 6 个断面，涵盖锦屏二级库区及其减水河段。

锦屏一级水库水温原型观测断面分布详见图 5.4－1。

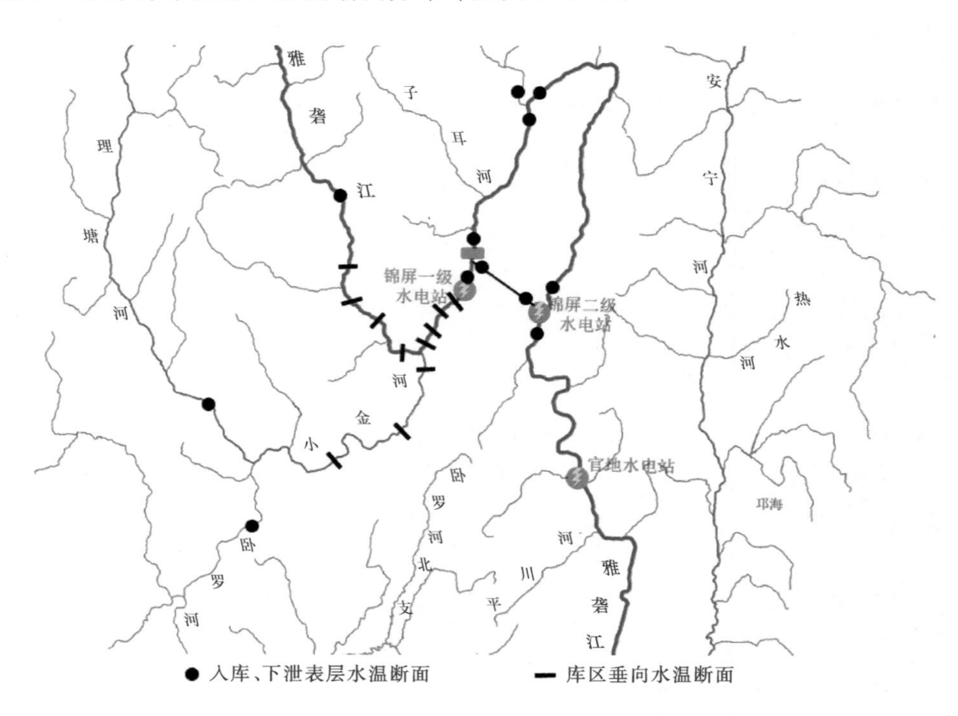

图 5.4－1 锦屏一级水电站水温原型观测断面示意图

5.4.1.2 库区水温分布

锦屏一级干流主库区及小金河支库水温分布情况详见图 5.4－2。观测结果显示，锦屏一级水库库区存在显著的水温分层现象，库区水温结构为分层型。

1. 库区水温分布特征

（1）雅砻江干流主库水温结构。在升温期 3—5 月，随着入库水温、气温、太阳辐射等的增高，表层水体逐渐升温、密度减小，表、底温差不断变大，库区表层 0～40m 逐渐形成明显的温跃层，且温差随时间逐渐增大，库底维持 9℃的低温；高温期 6—8 月，入、出库流量显著增大，受电站进水口附近水体紊动影响，库区出现双温跃层，其中表层温跃层出现在 0～20m，底层温跃层出现在进水口底板高程以下 20～40m，温度差引起的密度分层对水体的垂向热量及动量交换形成了明显的“阻碍”作用，热量难以向下传递，底部仍保持 9～10℃低温；降温期 9—11 月，由于入库水温、气温、太阳辐射等的降低，以及库区水位快速抬升（库区水位由 8 月底的 1863.20m 升至 9 月底的 1879.20m）、汛末流量大（9 月月均入库流量为 3556.8m^3/s，最大流量为 4788m^3/s）等原因，入库低温水在重

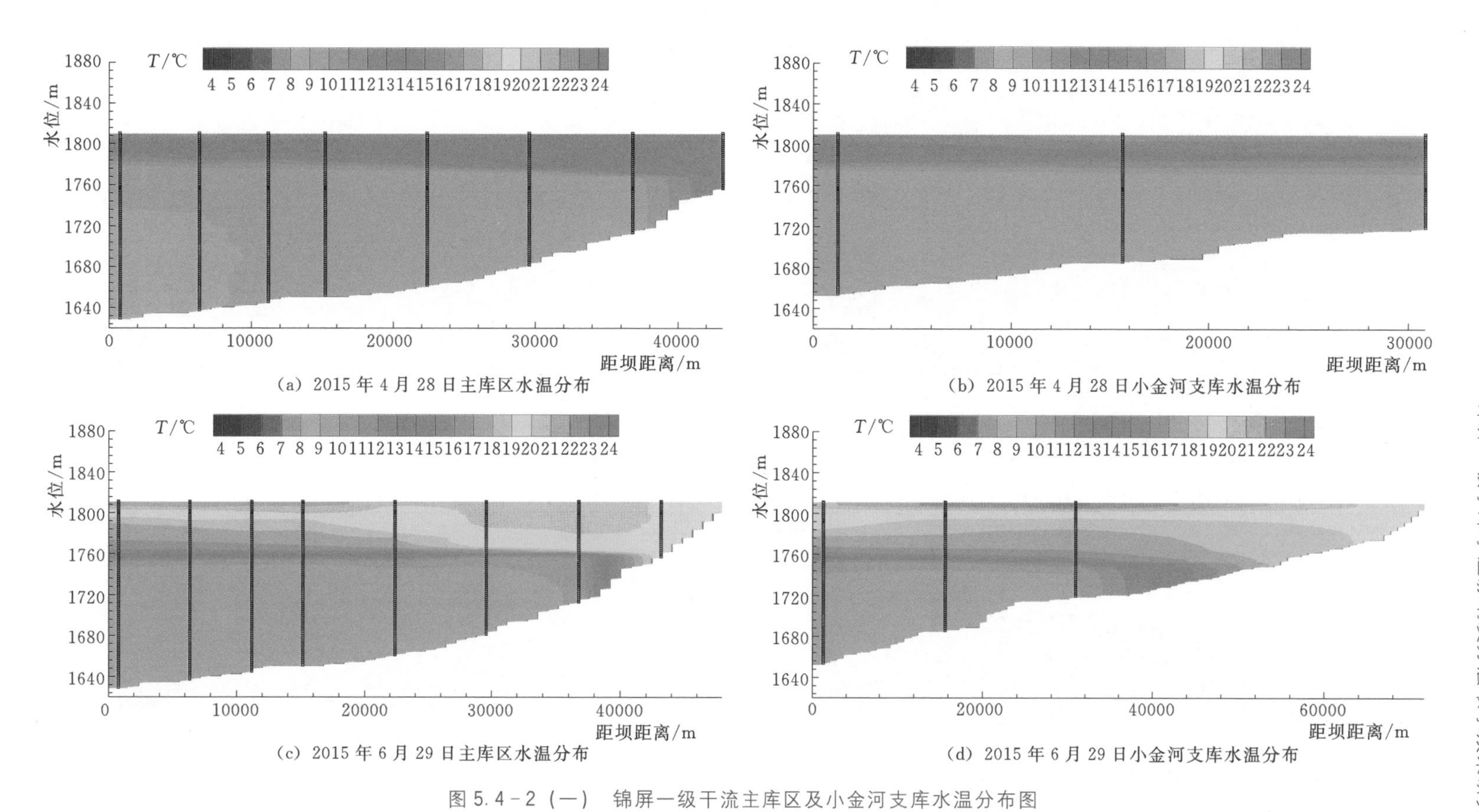

图 5.4-2（一）　锦屏一级干流主库区及小金河支库水温分布图

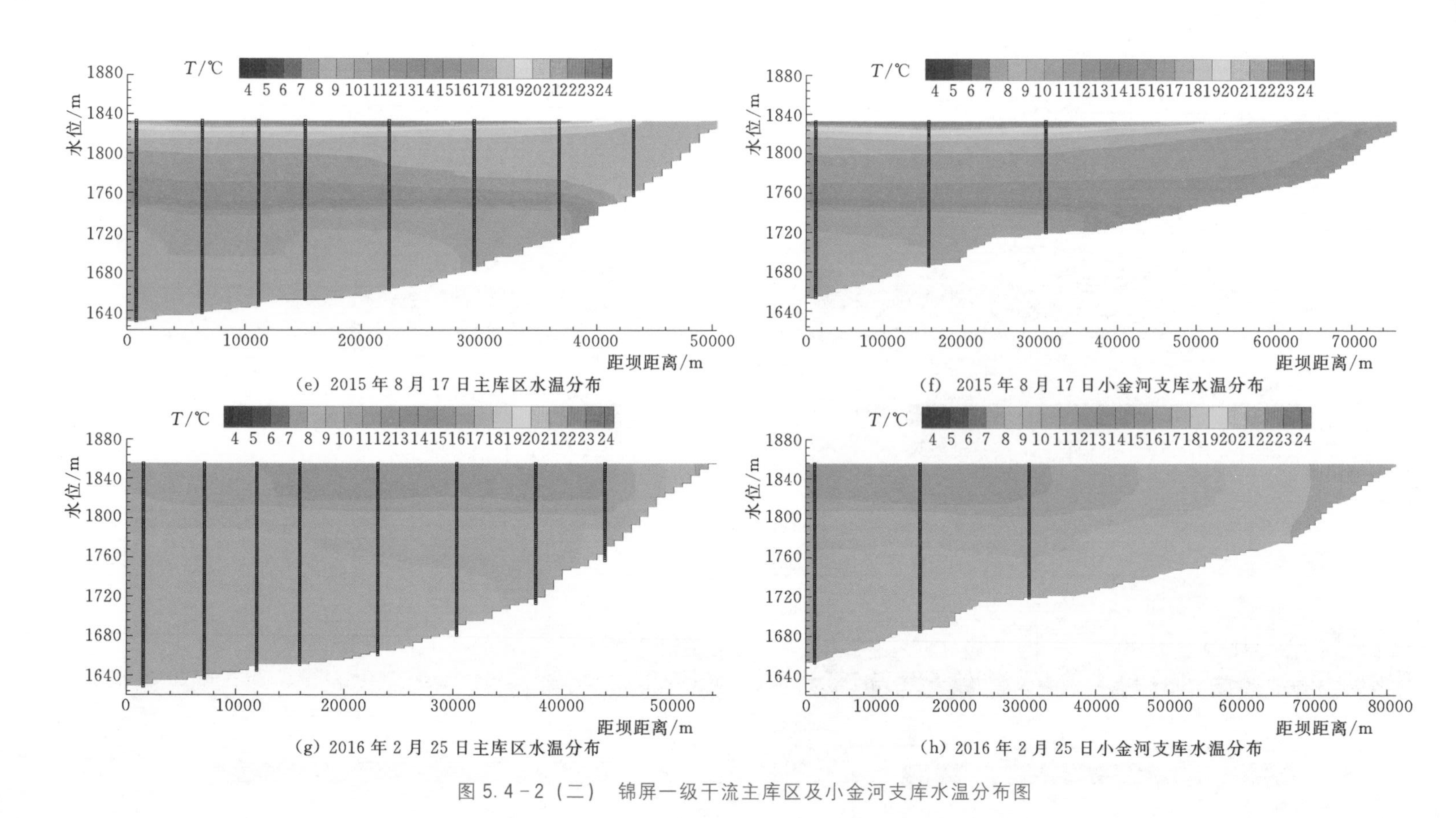

（e）2015年8月17日主库区水温分布

（f）2015年8月17日小金河支库水温分布

（g）2016年2月25日主库区水温分布

（h）2016年2月25日小金河支库水温分布

图5.4-2（二） 锦屏一级干流主库区及小金河支库水温分布图

力的作用下下沉，与底部水体混合，底部水温升高至 11.7℃，表、底温差逐渐减小，库区双温跃层消失，以斜温层为主；低温期 12 月至翌年 2 月，入库流量小，且入库水温、气温、太阳辐射等降低至全年最低水平，库表水温不断降低，表层出现 20～40m 均温层，中部衔接约 80m 的斜温层，底部低温层水温逐渐降至约 8.6℃。

（2）小金河支库水温结构。受主库水体影响，支库垂向水温分布与主库基本一致，升温期 3—5 月库区表层 0～40m 温跃层逐渐扩大，高温期 6—8 月逐渐出现双温跃层，降温期 9—11 月表层水温降低、底层水温升高，库区以斜温层为主，低温期 12 月至翌年 2 月呈现表层均温层、中部斜温层、底层低温层的水温结构。但由于支库流量小、河段长，水库蓄热作用更显著，同时支库入流水温高，因此支库表层水温较主库偏高 0.5～2.2℃、底层水温偏高 0.5～1.1℃。

2. 主库、支库交汇处水温分布规律

典型月份锦屏一级主库汇口上游断面（B4）、汇口下游断面（B5）以及小金河支库河口断面（B11）垂向水温分布情况详见图 5.4-3。对比来看，其中低温期（2 月），主库汇口上、下游及支库表层水温基本一致，底部水温中主库汇口上、下游基本一致，但支库底部水温较主库偏高 0.3℃，主要是由支库入库水温高于主库入库水温所致；高温期（7 月）主库汇口上、下游及支库水温趋势一致，且各层水温也基本一致。对比典型月份主库汇口下游断面（B5）左、中、右垂线垂向水温分布（图 5.4-4），主库汇口下游断面横向水温分布基本一致，支库汇入主库未发生温度突变。

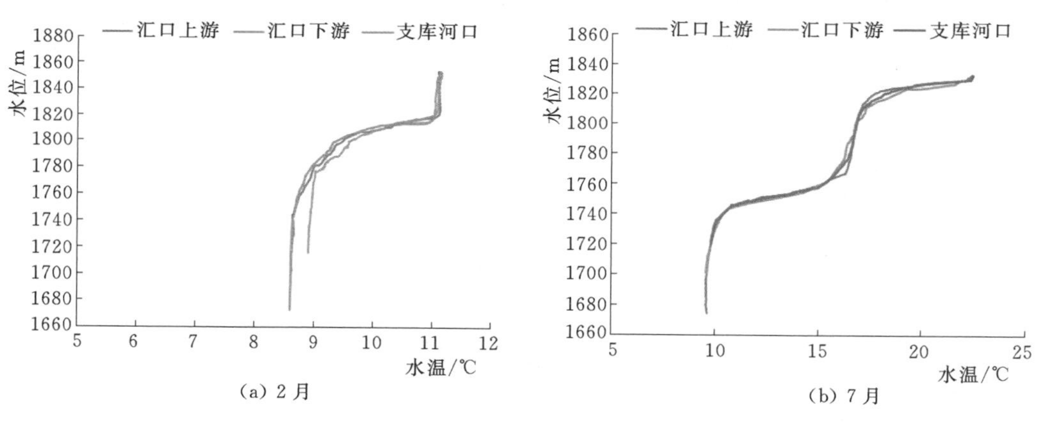

图 5.4-3 典型月份锦屏一级主库汇口上、下游断面及小金河支库河口断面垂向水温分布图

以上汇口处水温观测结果显示，锦屏一级水库支库垂向水温结构分布基本受主库控制，在干、支库交汇处不会发生较大温度突变，仅在低温期存在支库底部水温偏高现象。

3. 坝前水温垂向分布特征

锦屏一级主库坝前、小金河支库河口断面垂向水温分布情况详见图 5.4-5。锦屏一级水库存在明显的水温分层现象，主库库底存在 8.5～9.5℃的低温水，支库库底存在 8.7～9.8℃的低温水，且高温期 6—9 月均会出现双温跃层。对比坝前左、中、右垂线垂向水温分布（图 5.4-6），除了表层 5m 水体水温略有差异外，垂向水温基本一致，没有出现温度差异。

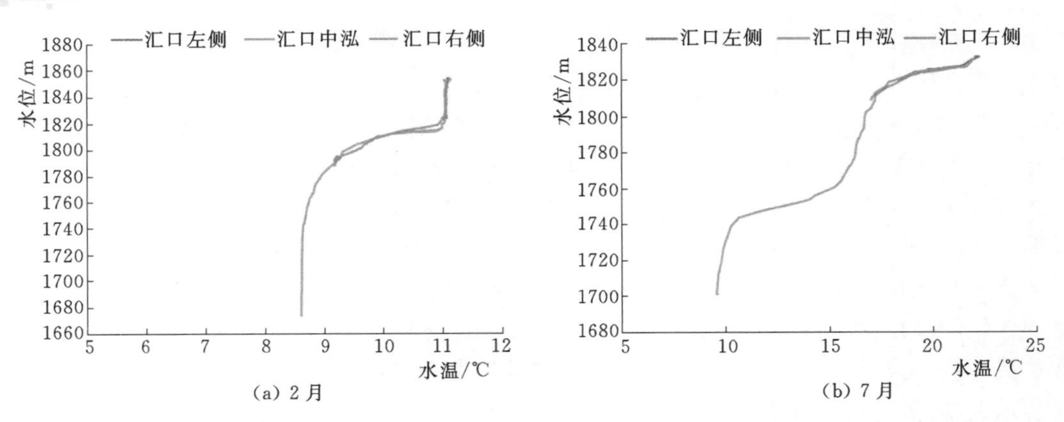

(a) 2 月　　(b) 7 月

图 5.4-4　典型月份锦屏一级主库汇口下游断面（B5）左、中、右垂线垂向水温分布图

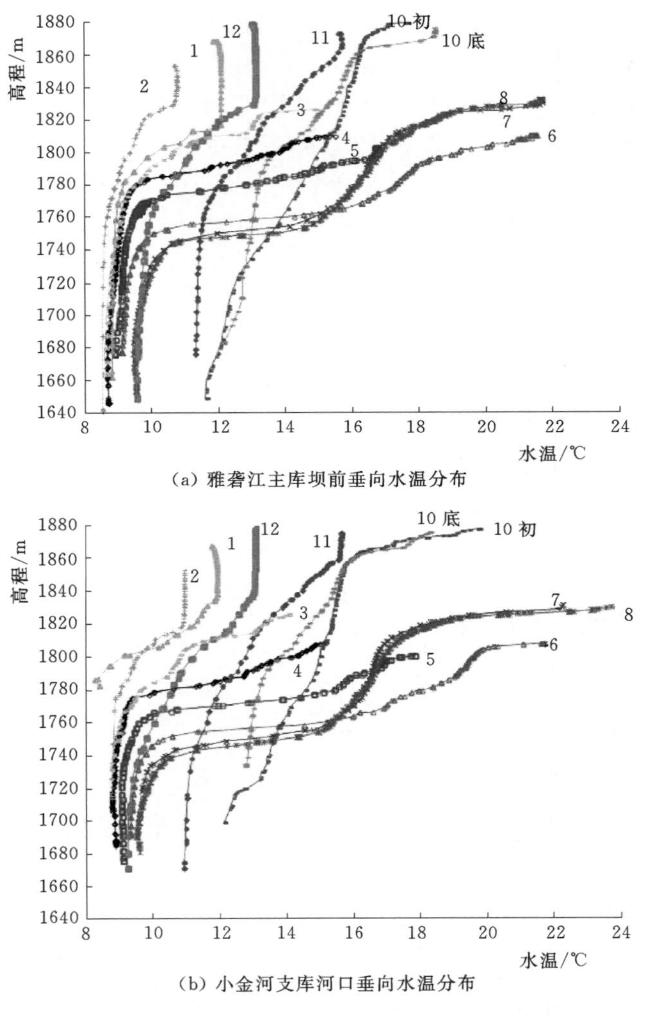

(a) 雅砻江主库坝前垂向水温分布

(b) 小金河支库河口垂向水温分布

图 5.4-5　锦屏一级主库坝前、小金河支库河口断面垂向水温分布图

注　图中数字表示月份。

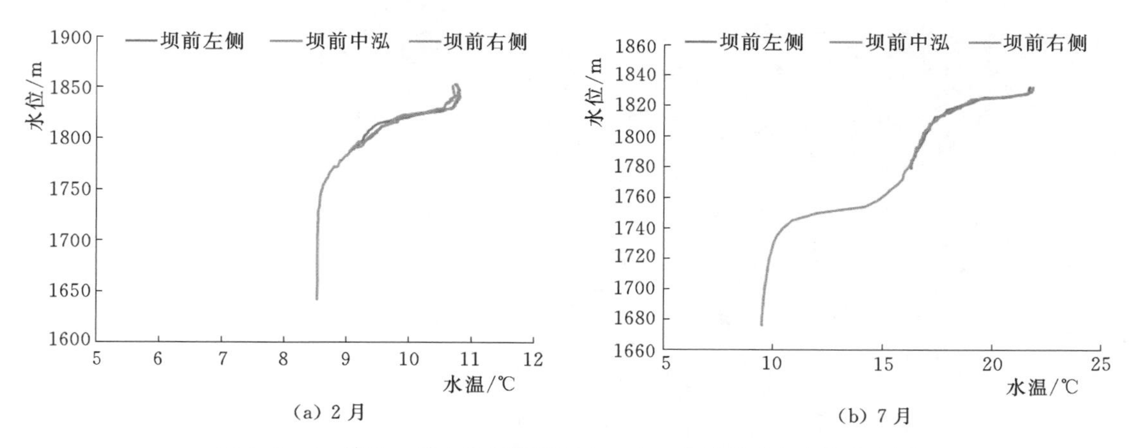

图 5.4-6 锦屏一级主库坝前断面左、中、右垂线垂向水温分布图

5.4.1.3 下泄水温分布

锦屏一级水库下泄水温分布情况详见图 5.4-7。受水库运行调度影响，观测期年均下泄水温为 13.7℃，较入库水温高 2.2℃，其中 4 月、5 月、6 月下泄水温较干流入库水温低 0.3～1.4℃，其余月份偏高 0.6～7.7℃；受水库蓄热影响，年均下泄水温较坝址天然水温偏高 1.3℃，其中 4 月、5 月受水库水温分层影响，下泄水温分别降低 1.9℃、0.5℃；8 月、9 月受入库水温偏低、水库调度等因素影响，也分别降低 0.7℃、0.3℃，其他月份水温偏高，最大温升出现在 12 月达到 5.7℃。总体而言，水库蓄水后下泄水温分布较天然水温更为平坦。

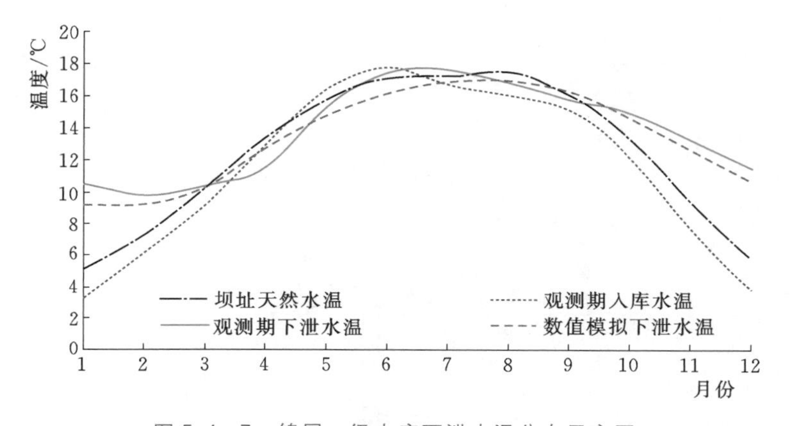

图 5.4-7 锦屏一级水库下泄水温分布示意图

5.4.1.4 坝址下游河道水温分布

随着雅砻江水电梯级的开发，观测期间锦屏一级水库下游河段开发情况较可行性研究阶段水温研究期发生较大变化，坝下至二滩库尾河段内已建成锦屏二级和官地水电站，为此在进行下游河道水温原型观测时，重点对下游锦屏二级库区和锦屏大河湾减水河段共计 126.5km 河段进行观测，水温观测成果详见表 5.4-1。

表 5.4-1　锦屏一级水库坝址下游沿程水温统计表

断面		锦屏一级厂房尾水下游 2km	锦屏二级进水口	锦屏二级闸址下游 7km	九龙河汇口上游约 2km	江边电站厂房尾水下游 2km	锦屏二级厂房上游 2km	锦屏二级厂房下游 2km	九龙河	锦屏二级尾水
距锦屏一级坝址距离/km		2	5.6	14.5	42	51	124.5	128.5	(44+13)*	126
水温/℃	2015 年 5 月	15.8	15.3	16.5	17.3	15.6	18.0	16.2	13.6	15.2
	2015 年 6 月	17.6	17.6	18.2	18.8	16.8	18.0	17.8	12.9	17.6
	2015 年 7 月	17.5	17.6	17.8	17.9	15.8	17.2	17.3	13.3	17.5
	2015 年 8 月	16.9	16.6	16.7	16.9	15.1	16.2	16.3	11.6	16.5
	2015 年 9 月	15.8	15.8	16.0	16.0	15.1	16.6	16.0	8.1	
	2015 年 10 月	14.9	14.8	15.2	15.0	12.7	15.1	14.9	7.7	
	2015 年 11 月	13.3	13.0	13.2	12.7	11.2	13.7	13.5	9.8	13.3
	2015 年 12 月	11.4	11.6	11.5	10.4	8.8	9.1	11.0		11.7
	2016 年 1 月	10.4	10.4	10.4	9.5	8.1	8.3	10.4		10.6
	2016 年 2 月	9.8	9.8	10.0	9.5	9.2	9.5	9.8		9.9
	2016 年 3 月	10.4	10.6	10.9	11.0	11.3	12.1	11.9		10.5
	2016 年 4 月	11.6	11.8	12.3	12.8	13.3	14.5	13.3		11.8
	年均水温	13.8	13.7	14.0	14.0	12.7	14.0	13.8		

注　*“(A+B)”表示支流上的观测断面到坝址的距离，其中 A 表示支流汇口至坝址，B 表示断面至支流汇口的距离。

1. 锦屏一级坝址—锦屏二级坝址

该段河长约 7.5km，主要是锦屏二级库区。锦屏二级水电站水库正常蓄水位为 1646.00m，其相应库容为 1428 万 m^3，调节库容为 402 万 m^3，具有日调节能力，属于混合型水库，对水库水温影响很小。观测结果显示锦屏一级尾水断面和锦屏二级进水口处年均水温分别为 13.8℃和 13.7℃，月均温差在-0.5～0.2℃之间，温度差异极小，锦屏二级库区水温沿程变化与天然河道差异不大。

2. 锦屏二级坝址—九龙河汇口

该段河长约 36.5km，为减水河段，基本无其他支流汇入。锦屏二级水电站 11 月至翌年 5 月过闸流量一般维持在 $90m^3/s$ 左右，6—10 月下泄流量稍大，其中 9 月可以达到 $1583m^3/s$。该段水温受气象影响较大，10 月至翌年 2 月水温沿程降低，降温率为-0.006～-0.041℃/km；3—9 月水温沿程增加，增温率为 0.002～0.032℃/km。

3. 九龙河汇口—锦屏二级厂房

该段河长约 84.5km，为减水河段，分别有九龙河和锦屏二级尾水汇入。其中九龙河水温较雅砻江干流水温偏低，2015 年 5—11 月平均低 5.4℃，同时雅砻江大量水体被锦屏二级水电站引用，因此九龙河汇入断面河道水温大幅下降，年均水温降低约 1.3℃。九龙河汇口以下河段水温沿程增温，增温率为 0.002～0.034℃/km，至锦屏二级厂房尾水汇入后，下游水温主要受锦屏二级发电尾水影响。

5.4.1.5 实测水温与环评预测差异分析

锦屏一级水库建成蓄水后，实测水库水温结构与环评阶段水温数值模拟预测成果总体相符，变化趋势基本一致，但受水文条件、入库水温条件、水库运行调度等边界条件差异以及模型本身的局限性影响，局部水温数据存在一定差异，主要表现在主库库底低温层模拟水温整体偏低，以及由于主库与支库耦合模型仅考虑了支库汇入主库的热量交换，弱化了主库倒灌支库的影响，导致模拟的支库中下层水温偏高。实测下泄水温年内分布与模拟值总体趋势基本一致，但受入库水温、河流水文条件等因素差异，1—3月、6月、7月较模拟值偏高1.0～1.4℃，其他月份偏差在0.5℃左右。锦屏一级坝址下游水温沿程分布受锦屏二级、官地等梯级开发影响，河流状况发生较大变化，实测水温分布与预测值已不具备可比性。主要边界条件差异情况如下。

1. 水文条件

原型观测期间（2015年4月至2016年3月）锦屏一级水库日均出库流量为1231.8m^3/s [图5.4-8 (a)]，与水温模型计算采用的设计典型平水年（水温研究阶段1982年6月至1983年5月）流量1207.6m^3/s [图5.4-8 (b)] 基本一致，但逐月入库流量、出库流量存在差异。特别是7月，观测期入库流量、出库流量分别较设计典型平水年减少2059.9m^3/s、1145.1m^3/s，而9月则分别增加1106.8m^3/s、657.8m^3/s。同时，锦屏一级水库实际运行调度较设计阶段略有差异，实际调度时基本按照“12月至翌年5月为枯期向下游供水，至5月底水位降至死水位1800.00m，6—8月为汛期拦蓄洪水，至9月底蓄至正常蓄水位1880.00m，10—11月维持1880.00m高水位”的原则进行运行调度，在3—4月、6—8月的库水位较设计阶段偏低，其他月份基本一致。

2. 气象条件

观测期间锦屏一级水库年均气温为18℃，平均风速为1.9m/s，较模拟预测输入值分别增大0.8℃、0.2m/s，年内变化趋势基本一致。

原型观测期与水温研究阶段库区气象条件对比见图5.4-9。

3. 入库水温条件

观测期间锦屏一级水库入库年均水温达到11.5℃，较水温研究阶段预测模拟输入值偏高0.7℃；支流小金河入库年均水温为12.1℃，较水温研究阶段预测模拟输入值偏低0.7℃；支流卧落河入库年均水温为14.5℃，较水温研究阶段预测模拟输入值偏高1.3℃。总体上，锦屏一级水库入库水温中、支流高于干流，且观测期较水温研究阶段预测模拟输入值总体偏高。原型观测期与水温研究阶段库区入库水温对比见图5.4-10。

5.4.2 分层取水效果试验及成果分析

5.4.2.1 叠梁门运行优化

锦屏一级水库2014年8月蓄至正常蓄水位1880.00m后，于2014年年底试运行叠梁门。试运行过程中，门机抓梁起吊一节叠梁门约耗时1h，起吊24孔闸门内的一节叠梁门共需24h，但受库区大风等不利气象条件影响（大风天气下门叶吊起后摇摆剧烈），每日有效工作时间有限，每天仅能启闭2～3扇叠梁门，起吊一节叠梁门一般耗时6～8个工作日，不能及时响应库区水位变化，甚至可能影响机组发电；同时，由于储门槽空间有

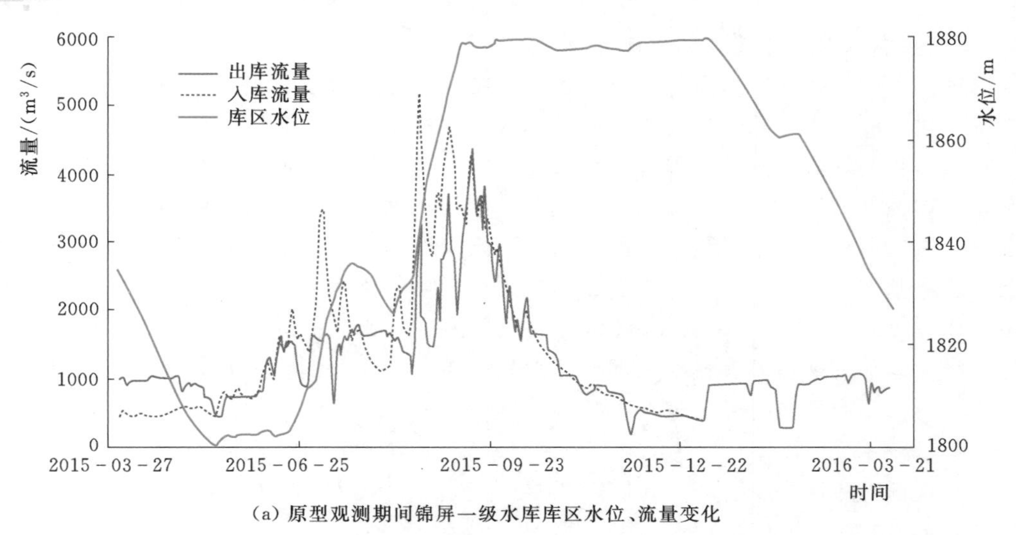

(a) 原型观测期间锦屏一级水库库区水位、流量变化

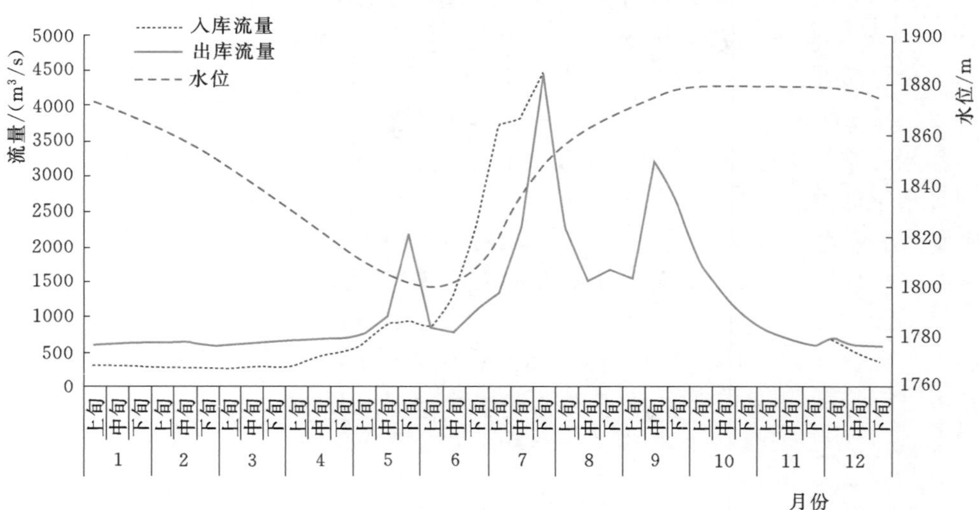

(b) 水温研究阶段锦屏一级水库库区水位、流量变化

图 5.4-8 原型观测期间与水温研究阶段库区水位、流量变化

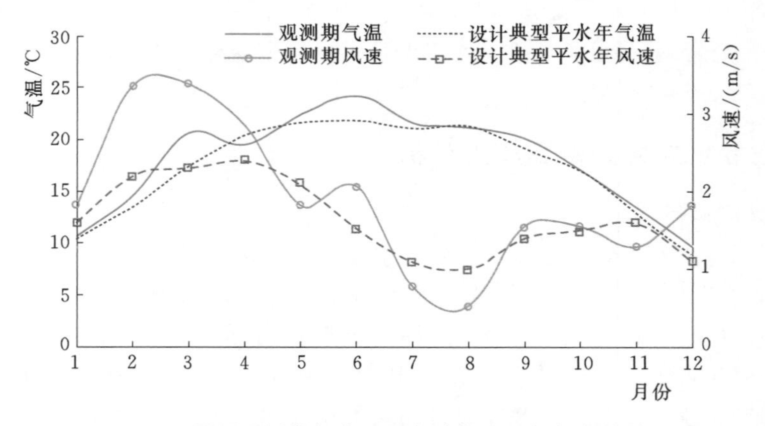

图 5.4-9 原型观测期与水温研究阶段库区气象条件对比图

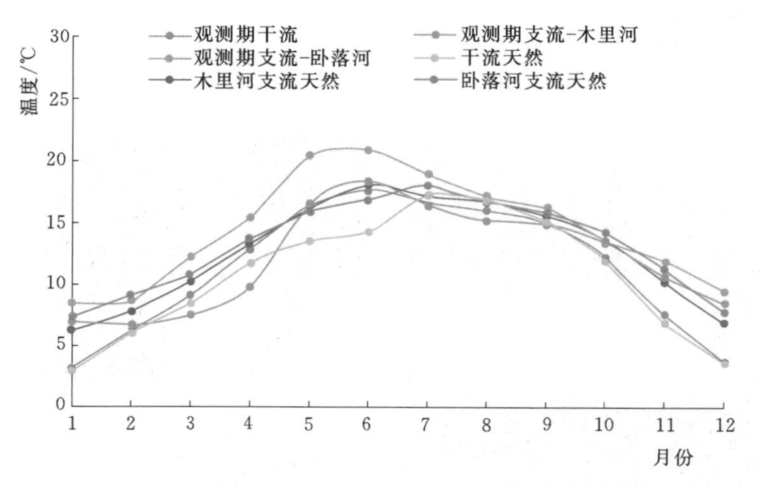

图 5.4-10 原型观测期与水温研究阶段库区入库水温对比图

限，交互启闭 7m 与 14m 叠梁门叶操作复杂，进一步加剧了运行管理难度。因此对原有的叠梁门运行方案进行优化，取消了“7m+14m”和“7m”两种组合方式。每年 2 月底，三节叠梁门全部下放，3—6 月根据水位消落情况调度叠梁门，详见表 5.4-2，与之相应的具体操作过程如下。

表 5.4-2 分层取水叠梁门运行工况表 单位：m

叠梁门门叶组合方式	叠梁门顶部高程	水库最低运行水位	叠梁门门叶组合方式	叠梁门顶部高程	水库最低运行水位
7+14+14	1814.00	1835.00	14	1793.00	1814.00
14+14	1807.00	1828.00	0	1779.00	1800.00

（1）水库水位在 1835.00m 以上时，叠梁门整体挡水，此时挡水闸门顶高程 1814.00m，此为第 1 种取水方式。

（2）水库水位为 1835.00～1828.00m 时，吊起第一节 7m 高叠梁门，仅用第二、第三节门叶挡水，此时挡水闸门顶高程为 1807.00m，此为第 2 种取水方式。

（3）水库水位为 1828.00～1814.00m 时，继续吊起第二节 14m 高叠梁门，用第三节门叶挡水，此时挡水闸门顶高程为 1793.00m，此为第 3 种取水方式。

（4）水库水位为 1814.00m 以下时，吊起第三节 14m 高叠梁门，无闸门挡水，此为第 4 种取水方式。

5.4.2.2 叠梁门运行效果研究

1. 试验工况

2016 年 3—4 月开展了分层取水叠梁门效果评估试验，试验期间的叠梁门启闭情况见图 5.4-11。现场试验期间，根据电站实际运行调度及门机工作效率，最终对 3 种工况开展了叠梁门效果评估试验，详见表 5.4-3。其中工况 1 用于分析三节叠梁门全部下放的取水效果，但由于库区水位在 3 月 19 日就下降至三节叠梁门最低运行水位 1835.00m，因此在 2 号机组未启用叠梁门的情况下开展试验，同时试验时间也仅为 16h；工况 2 用于分析二节叠梁门下放的取水效果，由于库区水位持续下降，为避免机组发电引水受到影响，该工况观测时间约 2.5d；工况 3 用于分析一节叠梁门下放的取水效果，观测时间约 8.5d。

图 5.4-11　分层取水叠梁门启闭实景图

表 5.4-3　　分层取水效果评估试验实际工况设置

工况	电站运行情况		叠梁门启闭情况	观测时间	试验内容
	1 号尾水渠（对应 1 号、2 号、3 号机组）	2 号尾水渠（对应 4 号、5 号、6 号机组）			
工况 1	1 号、2 号、3 号机组发电	5 号机组发电	1 号、3 号机组放置三节叠梁门	3 月 19 日 17：00 至 3 月 20 日 9：00	试验期间开展一次坝前垂向水温观测，尾水逐时观测
工况 2	1 号、3 号机组发电	5 号机组发电	1 号、3 号机组放置二节叠梁门	3 月 24 日 00：00 至 3 月 26 日 9：00	
工况 3	1 号、3 号机组发电	5 号机组发电	1 号、3 号机组放置一节叠梁门	3 月 28 日 14：00 至 4 月 5 日 24：00	

2. 试验结果

根据电站实际运行调度情况，2016 年开展了 3 组工况下分层取水叠梁门的取水效果对比，试验结果详见表 5.4-4，试验期坝前垂向水温分布详见图 5.4-12。

表 5.4-4　　叠梁门运行效果评估试验成果统计表

工况	工况 1	工况 2	工况 3
电站运行情况	1 号、2 号、3 号、5 号机组发电	1 号、3 号、5 号机组发电	1 号、3 号、5 号机组发电
叠梁门启闭	1 号、3 号机组放置三节叠梁门（7m+14m+14m）	1 号、3 号机组放置二节叠梁门（14m+14m）	1 号、3 号机组放置一节叠梁门（14m）
时间	3 月 19 日 17：00 至 3 月 20 日 9：00	3 月 24 日 00：00 至 3 月 26 日 9：00	3 月 28 日 14：00 至 4 月 5 日 24：00
总发电流量/(m^3/s)	856	860	850
库区水位/m	1835.14～1834.64	1832.09～1830.66	1829.31～1824.41

续表

工况	工况 1	工况 2	工况 3
1 号尾水渠（对应 1 号、2 号、3 号机组）水温平均值/℃	11.0	10.7	11.2
2 号尾水渠（对应 4 号、5 号、6 号机组）水温平均值/℃	9.9	10.0	10.6
水温差异范围/℃	0.7～1.3	0.5～0.8	0.4～0.8
水温平均减缓效果/℃	1.1	0.7	0.6

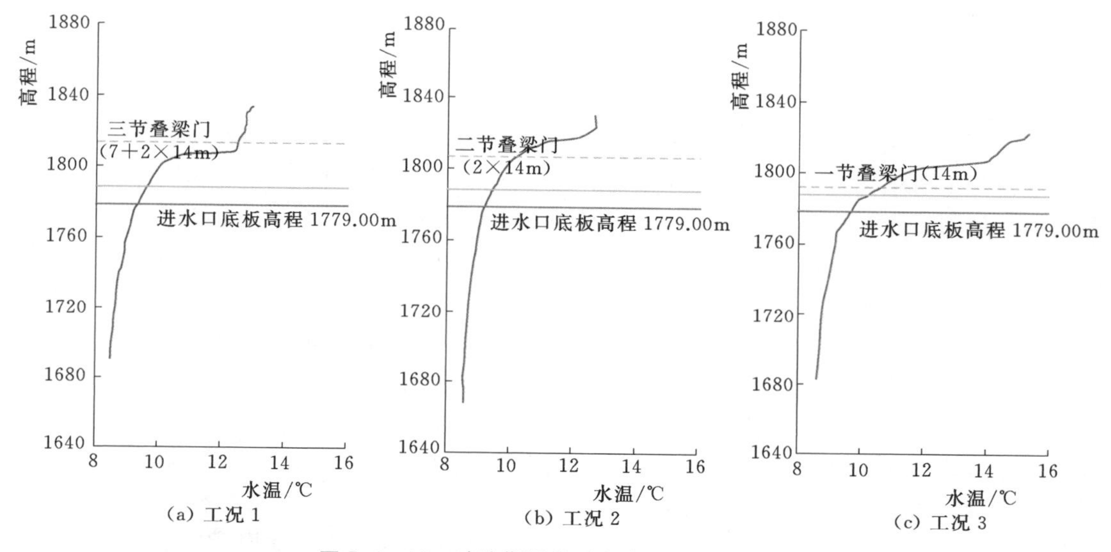

图 5.4-12　试验期坝前垂向水温分布示意图

（1）工况 1。工况 1 试验从 3 月 19 日 17 时至 3 月 20 日 9 时历时 16h，库区水位为 1835.14～1834.64m，平均下泄流量为 856m³/s，均通过发电尾水泄放。坝前垂向水温观测结果显示 20～60m 出现显著的温跃层，表底温差达到 4.5℃，启用三节叠梁门可以将处于温跃层的低温水遮挡，进水口可取用表层高温水。尾水观测结果显示，启用三节叠梁门对应的 1 号尾水平均水温为 11.0℃，而未启用对应的 2 号尾水平均水温仅为 9.9℃，启用叠梁门可以有效提高下泄水温 0.7～1.3℃。综合考虑 2 号机组未启用叠梁门的因素，电站启用三节叠梁门预计可以提高下泄水温约 1.6℃。

（2）工况 2。工况 2 试验从 3 月 24 日 0 时至 3 月 26 日 9 时历时 57h，库区水位为 1832.09～1830.66m，平均下泄流量为 860m³/s，均通过发电尾水泄放。坝前垂向水温观测结果显示 10～60m 出现显著的温跃层，表底温差达到 4.1℃，由于温跃层位置更靠近表层，启用二节叠梁门仅将部分处于温跃层的低温水遮挡。尾水观测结果显示，启用二节叠梁门对应的 1 号尾水平均水温为 10.7℃，而未启用对应的 2 号尾水平均水温仅为 10.0℃，启用二节叠梁门可以提高下泄水温 0.5～0.8℃。

（3）工况 3。工况 3 试验从 3 月 28 日 14 时至 4 月 5 日 24 时历时 206h，库区水位为 1829.31～1824.41m，平均下泄流量为 850m³/s，均通过发电尾水泄放。坝前垂向水温观测结果显示20～60m出现显著的温跃层，由于入库水温、气温、太阳辐射的升高，表层水温显著增加，表底温差达到6.7℃，由于库区水位限制，仅启用一节叠梁门，可以将部分处于温跃层的低温水遮挡。尾水观测结果显示，启用一节叠梁门对应的1号尾水平均水温为11.2℃，而未启用对应的2号尾水平均水温仅为10.6℃，启用一节叠梁门可以提高下泄水温0.4～0.8℃。

综合上述试验结果表明，采用分层取水叠梁门措施开展水温调度可以有效缓解电站下泄低温水影响：试验中三节叠梁门（7m＋2×14m）较不采用叠梁门可以提高下泄水温1.6℃（综合考虑2号机组未启用叠梁门的因素），启用二节叠梁门（2×14m）可以提高0.7℃，启用一节叠梁门（14m）可以提高0.6℃。

5.5 小结

水温是河流水体重要的环境因子之一，大型水库的水温影响越来越受到关注，水温结构特征及缓解措施已成为水利水电工程的研究重点。锦屏一级水库是21世纪初兴建的大型水电工程，水库规模巨大、水温结构复杂，研究期内联合四川大学水力学与山区河流开发保护国家重点实验室深入探索水温研究方法，利用类比工程二滩水电站的水温原型观测成果对模型进行了参数率定和模型验证，解决了大型深水库巨大的计算区域和极大的纵深比给数值计算带来的稳定性、收敛性问题，最终建立了模拟精度高、工程实用性好的立面二维水温数学模型、主库与支库耦合的水温预测模型，并在国内大型水电工程中首次应用，为研究水温影响和设计低温水缓解措施奠定了基础。根据工程建成蓄水后的水温观测结果，立面二维水温数学模型较好地预测了库区水温变化趋势和分层结构，目前已纳入《水电工程水温计算规范》（NB/T 35094—2017），作为推荐方法广泛用于分层型或过渡型水库水温研究。

锦屏一级工程地形陡峭、场地局促，水库水位落差大、水文情势复杂，研究期内深入探索低温水缓解措施，在国内首次应用叠梁门分层取水技术，解决了高坝、深库、大流量、场地狭小的水电站设置分层取水的工程技术难题，具有布置简单、可靠性较好且投资省、对枢纽布置和电站动能指标影响小等优点。实际应用表明，锦屏一级水电站叠梁门分层取水措施可以提高下泄水温0.4～1.3℃，有效缓解水库低温水的影响，目前已在光照、溪洛渡、糯扎渡、双江口、两河口等许多大、中型水电站推广使用。

锦屏一级水电站叠梁门分层取水效果良好，但在实际管理运行中也发现一些新的问题，如在高山峡谷地区叠梁门启闭易受大风影响，与挡水闸门、检修闸门等共用大门机启闭叠梁门操作不灵活，不同叠梁门门叶高度增加了取用存储难度等，导致部分时段叠梁门启闭不能及时响应库区水位变化。根据锦屏一级水电站叠梁门运行管理的宝贵经验，在今后的叠梁门分层取水措施设计中，建议：

（1）在保障进水塔结构安全和流态稳定的前提下，充分考虑叠梁门运行管理的便捷性和灵活性，专门设置多台用于启闭叠梁门的小门机，提高启闭叠梁门的效率。

（2）在保证取水效果的同时，尽可能减少叠梁门层数，并避免选用不同高度的叠梁门，减少启闭叠梁门的工作量。

（3）充分考虑不良天气的影响，提前做好应急预案，确保叠梁门的正常运行。随着大型水电工程的兴建及叠梁门分层取水措施的推广应用，还需要开展更多的水温原型观测和叠梁门效果研究，深入分析水温影响及分层取水效果，不断优化水温研究方法及叠梁门结构设计，进一步缓解工程对水温的影响。

第 6 章

鱼类增殖与放流

渔业资源增殖放流是一种通过向天然水域投放鱼、虾、蟹、贝等各类渔业生物的苗种来达到恢复或增加渔业资源种群数量和资源量的方法。水电行业鱼类人工增殖放流在传统的渔业资源增殖放流基础上，兼顾了恢复流域珍稀特有鱼类种质资源、加强基因交流、保护遗传物质等要求。

鱼类增殖放流站的设计和研究一般包括放流对象及放流规模的确定、工程选址、总体布置、工艺设计和运行管理等内容，详见图 6.0－1。

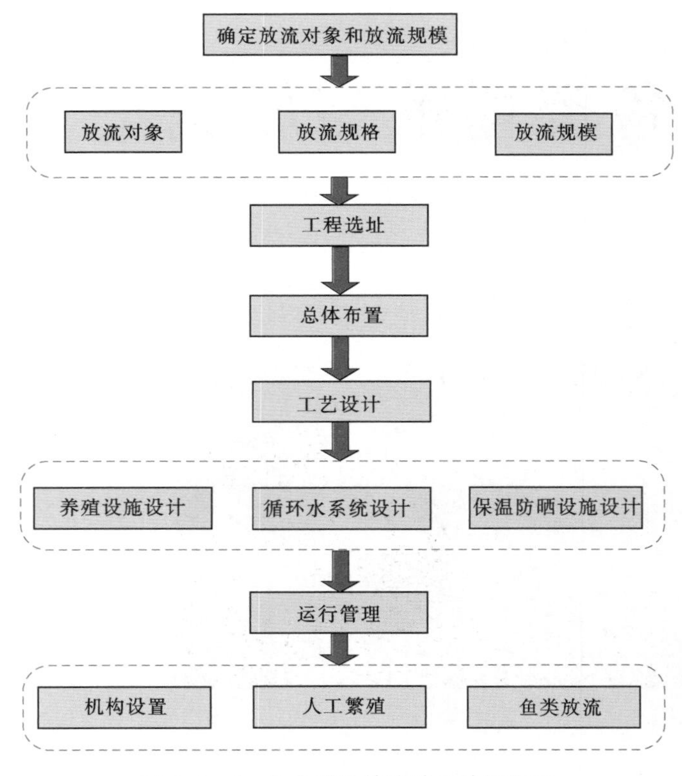

图 6.0－1　鱼类增殖放流站设计流程图

雅砻江锦屏・官地水电站鱼类增殖放流站位于四川省凉山彝族自治州盐源县和木里县交界处，雅砻江锦屏大沱业主营地下游左岸。总占地面积为 47.39 亩，主要建（构）筑物包括管理房、催产孵化开口苗培育车间、鱼苗培育车间、鱼种培育车间、各型亲鱼培育池、各型鱼种培育池等。增殖放流站放流规模为 150 万尾。

鱼类增殖放流站的设计具有较强的复合性，为了保障鱼类增殖放流站的后期运行效果，工程相关专业需要在了解鱼类生态学、行为学以及繁殖特性的基础上对构（建）筑物进行设计。因此，在设计过程中，成都院和四川大学开展了工程河段的水生专题调查，同时联合水利部中国科学院水工程生态研究所对工程河段特有鱼类养殖工艺进行研究，为雅砻江锦屏・官地水电站鱼类增殖放流站的设计、建成和成功运行打下了坚实的基础。

6.1 鱼类增殖放流对象与规模

6.1.1 放流规模分析计算方法研究

6.1.1.1 方法简介与对比

放流规模分析计算是鱼类增殖放流站设计的前提和基础。放流规模是根据放流水域生境条件、生态承载力、放流对象的种群生存力等因素综合分析确定的，可参考的重要资料包括已建增殖站设计资料、水电工程环评资料以及各类渔业文献等。根据过往实际经验，鱼类增殖放流站放流规模可采用类比分析法、水库放养估算法、水库渔产潜力计算法等方法确定。

1. 类比分析法

增殖放流规模与放流水体的自然环境、鱼类资源现状、鱼类生物学特性、鱼类生产潜力、天然水体的鱼类死亡率以及种群间相互消长等因素关系密切。类比分析法根据调查河段渔业资源状况、保护要求、水电开发对鱼类影响等，通过类比参考水电站运行后水域面积、电站装机规模、放流规模等因素确定拟建工程增殖放流规模。

在类比分析法中，假定装机规模占类比的比例为 A，库区水域面积占类比的比例为 B，水库回水/减水河段长度占类比的比例为 C，所占权重 A、B、C 根据项目具体情况确定，由此得出拟建增殖站放流规模与对比参考增殖站规模关系，类比出拟建增殖站放流规模。

2. 水库放养估算法

（1）养鱼面积的确定。对于水电工程而言，水库养鱼面积与养鱼水位密切相关。一般情况下，设计养鱼水位为死水位至设计正常蓄水位之间 2/3 高程处的相应水位，见图 6.1-1。

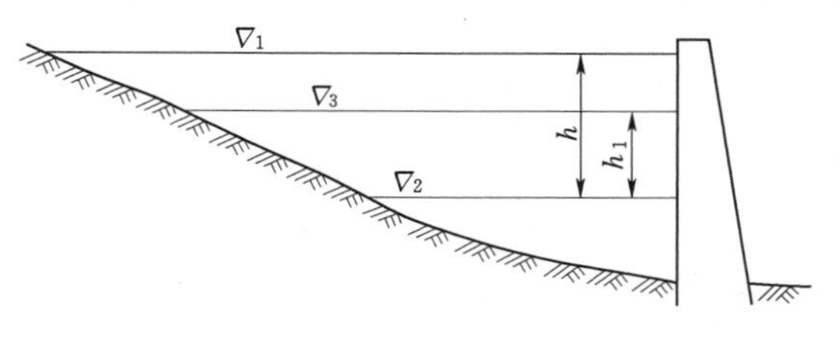

图 6.1-1 水库设计养鱼水位示意图

∇_1—设计正常蓄水位；∇_2—死水位；∇_3—设计养鱼水位；h—死水位至设计正常蓄水位之间的高度；h_1—死水位至设计养鱼水位之间的高度（$h_1=2/3h$）

（2）水库水面等级划分。根据养鱼面积的大小可将水库水面划分为 4 个等级，具体划分依据见表 6.1-1。

表 6.1-1 水库水面等级划分

水面等级	Ⅰ	Ⅱ	Ⅲ	Ⅳ
养鱼面积/km²	＞100	10～100	1～10	＜1

注 参考《水库渔业设施配套规范》（SL 95—94）中相关内容。

（3）鱼种投放量确定。水库养鱼的成鱼产量可根据表 6.1-2 进行估算。

表 6.1-2 水库养鱼产量估算

水面等级	Ⅰ	Ⅱ	Ⅲ	Ⅳ
鱼产量/(kg/hm²)	75～150	150～300	300～600	＞600

注 参考《水库渔业设施配套规范》（SL 95—94）中相关内容。

投放水库的鱼种体长一般为8～10cm，即40～45尾/kg，鱼种投放量可按式（6.1-1）进行计算：

$$A=W/K \tag{6.1-1}$$

式中：A 为水库鱼种投放量，kg/hm²；W 为水库计划产鱼量，kg/hm²；K 为鱼种放养效益，Ⅱ级水面可取8，Ⅲ级水面可取10。

3. 水库渔产潜力计算法

水库渔产潜力计算法的思路是估算出放流水域的水体渔产潜力，结合鱼类的成活率，推算出鱼类增殖放流站放流规模。

利用湖泊的天然生物饵料量对渔产潜力做出估算，可为人工放养量提供依据。

总渔产潜力通常包括：以浮游植物为食的滤食性鱼类渔产潜力、以浮游动物为食的滤食性鱼类渔产潜力和底栖杂食性鱼类渔产潜力，渔产潜力可按式（6.1-2）～式（6.1-5）计算：

$$F_{总}=F_{浮游植物}+F_{浮游动物}+F_{底栖} \tag{6.1-2}$$

式中：$F_{总}$ 为水体中饵料生物提供的总渔产潜力，g；$F_{浮游植物}$ 为以浮游植物生产量测算的渔产潜力，g；$F_{浮游动物}$ 为以浮游动物生产量测算的渔产潜力，g；$F_{底栖}$ 为以底栖动物生产量测算的渔产潜力，g。

（1）以浮游植物为食的滤食性鱼类渔产潜力可按下式计算：

$$F_{浮游植物}=\frac{B_{植}\times P/B_{植}\times M_{植}}{K_{植}}\times S\times H \tag{6.1-3}$$

式中：$B_{植}$ 为浮游植物饵料生物量，g/m³；$P/B_{植}$ 为浮游植物生产量与平均生物量之比，可取150～250；$M_{植}$ 为浮游植物被鱼类直接利用率，%，可按《湖泊渔业生态类型参数》（SC/T 1101）以25%～30%计算；$K_{植}$ 为浮游植物的饵料系数，可按《湖泊渔业生态类型参数》（SC/T 1101）以20～40计算；S 为有效水域面积，m²，按《水库渔业设施配套规范》（SL 95—94）规定水库有效水域面积为死水位至设计正常水位之间2/3高程处对应水位处的水库面积；H 为有效水深，m，水深10m以下因光合作用效率太低予以忽略，以浮游植物为食的鱼类设计有效水深可取5～10m。

（2）以浮游动物为食的滤食性鱼类渔产潜力可按下式计算：

$$F_{浮游动物}=\frac{B_{动}\times P/B_{动}\times M_{动}}{K_{动}}\times S\times H \tag{6.1-4}$$

式中：$B_{动}$ 为浮游动物饵料生物量，g/m³；$P/B_{动}$ 为浮游动物生产量与平均生物量之比，可按《湖泊渔业生态类型参数》（SC/T 1101）以50计算；$M_{动}$ 为浮游动物被鱼类直接利用率，%，可按《湖泊渔业生态类型参数》（SC/T 1101）以25%～50%计算；$K_{动}$ 为浮游动物的饵料系数，可按《湖泊渔业生态类型参数》（SC/T 1101）以10～15计算；S、H 含意及取值同前。

（3）底栖杂食性鱼类渔产潜力可按下式计算：

$$F_{底栖}=\frac{B_{底}\times P/B_{底}\times M_{底}}{K_{底}}\times S \tag{6.1-5}$$

式中：$B_{底}$ 为底栖动物饵料生物量，g/m²；$P/B_{底}$ 为底栖动物生产量与平均生物量之比，可按《湖泊渔业生态类型参数》(SC/T 1101) 以 3 计算；$M_{底}$为底栖动物被鱼类直接利用率，%，可按《湖泊渔业生态类型参数》(SC/T 1101) 以 25%计算；$K_{底}$为底栖动物的饵料系数，可按《湖泊渔业生态类型参数》(SC/T 1101) 以 5 计算；S 含意及取值同前。

(4) 放流数量可按下式计算：

$$Q=\frac{F_{总}}{T\times R} \tag{6.1-6}$$

式中：Q 为鱼种放流数量，尾；T 为渔获物平均重量，g/尾；R 为放养鱼类的存活率。

4. 方法对比分析

对上述三种放流规模确定方法的适用条件、优点、缺点进行综合对比分析，对比分析结果见表 6.1-3。

表 6.1-3　放流规模分析计算主要方法对比分析表

方法	适用条件	优　点	缺　点
类比分析法	鱼类增殖放流站放流规模计算所需基础资料比较缺乏，仅有工程特性等一般数据时，如流域规划阶段需要确定放流规模时，可以采用此种方法计算放流规模	计算方法简单，用时较快，以定性的方式快速得出定量的结果	受主观人为因素影响较大，准确性不高
水库放养估算法	针对经济性鱼类的放养规模提出的计算方法	计算方法较为简便	《水库渔业设施配套规范》(SL 95—94) 主要适用于估算发挥水库综合经济效益，不太适用于水电工程以资源补偿性为目的的放流规模计算
水库渔产潜力计算法	水库渔产潜力计算法是目前相对较为适用的估算放流规模的方法，当现场调查已有饵料生物量等基础数据时，应优先采用	计算公式较科学，计算过程较精细，计算结果可以较为客观地反映水库渔业承载力	收集基础资料上投入的资源较大，费时费力，且计算过程工作量较大

类比分析法主要以定性的方式比较分析得出定量的结果，其主观影响较大，成果数据不够客观。水库放养估算法经过客观计算得出结论，但其主要适用于估算发挥水库综合经济效益，不太适用于水电工程以资源补偿性为目的的放流规模计算。水库渔产潜力计算法在计算之前需要收集大量的基础资料，计算过程工作量较大，但较精细，结果可以较为客观地反映水库渔业承载力，从而为放流规模提供科学的依据。综合分析，水库渔产潜力计算法是目前相对较为适用的估算放流规模的方法。

6.1.1.2　水库渔产潜力计算法的改进研究

在水电工程鱼类增殖放流站放流规模实际计算分析中，部分专家和学者对水库渔产潜力计算法提出了异议。

首先是饵料生物量的取值。饵料生物量是水库渔产潜力计算法的关键参数之一。鱼类增殖放流站的设计一般在水库建库前开展，收集到的饵料生物量原始资料为工程河段天然背景情况下的饵料生物量，其预测的放流规模也是在此基础上计算得出。但是，鱼类增殖放流站服务任务为建库后对鱼类资源量的补偿，鱼类增殖放流站放流规模应该在建库后的水生生境基础上进行计算。

其次是有效水域面积的取值。水域面积实质就是反映鱼类适生生境范围的参数，天然河流水文情势下，鱼类资源均匀分布在河流的各个河段，河流水域面积即为鱼类适生生境范围，但在水库渔产潜力计算公式中，水域面积为水库死水位至设计正常水位之间2/3高程处对应的水库面积，将这个高程对应的全部水库面积视作鱼类适生生境范围不太合理。因为在库区形成后，水生生境会产生比较大的变化，特别是水文情势方面，主要表现为原本湍急、有明显流速的河段在库区特别是近坝段将基本消失，建库后这些河段将形成低流速甚至接近于静水的水流状态，急流性鱼类的适生生境将显著减少。

因此，为了更准确地计算建库后的理论渔产潜力，对成库后水生生态变化作更为科学的预测，需对水库渔产潜力计算公式作一定修正。针对计算建库后理论渔产潜力，需对成库后水生生态变化做科学的预测，引入了流域饵料生物量修正系数 C，对特定流域的饵料生物量进行修正；针对公式中的有效水域面积，应该合理地分析水库形成后鱼类的适生生境范围的变化，更科学地得出水域面积的有效值，引入了适生生境折减（增加）系数，对原本的有效水域面积取值做适当调整，即在计算渔产潜力时只计算库区形成后适合鱼类生存的水域范围。为确定新引入的饵料生物量修正系数与适生生境折减系数的取值，开展了下列研究工作。

1. 流域饵料生物量修正系数

对饵料生物量修正系数的预测采用类比法，以已建瀑布沟水电站建库前后的水生生态变化作为参考资料，进行类比，分析大渡河流域水库建库后水生生态的变化，得出饵料生物量修正系数。

瀑布沟水电站是大渡河已建水电站中调节性能最强的梯级，为季调节电站，水库面积大，库区水流变缓乃至静水，因此，水库建成后，浮游植物种类数量、密度、生物量均有一定程度的增加（图6.1-2和图6.1-3），硅藻门的种类仍占优势，但蓝绿藻所占比例升高，已经表现一定的湖泊相特征。从生物量上分析，库尾、库中及流沙河河口的建库前后生物量增长率分别为140%、110%和75%，平均增长为108%，因此，通过类比分析可以预测，大渡河流域浮游植物建库前后的增长率为108%，初步确定其修正系数 $C_{浮游植物}=1.08$。

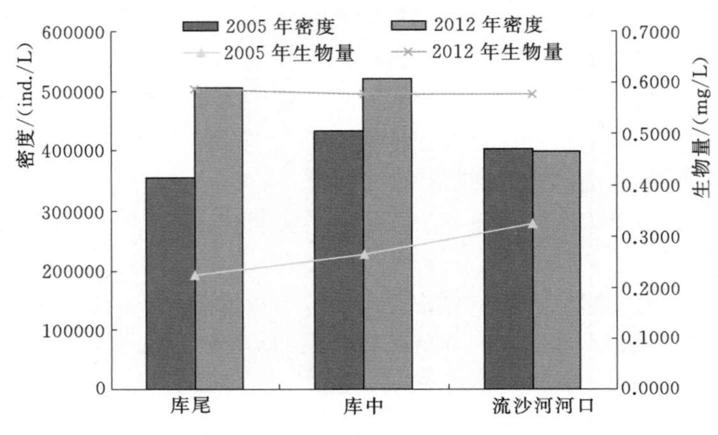

图6.1-2 瀑布沟水电站建库前后浮游植物生物量变化

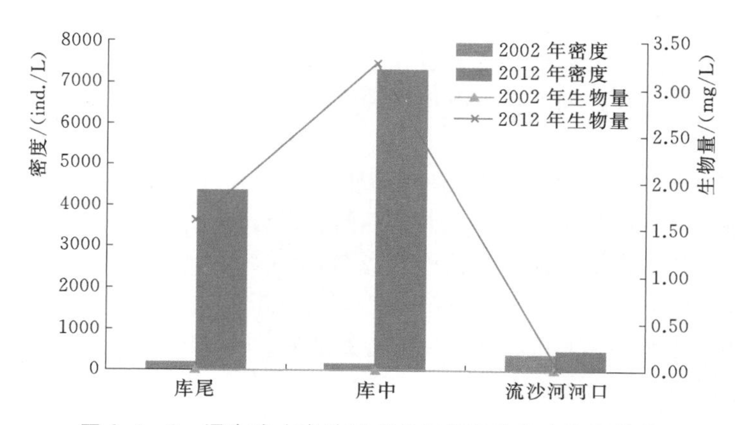

图 6.1-3 瀑布沟水电站建库前后浮游动物生物量变化

底栖动物的变化与水体底质关系较为密切，瀑布沟水库形成不久，受库区水流状态变化影响，泥沙沉积，水库底质变化较为频繁，处于不稳定状态，因此，底栖动物虽然在建库后种类数量、现存量均有所提高，但变化并不明显，并未表现明显的水库特征（图 6.1-4）。这一特征可通过与水库上游老鹰岩一级流水河段底栖动物生物量水平的比较得到印证。瀑布沟库尾、库中及流沙河河口在建库前后的底栖动物生物量增长率分别为 160%、80%和 200%，平均增长率为 150%，因此，初步确定大渡河流域底栖动物生物量修正系数 $C_{底栖动物}=1.5$。

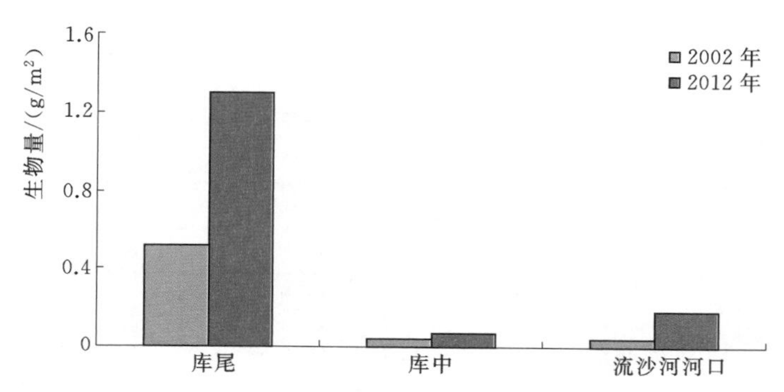

图 6.1-4 瀑布沟水库建库前后底栖动物生物量变化

2. 流域适生生境折减系数

适生生境的变化范围在现有的技术条件下还无法准确量化，但是鱼类资源量可以客观地反映适生生境范围的变化，简单地说，鱼类资源量与适生生境的范围成正比，鱼类资源量越大，说明鱼类适生生境范围越大，反之亦然。以已建瀑布沟水电站建库前后的鱼类资源量变化作为参考资料，进行类比，确定大渡河流域鱼类适生生境范围折减系数。

瀑布沟库区位于大渡河中游，瀑布沟水库大坝位于离汉源县城约 30km 的高山峡谷之中，处于四川西部高山高原与东部盆地的过渡带，鱼类区系由高原鱼类区系部分种类和东部江河鱼类区系部分种类共同组成，鱼类种类组成较为复杂，种类数量明显多于泸定以上大渡河上游。库区上段和下段两岸高山延绵、河谷深狭、水流湍急，适宜江河流水性鱼类栖息，如裂腹鱼类、鳅科鱼类、平鳍鳅科鱼类等分布于此江段；库区中段和个别支流下段水流平稳，漫滩阶地、叉流、沙丘等发育较好，河谷开敞，人烟稠密，具有平原性河流特征，适宜平原性鱼类生存，同时也具有上段和下段鱼类种群及其生存环境，鱼类种类分布相对较多。

1985 年渔获物调查记录显示，67 种鱼中重要的经济鱼类有 12 种，分别为齐口裂腹鱼、重口裂腹鱼、南方鲇、黄鳝、草鱼、宽鳍鱲、墨头鱼、白甲鱼、鲤、黄颡鱼、长薄鳅和云南光唇鱼，它们约占工程河段天然渔获总量的 95%，其余鱼类仅占总量的 5%左右。所有经济鱼类渔获物中齐口裂腹鱼和重口裂腹鱼占 63%，占绝对主导地位，其中齐口裂腹鱼常捕个体重量为 250～500g，重口裂腹鱼重量为 150～500g。1985 年瀑布沟库区内的重要经济鱼类情况见表 6.1－4。

表 6.1－4　　1985 年瀑布沟库区内的重要经济鱼类

鱼类名称	常捕个体的重量/g	曾捕到的最大个体重量/g	约占渔获总量的百分比/%
齐口裂腹鱼	250～500	4000～6000	50
重口裂腹鱼	150～500	4000～5000	13
南方鲇	500～5000	23000	4
黄鳝	15～100	600	8
草鱼	500～2000	11000	6
宽鳍鱲	5～50	200	4
墨头鱼	50～150	1400	3
白甲鱼	250～750	5000	2
鲤	500～2500	9500	2
黄颡鱼	25～150	350	1
长薄鳅	250～750	5290	1
云南光唇鱼	100～400	1000	1

注　各种鱼类所占渔获总量的百分比数为根据市场调查与访问渔民所得资料的估测数，仅供参考。

根据 2012 年建库后渔获物调查情况，总共调查到瀑布沟库区鱼类共 14 种，其中鲫是库区内产量最大的经济鱼类，占渔获物种类重量的 61.59%，其次为宽鳍鱲和马口鱼等小型鱼类。建库前占渔获物产量绝大多数的裂腹鱼类资源已急剧下降，调查未采集到重口裂腹鱼样本，仅捕获齐口裂腹鱼 1 尾，说明该类鱼为适应新的水生生境已逐渐退缩至库尾上游流水江段，其他流水性种类如 1985 年的主要经济鱼类白甲鱼、墨头鱼、重口裂腹鱼、长薄鳅和云南光唇鱼等已在渔获物中消失。而适应于缓流或静水环境生活的鱼类如宽鳍鱲、马口鱼、麦穗鱼、棒花鱼、银鮈等以及网箱中逃逸出来的一些种类如鲤和鲫等鱼类，由于水库饵料生物比较丰富，栖息水域十分广阔，其资源数量大幅上升，成为库区的优势鱼类。总体上讲，成库后鱼类种类明显减少，濒危物种增多，鱼类小型化，鱼类种群结构趋于简单化。2012 年瀑布沟库区调查渔获物组成见表 6.1－5。

从对瀑布沟水电站库区的鱼类调查分析可知，建库后，种群量较大的流水性鱼类，如齐口裂腹鱼、重口裂腹鱼、长须裂腹鱼、黄石爬鮡，在水电站库区显著减少，部分上移至

表 6.1-5 2012年瀑布沟库区调查渔获物组成

种类	重量/g	重量百分比/%	尾数	尾数百分比/%	尾均重/g	体长范围/mm	体重范围/g
斑点叉尾鮰	255	2.23	7	2.87	36.4	110～142	25～46
蛇鮈	49	0.43	2	0.82	24.5	122～126	23～26
南方鲇	704	6.17	3	1.23	234.7	270～340	162～347
棒花鱼	17	0.15	2	0.82	8.5	65～79	5～12
鲫	7027	61.59	29	11.89	242.3	150～230	88～363
宽鳍鱲	1398	12.25	53	21.72	26.4	80～140	9～54
鲤	171	1.50	1	0.41	171	190	171
马口鱼	785	6.88	24	9.84	32.7	85～135	10～53
麦穗鱼	401	3.51	50	20.49	8.0	61～96	4～15
泥鳅	9	0.08	1	0.41	9	160	9
齐口裂腹鱼	413	3.62	1	0.41	413	290	413
子陵吻虾虎鱼	56	0.49	47	19.26	1.2	31～70	1～4
银鮈	124	1.09	23	9.43	5.4	46～82	1～13
中华鳑鲏	1	0.01	1	0.40	1	41	1
总计	11410	100.00	244	100.00			

库尾、库中和较大支流的急流水域。因流水性鱼类生存的空间减小，种群数量也相应减小，但仍可以维持一定的资源量。相反，适宜静水和缓流水生活鱼类种群在库区逐渐增多。通过对瀑布沟水电站库区建库前后鱼类资源量变化对比，急流性鱼类资源量平均折减70%～80%，因此，可以推算大渡河流域急流性鱼类建库后适生生境范围折减系数为0.2～0.3。

综上，在水库渔产潜力计算公式的基础上，引入饵料生物量修正系数与适生生境折减系数后，将理论计算公式改进为

$$F_{总}=F_{浮游植物}+F_{浮游植物}+F_{底栖动物} \quad (6.1-7)$$

$$F_{浮游植物}=B_{植}\times C_{植}\times P/B_{植}\times M_{植}\times S\times \phi\times H/K_{植} \quad (6.1-8)$$

$$F_{浮游动物}=B_{动}\times C_{动}\times P/B_{动}\times M_{动}\times S\times \phi\times H/K_{动} \quad (6.1-9)$$

$$F_{底栖动物}=B_{底栖}\times C_{底栖}\times P/B_{底栖}\times M_{底栖}\times S\times \phi/K_{底栖} \quad (6.1-10)$$

式中：F 为水体中某类饵料生物提供的渔产潜力，g；B 为饵料生物量，g/m^3；C 为饵料生物量修正系数；M 为饵料利用率；P/B 为饵料生产量与平均生物量之比；K 为饵料系数；S 为有效水域面积，m^2；ϕ 为适生生境折减系数；H 为有效水深，m。

6.1.2 增殖站放流对象与规模

锦屏一级、锦屏二级和官地水电站为首尾相连的3个梯级，3个水电站均采用鱼类增殖放流站作为鱼类重要保护措施之一，增殖放流对象均为长丝裂腹鱼、短须裂腹鱼、四川

裂腹鱼、细鳞裂腹鱼、鲈鲤和长薄鳅等鱼类。结合《雅砻江锦屏一级水电站环境影响报告书》《雅砻江锦屏二级水电站环境影响报告书》和《四川省雅砻江官地水电站环境影响报告书》及其批复的相关要求，综合考虑锦屏一级、锦屏二级水电站和官地水电站合建一个鱼类增殖放流站，为3个水电站提供鱼类增殖放流服务。

6.1.2.1 增殖放流对象

人工增殖放流站通常只能在需保护的鱼类中选择具有价值的种类进行增殖和保护，通过人工繁殖、育种和放流，以达到增殖保护鱼类资源的目的。锦屏一级、锦屏二级水电站与官地水电站将长丝裂腹鱼、短须裂腹鱼、细鳞裂腹鱼、四川裂腹鱼、鲈鲤和长薄鳅等列入近期人工增殖放流的对象，鱼类增殖放流站建成后，即开展人工驯养、繁殖和放流。裸体异鳔鳅鮀、圆口铜鱼、西昌高原鳅、松潘裸鲤、中华鮡和青石爬鮡等鱼类的人工繁殖目前尚没有成熟的技术保证，将这些鱼类列为中远期人工增殖放流的对象，届时根据鱼类驯化、繁殖研究结果进行放流，近期首要任务是加强鱼类繁殖科学研究工作。

放流的苗种必须是由雅砻江野生亲本人工繁殖的子一代，可以利用增殖站从雅砻江捞起的鱼卵孵化后，培育部分繁殖用亲鱼，但80%以上应是驯养的雅砻江野生亲本，放流的苗种必须无伤残和病害、体格健壮。放流鱼种的规格越大，适应环境的能力和躲避敌害生物的能力越强，成活率越高。但鱼种规格越大，培育成本越高，所需生产设施也越多。综合考虑，放流鱼种应以鳞被形成为标准，此阶段鱼种的眼、鳍、口和消化道功能已完全形成，从其生活史上划分，已经是幼鱼阶段，并形成了自己固有的生活方式。同时，鳞被形成后体表皮肤的各种机能已趋于完善，皮肤分泌的黏液能够减小水体对鱼体的阻力，保证鱼体在水中的游动速度，使鱼类更高效地捕食和更好地躲避其他鱼类的捕食；皮肤分泌的黏液在体外形成保护膜，能有效抵御水体中各种细菌的侵入，保持机体的健康；黏液还能使鱼体周围水体中的悬浮物质加快沉淀，保持自身所处水体的稳定。此外，鳞被形成后大部分鱼类表皮细胞的色素已形成，并与其所处水体的背景相适应，使鱼类在水体环境中能够更好地隐藏自己，从而可以更有效地捕食和躲避其他鱼类的捕食。放流规格根据各鱼类的适应能力可以多样化，一般放流规格为4～12cm。

6.1.2.2 增殖放流规模确定

采用修正的水库渔产潜力计算方法来计算放流规模。在搜集雅砻江流域相关饵料生物量、各库区水库面积，计算雅砻江流域饵料生物修正系数及雅砻江流域水库适生生境折减系数的基础上，分析得出锦屏鱼类增殖放流站的放流规模为150万尾/年，不同种鱼类的放流规格和数量见表6.1-6；放流范围示意见图6.1-5。

表6.1-6 不同种鱼类的放流规格和数量表

种类	体长/(cm/尾)	数量/万尾	种类	体长/(cm/尾)	数量/万尾
长丝裂腹鱼	4～12	35	鲈鲤	4～12	45
短须裂腹鱼	4～12	10	长薄鳅	4～12	2
细鳞裂腹鱼	4～12	30	合计		150
四川裂腹鱼	4～12	28			

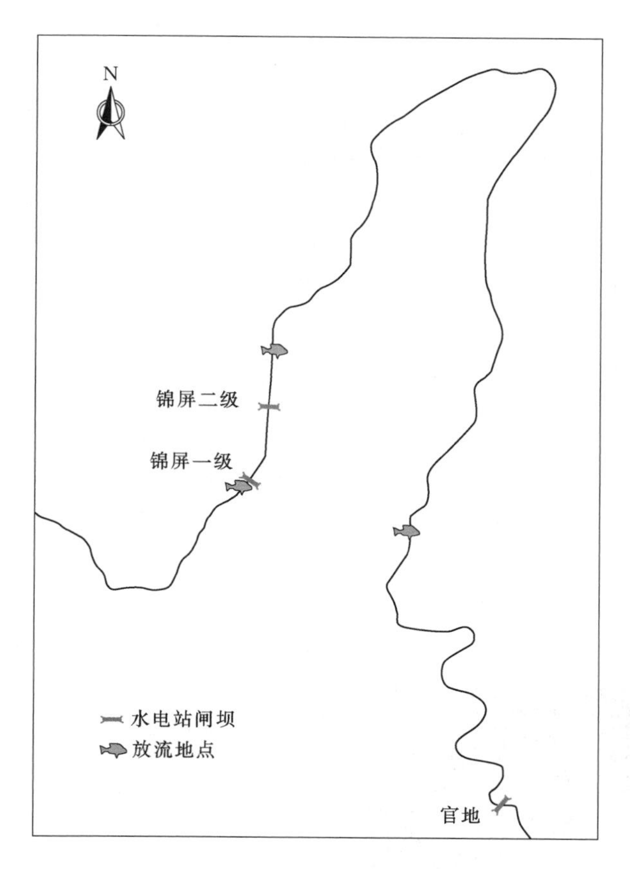

图 6.1-5 放流范围示意图

6.2 工程选址

6.2.1 选址目的及任务

场址调查比选是鱼类增殖放流站设计工作中重要和关键的环节，是整个设计工作的重要基础。锦屏鱼类增殖放流站场址调查比选的目的是在已有工作的基础上，通过现场调查，综合比选各拟选场址建站条件，尽早发现和解决存在问题，寻求合理可行的建设场址，避免在设计过程中出现重大改变，确保后续设计工作的顺利进行。

6.2.2 选址原则及依据

选址应符合环境影响报告及批复意见的要求，满足相应建设目标、任务及规模需要，同时高度重视建站地形、地质、水源对场址的制约和限制作用，应从水源、水文气象、地质、用地规模和交通条件等方面进行比选，选定的站址应交通方便、便于管理、地形开阔、利于工程布置；避开山洪、滑坡、泥石流等自然灾害影响的地段，站址水源应水质良好、水量充沛；同时还要兼顾与水电主体工程施工及运行管理的关系。

6.2.3 场址要求

根据锦屏·官地水电站鱼类增殖放流站初步规划，增殖站用地需80～100亩，不存在重大地质灾害隐患；水源水质、水量能够得到有效保证，尤其是4—5月，鱼类繁殖期间需流量0.5～1.0m^3/s；要求距离业主营地近，便于管理；距离放流水域近，交通便利，能够兼顾3个电站的增殖放流。此外，建设和运行管理成本、周边社会环境等均应该纳入场址选择时考虑的因素中。

6.2.4 场址比选

对于场址比选，做了大量的内、外业工作，历时近1年。先后开展了多批次多专业（包括水文、地质、水工等）的现场踏勘及研究，在雅砻江锦屏一级、锦屏二级水电站与官地水电站鱼类资源保护规划阶段提出了5个备选场址，分别为大沱碎石土料场场址、磨子沟沟口场址、印坝子沟渣场场址、大奔流沟料场场址和三滩大理岩料场场址。各场址的具体情况如下。

1. 大沱碎石土料场场址

场址位于业主营地下游左岸，距离业主营地近，便于管理。料场区取料已结束，可立刻投入使用。区域面积为80～100亩，满足鱼类增殖放流站建设规模。同时，该场址距离放流水域近，有公路与外界连通，交通便利，能够兼顾3个电站的增殖放流。大沱碎石土料场场址见图6.2-1。

图6.2-1　大沱碎石土料场场址

场址水源可考虑从磨子沟上游引水，水源条件较好。根据计算，磨子沟多年平均流量为1.02m^3/s，4—5月流量为0.36～0.57m^3/s，在鱼类繁殖季节需少量补水，拟将雅砻江作为备用水源，抽水扬程约60m。因此，水源水质、水量能够得到有效保证，仅在鱼类繁殖季节需抽取雅砻江水，运行费较高。

场址区块高程1660.00m以上山坡表面裂缝发育，变形明显，边坡不稳定，该场址的地质环境条件较差。经过抗滑稳定性分析后得出，边坡高程1660.00m以上区域边坡稳定性差，下部基本稳定，需进行基础处理后使用。

通过大量外业与内业分析，认为该场址条件基本符合选址要求。

2. 磨子沟沟口场址

场址位于大沱业主永久营地上游左岸，紧邻营地，便于管理，可在2008年投入使用。场址处现仅有平地面积约15亩，远小于鱼类增殖放流站建设所需的80～100亩，不能满足鱼类增殖放流站建设规模。该场址距离放流水域近，有公路与外界连通，交通便利，能够兼顾3个电站的增殖放流。磨子沟沟口场址见图6.2-2。

磨子沟沟水流量较丰沛，水源条件较好。在锦屏一级水电站工程占地范围内各支沟中常年来水量最大，多年平均流量为1.02m^3/s，4—5月流量为0.36～0.57m^3/s，除4—5月鱼类繁殖生产季节需从雅砻江抽水补水外，其他时段基本能够满足鱼类增殖放流站的生产需求，抽水扬程约 30m。考虑备用水源后，水源水质、水量能够得到有效保证。但是，考虑到鱼类繁殖季节需抽取雅砻江水给增殖站补水，抽水扬程约 30m，运行费略高。

该场址周边山体陡直，基岩出露，部分山体表面比较破碎，碎石有掉落的可能，对于永久性建筑物存在安全隐患，需要对山体表面危岩进行清理，相应工程量及实施难度较大。磨子沟沟内地形见图 6.2-3。

图 6.2-2　磨子沟沟口场址

图 6.2-3　磨子沟沟内地形

通过大量外业与内业分析，认为该场址主要问题是山体表面有危岩，场地狭小，面积不够，不能满足鱼类增殖放流站建设规模。

3. 印坝子沟渣场场址

场址位于锦屏二级水电站闸址左岸上游 2.5km 处，离营地距离较远，不便于管理。该场地最早可在 2012 年可投入使用。整个场区由工程弃渣填筑而成，总面积达 300 亩左右。该场址距离放流水域远，交通不便。印坝子沟渣场场址见图 6.2-4。

印坝子沟多年平均流量为 0.31m^3/s，4—5 月流量为 0.11～0.17m^3/s，水量较小。鱼类增殖放流站 4—5 月生产需要的流量为 0.5～1.0m^3/s，附近无可利用的备用水源，水质、水量得不到有效保证。除汛期外，其他时段均需从雅砻江锦屏二级水电站库区抽水给鱼类增殖放流站补水，扬程极高，达到 260m，运行费极高。

印坝子沟渣场场址是由弃渣不经碾压填筑而成，填筑厚度最大达 200m 以上，而鱼类增殖放流站对防渗和变形要求较高，因此，该场址地基处理费用高。印坝子沟水处理进水口包括明渠、隧洞、箱涵、雅砻江，详见图 6.2-5。

图 6.2-4　印坝子沟渣场场址

图 6.2-5　印坝子沟水处理进水口
（沟水处理：明渠→隧洞→箱涵→雅砻江）

通过大量外业与内业分析，认为该场址主要问题是地基处理难度较大，使用时间较晚；抽水扬程极高，运行费极大。

4. 大奔流沟料场场址

场址位于锦屏二级水电站闸址下游左岸约0.5km处，离营地距离略远，不便于管理。大奔流沟料场2015年开采结束，最早可在2015年投入使用，时间较晚。料场形成的开采平台高程为1670.00m，面积300亩以上，无公路与外界连通，交通不利。

大奔流沟沟水很小，多年平均流量仅$0.11m^3/s$，4—5月流量为$0.04\sim0.06m^3/s$，水量较小。全年均需从雅砻江抽水补充，抽水扬程约40m。水源水质、水量得不到有效保证。考虑到全年均需从雅砻江抽水给鱼类增殖放流站补水，抽水扬程约40m，扬程较高，运行费较高。

图6.2-6 大奔流沟料场场址

大奔流沟料场开采形成的开采平台基础为砂岩、板岩，基础好，场地较开阔。大奔流沟料场场址见图6.2-6。

通过大量外业与内业分析，认为该场址主要问题是使用时间较晚，抽水扬程较高，运行费较高。

5. 三滩大理岩料场场址

场址位于锦屏一级水电站坝址上游右岸约2.5km处，离营地距离较远，不便于管理。三滩大理岩料场2015年开采结束，最早可在2015年投入使用。形成的开采平台高程为1900.00m，面积300亩以上。该场址距离放流水域远，无公路与外界连通，交通不利。

场址用水引自其下游0.5km处的解放沟上游，但解放沟沟水流量较小，多年平均流量仅为$0.20m^3/s$，4—5月流量为$0.07\sim0.11m^3/s$，鱼类增殖放流站全年需从锦屏一级库区抽水补充，抽水扬程约100m。因此，水源水质、水量得不到有效保证。考虑到全年需从锦屏一级库区抽水给鱼类增殖放流站补水，抽水扬程约100m，扬程较高，运行费较高。

三滩大理岩料场开采形成的开采平台基础为大理岩，基础好，场地较开阔。三滩大理岩料场场址见图6.2-7。

图6.2-7 三滩大理岩料场场址

通过大量外业与内业分析，认为该场址主要问题是使用时间较晚，交通不够便利，抽水扬程较高，运行费较高。

对上述场址条件进行综合比选，场址条件比选分析见表6.2-1。在场地可利用面积方面，磨子沟沟口受地形条件限制，可利用面积仅为15亩左右，不能完全满足鱼类增殖放流站建设和后期运行要求；其他场址的面积均能满足要求。在交通条件方面，磨子沟沟口场址和大沱碎石土料场场址距离业主营地较近，便于管理；其他场址运行管理条件较差。在水源条件方面，印坝子沟渣场场址附近无可用水源；大奔流沟料场和三滩大理岩料场两个场址需要从雅砻江中抽水，后期运行成本较高；磨子沟沟口场址和大沱碎石土料场场址可从磨子沟通过自流方式引水，水量充沛，后期运行成本较低。在地质条件方面，磨子沟沟口场址需要对两侧山体进行危岩清理，施工难度较大；其余场址地质条件均较好。综上，对场地可利用面积、管理条件、水源条件、地质条件和运行费用等因素进行综合比选分析，大沱碎石土料场场址条件相对较好。因此，锦屏一级水电站鱼类增殖放流站场址选定为大沱碎石土料场场址。

表 6.2-1 场址条件比选分析表

场址名称	场地面积	管理条件	水源条件	地质条件	运行费用	场地使用情况
大沱碎石土料场场址	80～100亩	距离业主营地近，便于管理	从磨子沟上游引水，水源条件较好	下部基本稳定，需进行基础处理后使用	仅在鱼类繁殖季节需抽取雅砻江水，运行费较高	使用时间较早，满足环保需求
磨子沟沟口场址	平地面积约15亩	距离业主营地近，便于管理	磨子沟沟水流量较丰沛，水源条件较好	需要对山体表面危岩进行清理，工程量及实施难度较大	鱼类繁殖季节需抽取雅砻江水给鱼类增殖放流站补水，抽水扬程约30m，运行费略高	2008年可投入使用，时间较早
印坝子沟渣场场址	总面积达300亩左右	场址距离放流水域远，交通不便	附近无可利用的备用水源，水源水质、水量得不到有效保证	场址地基处理费用高	除汛期外，其他时段均需从雅砻江锦屏二级水电站库区抽水补给鱼类增殖放流站，扬程极高，达到260m，运行费极高	最早可在2012年投入使用，时间较晚
大奔流沟料场场址	面积300亩以上	无公路与外界连通，交通不利	全年均需从雅砻江抽水补充，水源水质、水量得不到有效保证	平台基础为砂岩、板岩，基础好，场地较开阔	全年均需从雅砻江抽水给鱼类增殖放流站补水，抽水扬程约40m，扬程较高，运行费较高	2015年可投入使用，时间较晚
三滩大理岩料场场址	面积300亩以上	距离放流水域远，无公路与外界连通，交通不利	全年需从锦屏一级库区抽水补充，抽水扬程约100m。水源水质、水量得不到有效保证	平台基础为大理岩，基础好，场地较开阔	抽水扬程约100m，扬程较高，运行费较高	2015年方可投入使用，时间较晚

6.3 总体布置

根据场址实际地形的特点，场地共分三级平台，平台高程分别为1658.00m、1652.00m、1646.00m，外侧防护平台高程为1640.00m，平台外边线沿现有公路及施工场地内侧布置，边线全长484m，平台高4～8m，宽5m，主要起支撑第三级平台的作用。各级平台外侧挡墙均采用C15埋石混凝土半重力式结构，挡墙顶高程同平台高程。

一级平台用地面积为20.09亩，平台宽17～37m，长470m，从上游至下游依次布置有值班室及仓库、蓄水池、催产孵化开口苗培育车间、鱼苗培育车间、鱼种培育车间、环形亲鱼池及活饵培育池；二级平台用地面积为 13.90 亩，平台宽 16～24.2m，长 475m，从上游到下游依次布置鱼种培育池、矩形亲鱼池和污水处理池；三级平台用地面积为 14.22 亩，平台宽 17.5～25m，长 482m，从上游到下游依次布置鱼种培育池、大规格鱼种培育池、环形亲鱼池和污水处理池。

图 6.3-1 锦屏·官地水电站鱼类增殖放流站鸟瞰图

进场公路位于增殖站上游，公路全长 386.4m，路基宽 4.5m，分三条支路分别到 1658.00m、1652.00m、1646.00m 高程平台。在一、二、三级平台外侧布置有 3m 宽的场内公路，道路两旁设置 0.5m 宽的绿化带，站内布置会车道，各级平台间均设置两处梯步，各鱼池间以 1.0m 宽的人行道串行，池旁种植草皮。

锦屏·官地水电站鱼类增殖放流站鸟瞰图见图 6.3-1。

6.4 生产工艺与设施

生产工艺与设施设计主要包括养殖设施设计、孵化设施设计、催产设施设计、循环水养殖系统设计和水温控制设施设计等。由于流域土著鱼类对长期生存环境的适应性，具有一些特殊的生活行为习性，因此，对锦屏·官地水电站鱼类增殖放流站的养殖设施工艺和要求进行了相关研究，以保证养殖设施可以更好地服务于养殖生产。

6.4.1 工艺流程确定

增殖放流站技术主要工作流程有亲鱼收集购置、亲鱼驯养培育、人工催产和受精、人工孵化、苗种培育、放流、放流效果监测、调整生产规模和方式等环节，详见图 6.4-1。

6.4.2 养殖设施

锦屏·官地水电站鱼类增殖放流站建构筑物包括鱼苗培养车间、催产孵化车间、鱼种培育车间、蓄水池、亲鱼培育池、室外大规格鱼种培育池、饵料培育池、污水处理池及综合楼等附属设施。本节主要从鱼类增殖放流站工艺设计的角度，着重介绍鱼类养殖设施构筑物的设计。

1. 亲鱼培育池

开展亲鱼培育池的设计首先需确定亲鱼数量。因为鱼的种类不同，其平均怀卵量、平均产卵量也不同，而且产卵量受亲鱼成熟度和外界环境等条件的影响。根据近期增殖放流的数量、鱼类的平均怀卵量、平均产卵量、催产率、受精率、孵化率和幼鱼成活率，推算出达到放流规模所需要的各种成熟雌性亲鱼数量。以雌雄亲鱼的性比 1∶1.5，推算所需雄性亲鱼数量，具体见表 6.4-1。

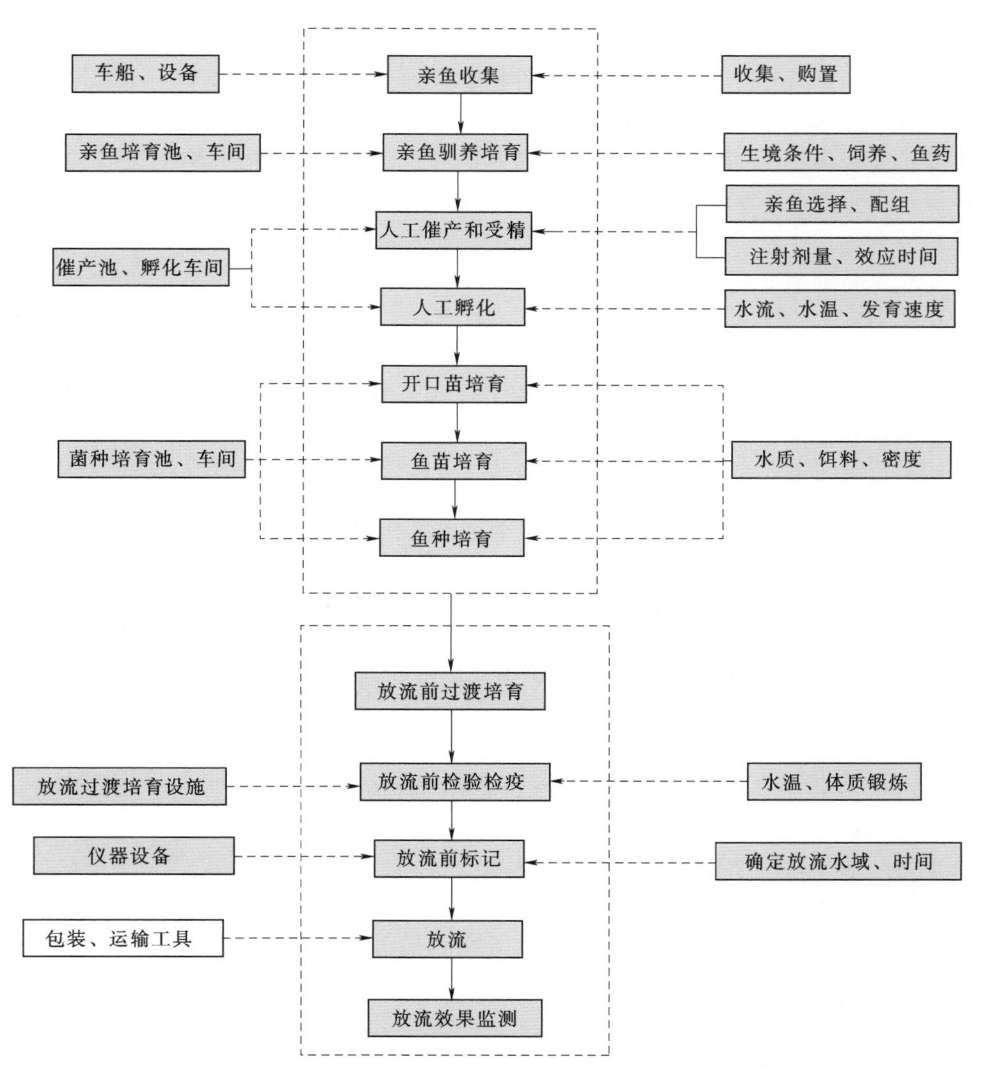

图 6.4-1　增殖放流站技术工作流程图

表 6.4-1　各种鱼类的平均产卵量与所需亲鱼的数量

种类	平均产卵量/万粒	雌性亲鱼/尾	雄性亲鱼/尾	亲鱼总数/尾
长丝裂腹鱼	1	138	207	345
短须裂腹鱼	1	37	56	93
细鳞裂腹鱼	1.5	68	103	171
四川裂腹鱼	1	185	278	463
鲈鲤	1	209	313	522
长薄鳅	0.5	18	26	44
合计		655	983	1638

按照亲鱼养殖数量，鱼类增殖放流站内共布设有6个环形亲鱼池、3个方形亲鱼池，环形亲鱼池每2个环形相套。一级平台（高程1658.00m）上紧邻鱼种培育车间布置4个环形亲鱼池，面积分别为446m²、542m²、446m²和542m²；二级平台（高程1652.00m）依次布置3个方形亲鱼池，面积均为630m²；三级平台（高程1646.00m）上布置2个环形亲鱼池，面积分别为329m²、377m²。所有亲鱼池深2m，控制水深1.5m，3个平台上的亲鱼池基本呈对应布置。规划每种鱼类用培育池1个，可根据实际养殖情况和鱼类的生活习性自行调整。生活习性相近的可以混合在同一个培育池培育。为在池内形成流水状态，并防止亲鱼缺氧，每池配备潜水泵1台，潜水泵功率为3.0kW。为方便环形池内外进出，每2个环形池上面设置拱形桥1座。

2. 鱼苗培育缸

锦屏·官地水电站鱼类增殖放流站共建设1个鱼苗培育车间，鱼苗培养车间紧靠催产孵化及鱼苗培育车间，鱼苗培养车间规格为36m×20m，布设ϕ2000mm的鱼苗培育缸84个，每2个培育缸为1组；主供水管ϕ90mm，支供水管ϕ63mm；主回水管ϕ110mm，支回水管ϕ90mm；主排水排污管ϕ110mm，支排水排污管ϕ90mm；各节点均采用相应球阀控制。

3. 鱼种培育池

锦屏·官地水电站鱼类增殖放流站共建设各类室外鱼种培育池78个，总面积为5250m²，主要布设在二级、三级平台的南端，培育池为半地下式。

室外鱼种培育池进排水系统：池室内壁一端进水，支管平行地面进入池内，池壁外用相应球阀控制；培育池的另一端排水，拦鱼设施、排水管、控制水位管、球阀和集鱼池等结构同室内鱼种培育池。为便于排水，池底需有一定坡度。

进水口高程同地面高程，池壁外采用球阀控制进水流量；排水口布置在鱼种培育池外侧，出水口外侧为排水暗渠，所有鱼种培育池废水都由该暗道汇集后排入污水处理池。

4. 饵料培育池

饵料培育池为3个，面积分别为1568.5m²、346m²和633.7m²，总面积2548.2m²，池深1.5m，水深控制在1.2m。

饵料培育池进排水系统从平面上呈对角线布置，可加强池内水流的交换率。排水系统设计为阶梯式，可以通过打开不同深度的溢水口控制池内水位。饵料池溢水口具体结构类似于亲鱼培育池溢水口，溢水口布置在每一层阶梯中央，每一层阶梯高度约为0.4m，阶梯数量总共为3层，最上端的溢水口距离饵料培育池底部为1.2m。

饵料培育池分两格，进入饵料池的生产废水在第一格停留、沉淀，其上部清水排入场地排水沟，底部营养物含量较高的污水进入第二格用于培养活饵。饵料池污水排入一体化成套污水处理系统中进行处理。

在一级平台北端布置饵料培育池1个，呈不规则形，面积为1568.5m²。饵料培育池的一端上部进水，并设置闸阀控制流量；池的另一端采用PVC管进行底部排水，边墙设阶梯式溢水口，出水口外接暗管排入下级平台内侧排水沟。

6.4.3 孵化设施设计

鱼类孵化工作中根据不同产卵习性和生态习性的鱼类采用相适应的孵化方法。对于产漂流性卵鱼类，如圆口铜鱼，推荐采用孵化环道流水孵化；对于激流中产沉性卵的鱼类，如裂腹鱼亚科鱼类，应采用孵化槽或孵化桶流水孵化。在孵化期间，注意水温、水质、溶氧、光照、水流速度等因素，确保孵化过程的顺利进行。对于孵化期较长的还要注意水霉的发生和敌害生物的进入。

孵化阶段孵化设施的选择与卵的特性有关。目前生产上常用的孵化设施有孵化桶、孵化环道、孵化槽和尤先科孵化器等。孵化设施应根据受精卵的特性进行选择，孵化设施与受精卵的特性对应关系详见表 6.4－2。通常情况下，鱼类增殖放流站孵化设施应根据放流对象受精卵的特性合理配置孵化设施。

表 6.4－2　　孵化设施与受精卵的特性对应关系表

序号	孵化设施	受精卵的特性
1	孵化桶	一般孵化漂流性卵、浮性卵、沉性卵
2	孵化环道	一般孵化漂流性卵、浮性卵
3	孵化槽	一般孵化黏性沉性卵
4	尤先科孵化器	一般孵化沉性受精卵和脱黏后黏性受精卵

1. 孵化桶

要求孵化桶中的水体产生由下而上均匀的水流，使受精卵在孵化桶中均匀翻滚。出水处要求水能流出而受精卵和刚孵化的鱼苗不能随着水流流出。孵化桶用玻璃钢材料制造，上面的纱窗布可用铜丝布、筛绢制成，从底部圆锥形顶端进水，进水量由球阀控制，出水经上部纱窗溢出。孵化桶结构示意见图 6.4－2。

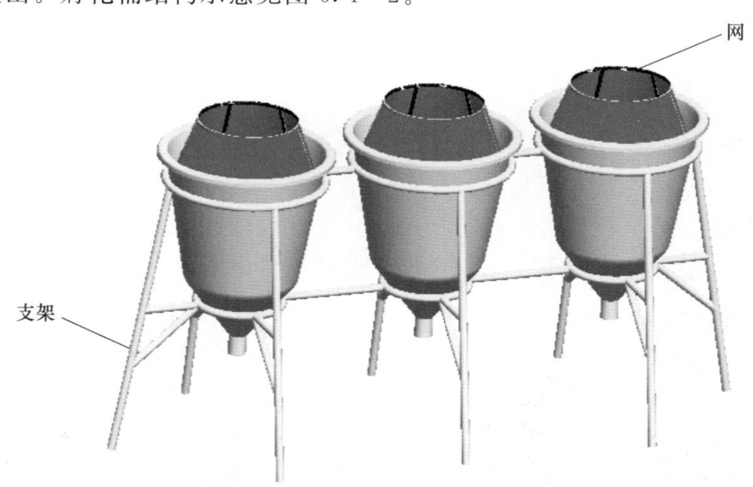

图 6.4－2　孵化桶结构示意图

2. 孵化槽

玻璃钢孵化槽用于孵化黏性受精卵，内置孵化框，孵化框是孵化槽中孵化受精卵的容器。进水管设在孵化槽两长边，两排微孔进水。进水管布置于给水管下方，两排微孔进气。进水通过控制阀控制，出水设置于另一端底部，需设置溢流装置。孵化槽结构示意见图 6.4－3。

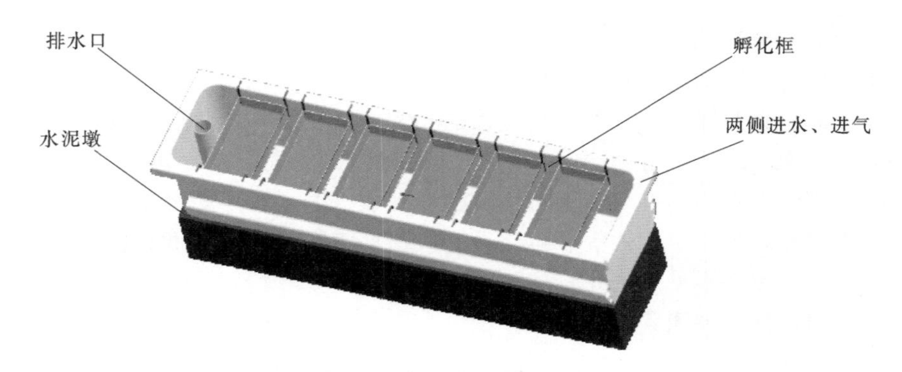

图 6.4－3　孵化槽结构示意图

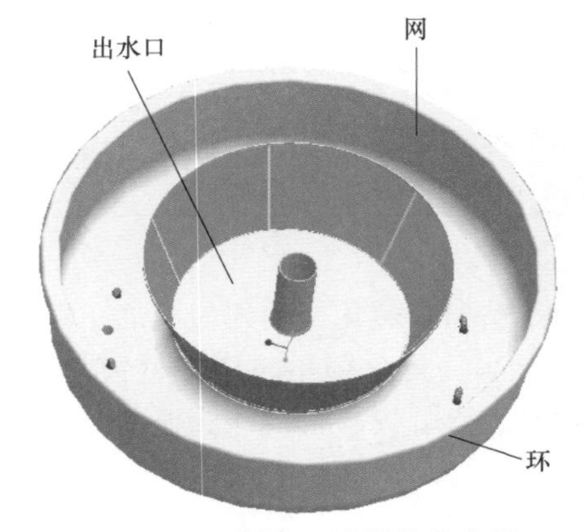

图 6.4－4　孵化环道结构示意图

3. 孵化环道

适用于大规模生产需要，也可建造成中、小型环道，适应中、小规模生产。孵化环道通过管道与催产池相连接，孵化环道包括池体、设置在池体中心的凸台，池体和凸台之间形成环道，环道有椭圆形、方形和圆形。环道底部设置有沿着环道均匀分布的进水喷头，通过进水喷头冲水使环道内的水带动鱼卵不停流动。移动式孵化环道可孵化多种类型的受精卵。将受精卵直接放置在孵化环道中，水流呈环形，流速可通过水阀进行调节。移动式孵化环道采用微流水孵化，使受精卵在孵化过程中不黏结、沉性受精卵不缺氧。孵化环道结构示意图见图 6.4－4。

4. 尤先科孵化器

尤先科孵化器亦称淋水式孵化器，是目前采用最多的一种孵化器，包括支架、水槽、盛卵槽、供水喷头、排水导管、拨卵器和自动翻斗。水槽有 4 个独立的小槽，孵化器的底部与水槽之间是波浪形的拨卵器。尤先科孵化器基本结构见图 6.4－5。

图 6.4－5　尤先科孵化器基本结构

6.4.4 催产孵化设施

催产孵化设施设计主要考虑近期增殖放流对象，即长丝裂腹鱼、短须裂腹鱼、细鳞裂腹鱼、四川裂腹鱼、鲈鲤和长薄鳅，结合以上6种鱼类的产卵特性（表6.4-3），选取设计适宜的孵化设施类型，并且根据其相关鱼类生物学参数计算催产设施的数量。

表6.4-3　放流对象繁殖产卵特性参数　%

种类	催产率	受精率	孵化率	幼鱼成活率	卵特性
长丝裂腹鱼	75	75	75	60	微黏性
短须裂腹鱼	70	80	80	60	微黏性
细鳞裂腹鱼	75	80	75	65	沉性
四川裂腹鱼	75	84	80	30	黏性沉性
鲈鲤	70	70	80	55	黏性沉性
长薄鳅	50	80	85	50	漂流性

长丝裂腹鱼和短须裂腹鱼为微黏性卵，长薄鳅为漂流性卵，根据鱼类增殖放流站孵化设施设计要点，微黏性卵和漂流性卵适合采用孵化桶进行人工孵化；四川裂腹鱼和鲈鲤为黏性沉性卵，细鳞裂腹鱼为沉性卵，这两种类型卵的孵化适合采用孵化槽进行。再根据6种放流对象的繁殖学技术参数，计算得出需要孵化桶及孵化槽各5套，催产池2口进行人工催产活动，并配备30个开口苗培育缸用于催产孵化后开口鱼苗的培育。催产孵化车间平面布置图见图6.4-6。

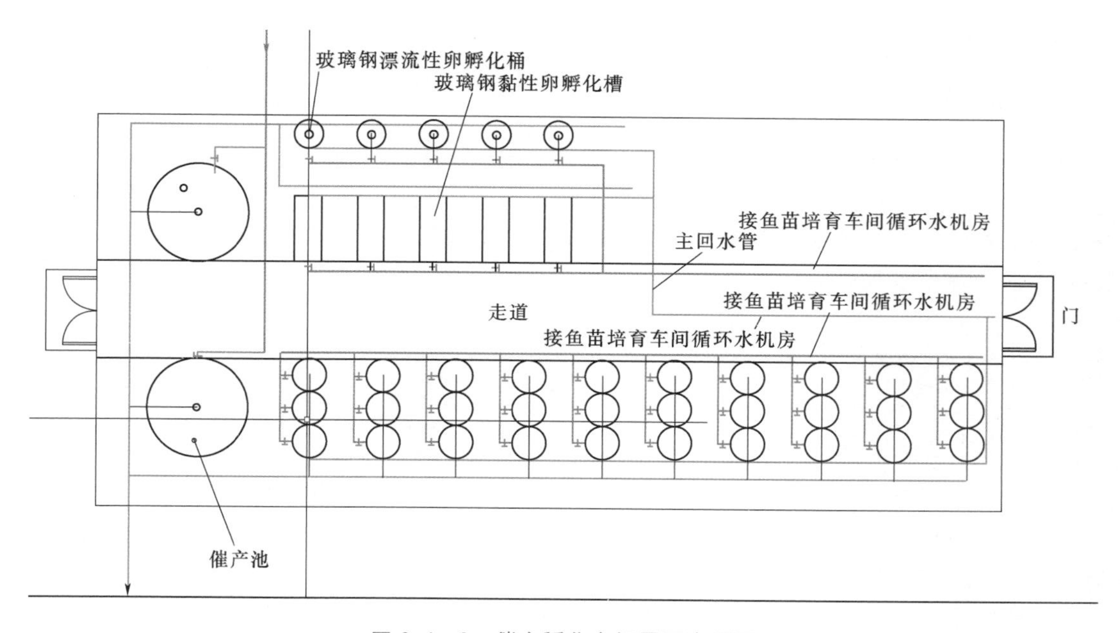

图6.4-6　催产孵化车间平面布置图

6.4.5 循环水养殖系统设计

6.4.5.1 循环水净化原理

在鱼类养殖的过程中，养殖用水中浮游植物、藻类等初级生产者种类单纯、数量少，不能满足饲养密度高的养殖对象的生长需要，因此要添加大量人工配置的饵料以满足养殖生物的生长所需。人工添加的饵料量营养丰富，可以大大提高养殖生物的生长速率。然而养殖条件下投放的饵料，并不能全部被养殖对象有效地利用，剩余的部分以污染物的形式排放到环境中。残余的饵料同养殖对象的排泄物一起进入水体，构成养殖废水最主要的污染物来源。鱼类增殖放流站生产废水水质影响因子很多，例如，进水水质，养殖鱼类种类，饵料类型、饵料投放量，监测时段，水池清淤频率，养殖密度，养殖模式、运行单元功能差异等。

在循环水养殖模式下，养殖废水经过循环水系统净化后再次进入养殖池。在不考虑循环水系统水质净化作用的情况下，污染因子会循环富集，污染指标逐渐升高。所以，需要确定一个适宜鱼类生存繁衍的水质指标。

根据以往研究成果，鱼类增殖放流站养殖水体污染来源主要来自残饵和粪便，残饵和粪便中，主要溶解性污染物为 N 和 P，不溶性污染物为 SS，有机污染物为 COD_{Cr}（刘立鹤，等，2014）。在常规监测的 pH 值、DO、SS、COD_{Cr}、NH_4^+-N、TP 几个指标中，COD_{Cr}、NH_4^+-N、TP 是判断水质的关键指标，也是鱼类养殖产生的主要污染指标，所以重点从这三个指标进行研究。

根据《地表水环境质量标准》（GB 3838—2002），Ⅲ类水域水质可用于水产养殖区等渔业水域，可以参照该标准确定循环水系统出水水质，出水水质标准详见表 6.4-4。

表 6.4-4 循环水系统出水水质表 单位：mg/L

项　目	COD_{Cr}	NH_4^+N	TP
出水水质	20.0	1.0	0.2

根据已建和正在设计中的鱼类增殖放流站水体养殖密度所能产生的污染负荷，同时考虑循环水系统的单次循环处理能力上限，以及参考不同类型鱼类增殖放流站源水水质，确定循环水系统进水水质，详见表 6.4-5。

表 6.4-5 循环水系统进水水质表 单位：mg/L

项　目	COD_{Cr}	NH_4^+-N	TP
进水水质	50.0	5.0	0.4

与该进、出水水质特性对应的处理工艺多用于水处理领域，研究中结合常规水处理工艺特点，分析讨论其应用于鱼类增殖放流站循环水系统的优缺点和适用性，并提出适用于鱼类增殖放流站循环水处理的工艺。

目前，用于中水处理的水处理方法主要分物理法和生物法两种。物理法的主要可选单元有：砂滤系统、吸附过滤装置、臭氧发生器、紫外消毒器。生物法的主要可选单元有：

生物滤床、曝气池、生物塔、湿式生物球过滤器。鱼类增殖放流站可根据自身运行情况及场地水源条件选择适合的循环水处理单元组成车间循环水处理系统。

锦屏·官地水电站鱼类增殖放流站配置了1200型旋转式滤布自动过滤器2台，1200型湿式生物球过滤器4台，1200型雨淋曝气式生物球过滤器2台，S15000C紫外线水消毒系统2台，养鱼系统水循环电器控制系统2台。

6.4.5.2 循环水系统设计

锦屏·官地水电站鱼类增殖放流站循环水系统主要包括养殖设施、物理过滤、生物过滤、紫外线消毒系统、供养系统、电器控制系统和抽水系统等部分。其中养殖设施主要为玻璃缸，其作用是用于鱼苗培育，包括大、中、小三种尺寸；物理过滤采用2台1200型旋转式滤布自动过滤器，该设备自动冲洗过滤旋转轮直径为1.2m，宽0.4m，转动速度为5～6r/min，不锈钢材料制造，滤布有效过滤面积为98%，所用滤布目数为120目。生物过滤设备为4台1200型湿式生物球过滤器和2台1200型雨淋曝气式生物球过滤器，该类设备选用ABS塑料制造、无毒，生物球用PVC-V材料制造，生物膜比表面积约为28320m^2，氨氮去除量约为（生物膜形成后）3965g/d。紫外线消毒系统采用2台S15000C紫外线水消毒系统，配6支140W高性能紫外线灯管，带双动石英套管擦拭机械装置，腔体材料为316不锈钢，水处理能力为56.9t/h。养鱼系统水循环电器控制系统采用变频供水系统，用于流量和压力控制。抽水系统采用ISG型单级单吸管道离心泵进行控制，保障循环水流量正常供应。

6.4.6 水温控制设施设计

高寒地区气候环境具有日照时间长、太阳辐射强和日温差大的特点。由于特殊的气候特点造成室内环境与外界自然环境存在较大差异，在室内条件下无法充分研究和观测高寒高海拔地区特有鱼类的生活习性；而在室外条件下，人工繁育鱼池相对于自然水体容量规模较小，没有条件进行水体自身的温差调节，鱼池内水体易出现极热或极寒情况，不利于鱼类生活及人工繁育。在夏季高温季节，太阳直射极容易造成池内水温过高，对冷水性鱼类造成伤害；冬季气温寒冷，养殖单元水体水温容易过低，从而造成苗种生长缓慢、抑制进食、催产繁育困难等问题，因此需要对养殖水体进行加温控制。本节主要介绍高寒地区鱼池保温及防晒措施。

6.4.6.1 保温措施设计

1. 加温方式设计

水温是影响鱼类增殖放流站养殖对象生产繁育的重要因素，水温指标在促进亲鱼性腺发育、催产孵化、鱼苗鱼种冬季越冬方面起着关键作用。此外，国内水电站建设地点已出现向高寒高海拔地区发展的趋势，根据已投入运行的某鱼类增殖放流站工程运行经验，建设地点冬季平均气温低于－5℃时，养殖单元存在结冰风险。昼夜温差的变化对于珍稀鱼类的养殖不利，需要在冬季对鱼类增殖放流站的水温进行加温。

加温设备的选择直接决定加温的效果以及加温的效率，国内目前主要采用的加温设备有电热水锅炉、冷热泵机组、燃煤锅炉三种，其优缺点详见表6.4-6。

表 6.4-6 加温设施优缺点一览表

加温设施类型	优点	缺点
电热水锅炉	运行稳定，受环境条件影响小	耗电量大
冷热泵机组	能量转换效率高，冷热双向控制	对环境条件要求高，受环境温度和湿度的制约，该类设备主要品牌的运行环境温度下限为－5℃左右
燃煤锅炉	运行费用低、运行稳定	污染大，一般新建燃煤锅炉需要一定的环评手续，同时需要配套相应的除尘、脱硫、脱氮设施

锦屏·官地水电站鱼类增殖放流站保温措施设计主要考虑从水温的角度进行控制，设计时考虑了两种方案，分别为采用冷热泵机组或电热水锅炉对水体进行加温。当时国内的鱼类增殖放流站还没有考虑过设置保温设施，缺乏相关工程经验，设计组为此查阅了大量资料及文献，并且走访调研了高寒高海拔地区室内恒温游泳池的保温措施设计，并选取与锦屏鱼类增殖放流站气候条件相似的地点开展了现场模拟实验。根据实验结果及调研实际经验，冷热泵机组在极端天气条件下效率降低甚至不能正常运转，有可能在夜间低级气温下出现设备停止运转，从而导致养殖水体结冰，这将使珍稀鱼类越冬困难。而电热水锅炉虽然耗电量比热泵机组大，但是在冬季极端天气条件下，设备保障率高，可以保持养殖水体稳定的水温。因此，设计组决定采用电热水锅炉方案对养殖水体进行加温控制。

保温系统考虑在循环水系统的基础上，嵌套入循环水处理设备，即从循环水设备保温水箱抽水，经过电热水锅炉后回到保温水箱，与保温水箱原水混合，以提升循环水温度，保温水箱中设置温控开关，与电热水锅炉连接，温控系统自控嵌套入循环水系统自控一并控制，实现养殖水体保温功能。

2. 传热方式设计

目前应用较多的传热方式主要有直供热水传热和池体内铜管传热，两种传热方式各有优缺点。

直供热水传热是通过在循环水设备单元中引管线至温控系统，并将经过温控系统加热后的热水以循环水的形式直接供应至各养殖单元。优点是可以依托循环水系统而不用单独配置供热管路；缺点是受循环水系统运行情况的制约。

池体内铜管传热是通过独立的供热管路将温控系统加热后的水引至各养殖单元，通过在池体内布设传热铜管，与养殖水体之间实现间接传热，并配置温控阀门对养殖池体水温进行智能温控。优点是该种传热有单独的一套暖通系统，不受循环水系统运行情况的制约；缺点是铜管占据一定的养殖站空间，增加养殖操作的难度，同时需要完全新设一套暖通管路系统。

6.4.6.2 防晒措施设计

防晒形式主要有室内防晒、遮阳布防晒以及大棚防晒结构，鱼类增殖放流站多采用大棚防晒。大棚主要由主体结构和覆盖材料组成，大棚的结构形式决定了其用途，而大棚的覆盖材料是保温效果高低的关键因素。大棚的结构形式主要有屋脊形和拱圆形两种。由于鱼池设施单体体积一般较大，且鱼池防晒一般要统一从整体效果考虑，大棚结构宜采用屋脊形大棚，结构见图6.4-7。

保温大棚覆盖薄膜后，大棚内的温度将随着外界气温的升高而升高，随着外界气温下

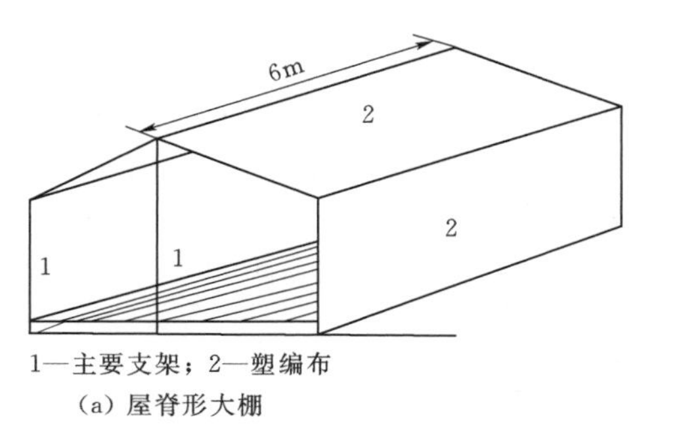

(a) 屋脊形大棚

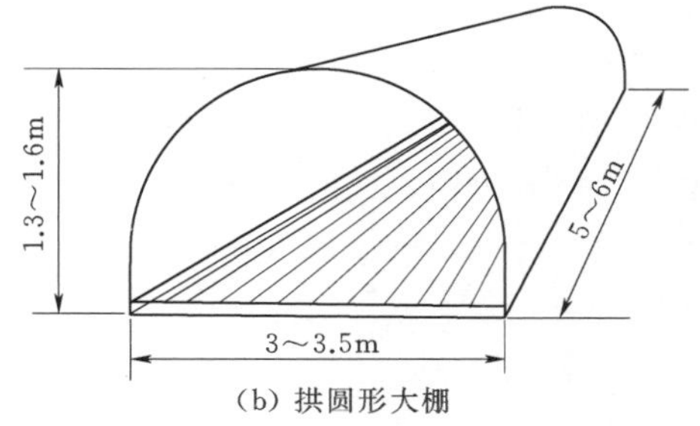

(b) 拱圆形大棚

图 6.4－7　典型大棚结构图

降而下降，并存在明显的季节变化和较大的昼夜温差，越是低温期温差越大。一般在冬季大棚内日增温可达3～6℃，阴天或夜间增温能力仅1～2℃。春暖时节棚内和露地的温差逐渐加大，温差可达6～15℃。外界气温升高时，棚内增温相对加大，最高可达20℃以上，因此大棚内存在高温及冰冻危害，需进行人工调整，进行全棚通风，棚外覆盖草帘或搭成凉棚，夏季可比外界气温低1～2℃。冬季夜间最低温度可比外界高1～3℃，阴天时几乎与露地相同。

不同的大棚覆盖材料，其保温效果不同，成本不同，使用寿命也不同。大棚覆盖材料主要有以下几种：

（1）普通膜：以聚乙烯或聚氯乙烯为原料，膜厚0.1mm，无色透明。使用寿命约为半年。

（2）多功能长寿膜：是在聚乙烯吹塑过程中加入适量的防老化料和表面活性剂制成。

（3）草被、草苫：用稻草纺织而成，保温性能好，尤其适用于夜间保温。

（4）聚乙烯高发泡软片：为白色多气泡的塑料软片，宽1m、厚0.4～0.5cm，质轻能卷起，保温性与草被相近。

（5）无纺布：为一种涤纶长丝布状物。

（6）遮阳网：一种塑料织丝网。

根据高寒地区的气候特征，应选用宽幅大、厚度薄、使用寿命长、夜间保温效果好且不易破损的膜材料，且宜选用多功能长寿膜。为了加强防寒保温，提高大棚内夜间的温度，减少夜间的热辐射，可以采用多层薄膜覆盖。

与此同时，考虑到锦屏鱼类增殖放流站建设地点位于高寒高海拔地区，冬季极端天气条件下，气温可达－10～－20℃，而同时夏季日照强，紫外线强度高，因此，锦屏鱼类增殖放流站设计之初就对各养殖单元采用了保温防晒措施。

锦屏鱼类增殖放流站防晒设计主要考虑采用钢支架覆盖帆布形式，根据不同尺寸的鱼池，在浇筑混凝土池壁时预留钢支架插孔，选择紫外线截止率大于90%的帆布，并结合钢支架固定，起到防晒效果。

6.5　人工繁殖技术

鱼类养殖有着非常悠久的历史，但从最近几十年才开始由小规模、低产量的池塘养殖向工厂化规模养殖转化。制约鱼类工厂化规模养殖的最大障碍之一是如何控制养殖条件下的生殖过程（Randall et al.，1995）和用人工的方法诱导性腺发育成熟。养殖条件下，很难观察到许多珍稀鱼类产卵前相互发情追逐和自然产卵的现象，池塘养殖环境下难以实现自然繁衍，许多鱼类表现出生殖功能障碍，如雌鱼卵母细胞不能完成最后的成熟（FOM），不能正常排、产卵以及雄鱼精液质量差且量少等现象。这可能与珍稀鱼类的生殖功能紊乱有关，而生殖功能紊乱主要由捕获诱发的压力和繁殖条件的缺乏所引起（Cabrita et al.，2009）。因此，在亲鱼培育管理中要最大限度降低捕获诱发的压力，并尽量提供适合的养殖条件，如池塘大小、水质、光周期和产卵基质等（Mylonas，1998；Zohar et al.，2001）。

6.5.1 人工繁殖的概念

鱼类人工繁殖是指在人工控制下促使亲鱼的性产物达到成熟、排放和产出，并使大批受精卵在适当的孵化条件下发育成为鱼苗的生产过程（刘建康，1992）。开展鱼类的人工繁殖，不仅仅要掌握鱼类的生殖生理学，还需要对不同类型鱼类的自然繁殖特殊需求有所了解。

6.5.2 人工繁殖的原理

鱼类的生殖活动受一系列因素影响，如内分泌、营养条件、环境、生理等，当鱼类受到一定环境因素的影响时，可能引起内源激素变化，导致鱼类生殖障碍。人工繁殖是用人工方法（主要是通过注射或埋植外源激素）在“脑-垂体-性腺”轴的某种或几种水平上，调节鱼体的内分泌活动，刺激内源激素的产生或代替内源激素的作用，以诱导性腺发育成熟并排出精卵。人工繁殖原理见图 6.5-1。

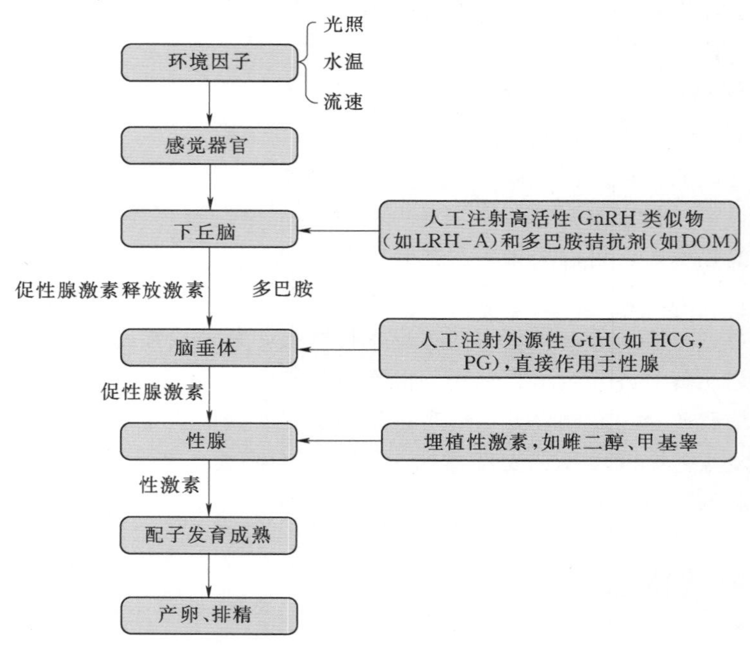

图 6.5-1 人工繁殖原理

6.5.3 人工繁殖中的关键问题

鱼卵质量是指鱼卵具有被受精并完成随后胚胎发育的能力（Brooks et al.，1997；Bonnet et al.，2007）。了解引起鱼卵质量变化的因素，并有针对性地调控这些因素以达到提高鱼卵质量，是实现人工繁殖的关键。亲鱼培育直接关系到性腺成熟度、催产率、鱼卵的受精率和孵化率，完善的培育方案能显著提高鱼卵与仔鱼的质量（Luzón et al.，2001）。

在实际生产中并不直接用性激素对硬骨鱼类进行人工催产，而常用的人工催产素有鲤鱼脑垂体（PG）、促黄体素释放激素类似物（LRH－A）、多巴胺抑制剂地欧酮（DOM）、绒毛膜促性腺激素（HCG）等。针对不同的鱼类采用不同的催产激素，同时用药方式和剂量至关重要。

人工受精分为干法、半干法和湿法三种，均可显著提高受精率。在人工繁殖过程中，针对不同种类的鱼所采取的受精方法，以及受精条件的把控和操作决定了受精率的高低和人工繁殖的成败。

人工孵化是根据胚胎发育需要的条件，将受精卵放入适宜的孵化装置内，使胚胎正常发育，以达到孵化的目的。选择合适的孵化装置，控制合适的水温、溶氧和水质，以及加强孵化过程中的管理工作，是提高孵化率的关键。

综上，人工繁殖中的关键技术包括：①通过科学的亲鱼培育使性腺发育良好，达到人工催产的要求；②人工催产技术，通过外源激素诱导性腺发育成熟，促使性腺尚未成熟的个体在相对较短的时间内成熟起来；③保证受精率，获得较多的子代；④人工孵化装置选择以及孵化过程中环境因子的调控。

6.6 亲鱼培育技术

6.6.1 亲鱼培育

1. 亲鱼培育池条件

亲鱼培育池是亲鱼生活的环境，池塘的位置、面积、底质、深度等都会直接或间接地影响到亲鱼的生长发育。按照鱼类对流速、水深等的生态需求，可将其分为底栖性鱼类、中层生活类群、上层生活类群和岸边静水草滩生活类群。而底栖性鱼类又可分为激流浅滩类群（平鳍鳅科、鲱科等）、深水河槽类群（鮈亚科、胭脂鱼科、鲇科、鲟科、白鲟科等）、激流底栖类群（裂腹鱼、白甲鱼等），以及静水、缓流底栖类群（如鲤亚科、鲇科等）。不同的鱼类生态习性不同，对水池的型式、流速、水深、底质等的需求不同。

喜流水的底栖鱼类（激流浅滩类群、深水河槽类群、激流底栖类群）在亲鱼培育时，需要营造一定的流水条件（如裂腹鱼类），池型一般为方形流水水泥池，水深为0.8～1.7m。而喜静水和缓流类型的鱼类（包括中层、上层类群）在亲鱼培育时，不需要流水条件，仅需要定期流水刺激即可，如岩原鲤、“四大家鱼”等，这些种类的亲鱼池一般要求面积较大，对流速没有要求，对水温和溶解氧的要求没有激流型鱼类（如裂腹鱼、鲱科等）严苛。几种裂腹鱼的亲鱼池培育条件见表 6.6-1。

表 6.6-1 几种裂腹鱼的亲鱼池培育条件

鱼类	亲鱼池类型	水深	水流	水温	溶解氧	其他条件	参考文献来源
四川裂腹鱼	方形水泥池		0.2m/s	13.5～20℃	7.81mg/L	铺设卵石底质	周礼敬等（2012）
细鳞裂腹鱼	水泥池（120m²）	1.5m	流水		＞5.2mg/L	遮阳篷，活饵料	陈礼强等（2007）
短须裂腹鱼	仿生态环形鱼池		流水	15～16℃		活饵料	甘维熊等（2015）

2. 培育方法

在培育亲鱼时，合理的放养密度既能充分利用水体，又能使亲鱼性腺发育良好；恰当的水温、水流调控可以刺激性腺成熟；营养强化可以提高鱼类的繁殖力。

（1）秋、冬季培育。秋季是亲鱼积累脂肪和性腺发育的重要时期，培育的好坏，对亲鱼的怀卵量和第二年的性成熟及催产影响很大。秋季亲鱼池的池水透明度应保持在 20～30cm 以上，在气温突变时应慎防缺氧或泛池；投喂适口的水蚯蚓为主，日投喂量为亲鱼体重的 1%～3%，若水蚯蚓供应不足，应加喂动物蛋白含量高的人工配合饲料。亲鱼在冬季随着水温的下降，吃食量也随着减少，投喂量也相应减少，但不能没有饵料。

（2）春季培育。春季是亲鱼培育的关键时期，应尽早开食，为性腺的早发育、早成熟创造条件；在水温回升到 10℃以上时，将池水控制在 0.8～1m 以提高水温；亲鱼的饵料主要以水蚯蚓为主，辅以加拌 0.01%维生素 C 和维生素 E 的人工配合饲料，以促进其性腺发育；随着水温的升高相应地增加饵料的投喂量，但应特别注意在催产前 20d 左右控制投饵量，避免亲鱼产季过肥。

（3）定期冲水。在秋、冬季一般视水质情况每 15～20d 冲水一次，每次加水 15cm。春季降低水位促进水温回升，3 月上旬开始，每周换水一次，增加流水刺激，促进性腺发育；在催产前 20d 要每天加注新水，每次 1～2h，并且在亲鱼池内安装 1 台抽水泵，对池水进行内循环。上述两个措施能比较明显地提高池水溶氧量，增加亲鱼的食欲，并能使亲鱼顶水游泳，减少体内脂肪，促进性腺发育，使亲鱼尽快达到临产期。

（4）注意鱼病防治，减少亲鱼损失。亲鱼常见疾病是细菌性疾病和寄生虫病，发病后死亡率较高。细菌性疾病在水温 15℃以上时开始预防，每半月用二氧化氯（浓度为 0.15～0.2ppm）全池泼洒一次；预防寄生虫病主要是做好水质管理工作，防治时可全池泼洒或拌喂驱虫药物。

6.6.2 产后培育

由于交配产卵行为消耗较多体能，再加上产前的重复捕捞、搬运、筛选、注射等操作，会造成亲鱼不同程度的受伤，为了降低亲鱼的死亡率，需要进行亲鱼的产后培育。刚完成人工催产繁殖的亲鱼，体质虚弱，体表有伤（一般靠近生殖孔的后腹部因人工挤卵而受伤），对每千克亲鱼注射 0.5 万单位青霉素溶液后，应迅速地放回水质清新的池塘内让其自行恢复。对于体质较弱、受伤严重的亲鱼，必要时可在其伤口上涂抹龙胆紫或红霉素软膏，防止伤口感染。放置产后亲鱼的池塘在此之前一定要进行严格的清塘消毒，因为产后的亲鱼，其抵抗力较低，极易受细菌等感染致病而造成死亡。一旦发现亲鱼发病，注意不要使用烈性的药物，而应采用温和性的药物治疗。

在产后亲鱼的恢复初期可适当减少饵料的投喂量，因为此时亲鱼的摄食量较低，过量的饵料易使水质恶化，滋生病菌；待亲鱼的摄食正常后，可依照产前的投喂方法进行亲鱼产后培育。

6.7 鱼苗培育技术

鱼苗培育包括开口鱼苗期培育和早期鱼苗培育两个阶段，培育周期通常需要25～40d。

（1）开口鱼苗饲养分为三个阶段。第一阶段为暂养，不同鱼类在不同的水温条件下，暂养时间有所不同，一般为3～10d，可通过观察卵黄囊的消耗和肠道发育，确定开口时间。第二阶段为开口，鱼苗内源性营养结束、排出胎便，则进入开口阶段。鱼苗开口阶段的培育时间一般为5～15d，可根据鱼苗的食性和适口性，选取蛋黄、水蚯蚓、轮虫、水蚤等作为开口饵料，亦可用全效微粒子饲料直接开口。开口阶段的投喂应按照“匀、足、好”的基本要求。第三阶段为转食，鱼苗开口后，可经过驯养，使其转变食性，从开口饵料逐步过渡为人工配合饲料。开口鱼苗经过一段时间培育，器官发育逐渐完善，体质也得到增强，可转入早期鱼苗培育池培育。

开口鱼苗培育宜选择静水微曝气、微流水或循环水培育方式，培育设施的选型和使用，可按照特定鱼类苗种培育的工艺设计，从已经建成、配备的专用设施中选择。

（2）早期鱼苗培育阶段，鱼苗可全部投喂微粒子饲料，每天投喂1～2次，日投喂率可按2%～5%选取。特定鱼类亦可根据养殖试验结果适当调整投喂率和投喂频率。无法驯化转食人工配合饲料的鱼苗，应根据其生长发育情况和营养需求，选择投饲合适的生物饵料。日投喂率可按6%～8%选取。

鱼苗培育过程中，应定期对鱼苗进行体检和病检，随时检查设施运行状况和防逃装置，控制好鱼苗培育的水体环境。水质应该符合现行国家标准《渔业水质标准》（GB 11607）的规定，溶解氧不小于5mg/L。水温应保持在特定鱼类生长、发育的适温范围，换水温差应不超过2℃。鱼苗培育应采取遮光措施，降低鱼苗的应激反应（晴天光照强度应不大于200lx）。苗培育过程中应根据生产管理制度要求，严格、规范做好巡池、水质监测以及日常管理记录等工作。随着鱼苗的生长、发育，体重增加，应及时进行分池培育。鱼苗分池过程中，应统计鱼苗数量和阶段成活率。

6.8 鱼类增殖放流标记与放流效果评估

鱼类标记技术应用有着一百多年的历史，在研究鱼类年龄、生长、运动、迁徙、种群丰度和增殖放流管理等方面发挥了重要作用。国内外常用的标记方法主要有体外标记法、体内标记法、自然标记法、化学标记法、生物遥测标记法、分子遗传标记法等六大类。其中，体外标记法主要有挂牌法、剪鳍法、烙印法和荧光标记法；体内标记法主要有编码金属标法、被动整合雷打标法、档案式标记法、分离式卫星标记法和内藏可视标法；自然标记法主要采用耳石标记法；生物遥测标记法主要分为超声波标记法和无线电标记法；分子遗传标记法主要是指微卫星标记法。

鱼类标记有以下特点：①容易从鱼体外部识别标记类型，如体外标志、可见植入标记等研究较多，已在鱼类（主要是海洋鱼类）增殖放流活动中实现了小规模应用；②容易实现批量化、大规模标记技术的实验性研究较多，如耳石荧光标记，初步明确了一些鱼类的标记条件，有些已逐步探索实施大规模应用；③电子标记发展较慢，多见应用于中华鲟等大型鱼类的研究；④遗传学标记是当前研究的热点，成果丰富，开发出了多种鱼类的分子标记位点；⑤其他标记，如剪鳍、编码金属标法标记、非致命的荧光标记通常作为辅助识别手段，被动整合雷打标法在亲鱼管理中多见应用。

“标记-放流-回捕”是评估鱼类增殖放流效果的重要手段。长期跟踪监测放流鱼类，科学地评估增殖放流的效果，以及时调整、优化放流策略，能够保障增殖放流活动达到补充天然渔业资源、保护珍稀濒危鱼类的预期目的。

6.8.1 增殖放流成活率保证措施

为提高人工培育苗种的自然存活率，苗种在放流前必须在自然水体中经过一段时间的适应性暂养，过渡培育时间一般为10～15d。暂养选择适中的水深（3～5m），水面开阔的水体；暂养时必须加强暂养水体的监管，采用一定措施对可能的敌害生物进行驱赶；网箱或拦网的网目需根据苗种体型及大小实验确定，并保证网内外水体通畅。放流时，应将苗种尽量分散于广阔的水域内，使其获得适合的生境与饵料条件。其主要措施如下。

（1）严格按照水产苗种生产规范生产放流苗种。

（2）选择体质健壮、无病无伤的鱼类。

（3）放流鱼种应在放流前7d进行1次拉网锻炼，间隔2d后再锻炼1次。

（4）在每年的2—3月，放流前24h停止投喂；在每年的6—8月，放流前5～8h停止投喂。

（5）严格执行操作规程要求，鱼类运输、放流需进行消毒处理。鱼类运输过程中对鱼体的影响主要是鱼体擦伤，因此，运输到达放流地点时应预防鱼体发生细菌性疾病，一般采用漂白粉液消毒。

（6）选择饵料生物丰富、凶猛鱼类出现少的水域作为放流点。

（7）依据放流效果监测情况，及时调整放流苗种规格。

6.8.2 增殖放流效果评估体系

人工增殖放流效果评估体系主要由标记放流和效果评估两部分构成。人工增殖放流效果评估流程见图6.8-1。

标记放流主要通过选择适宜的标记方法对鱼种进行标记，之后在目标水域进行放流。增殖放流效果评估主要根据标记鱼种的回捕情况，采用资源动态比较、标记-回捕分析的方法，通过生态效益、经济效益、社会效益综合分析所放流鱼类对该河段的影响。通过放流河段鱼类资源量动态分析比较，分析放流河段鱼类资源量、时空分布变化特征、渔获物中放流鱼类的种群数量。根据标记-回捕分析，研究鱼类的洄游、分布、生长和资源等状况，分析标记鱼体占捕捞总鱼种的比例，计算其自然死亡系数、捕捞死亡系数及放流群体的

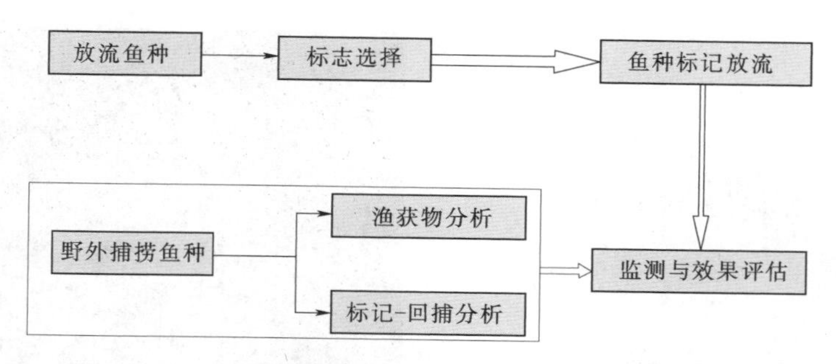

图 6.8-1 人工增殖放流效果评估流程图（杨坤，2017）

资源量。评估增殖放流后不同时期的增殖放流效果，根据该河段鱼类资源动态变化特征及放流标记鱼类的研究，结合流域内生态效益、经济效益和社会效益的综合评估，为合理开展下一步增殖放流工作提供可靠的科学依据。人工增殖放流效果评估体系见图 6.8-2。

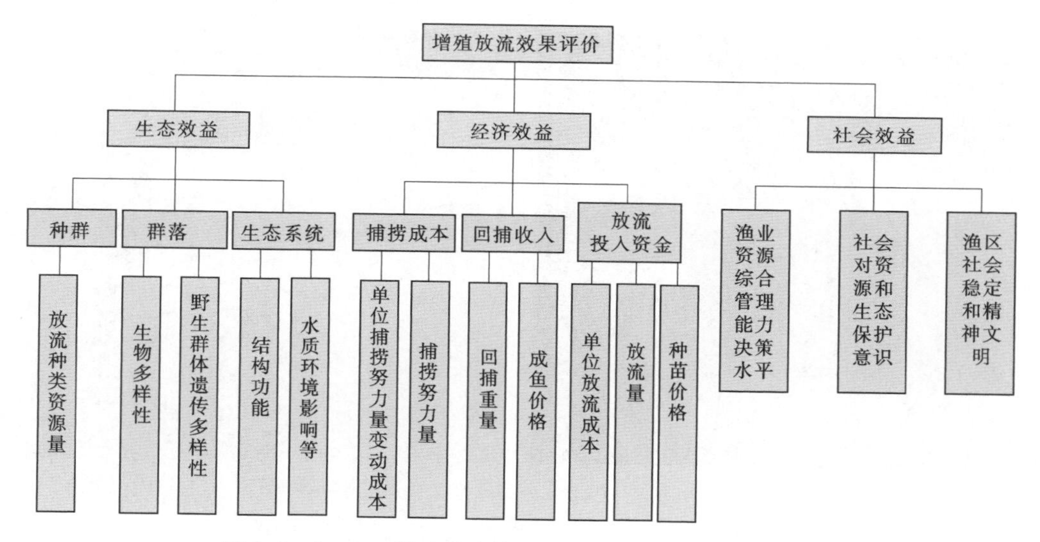

图 6.8-2 人工增殖放流效果评估体系图（杨坤，2017）

6.8.3 鱼类增殖放流标记

锦屏·官地水电站鱼类增殖放流站放流标记主要采用化学荧光标记法和热标记法。

2014 年，使用 70mg/L 的茜素红 S 溶液（Alizarin Red S，ARS）标记 7000 尾 40 日龄短须裂腹鱼稚鱼，30d 之后抽样检测显示耳石荧光标记仍非常明显，没有减弱，表明荧光标记可以在耳石上长时间保存。2015 年，使用 30～50mg/L 的 ARS 溶液大规模标记了 60 万尾短须裂腹鱼稚鱼，30d 后抽样检测结果显示标记个体的耳石上均能检测到荧光标记，标记和未标记批次的死亡率差异不显著（$P>0.05$）；饲养 90d 后，标记和未标记的个体在全长和湿重上差异均不显著（$P>0.05$）。不同激发光下茜素络合物（Alizarin Complexone，ALC）标记的短须裂腹鱼耳石和 ARS 标记的短须裂腹鱼耳石分别见图 6.8-3 和图 6.8-4。

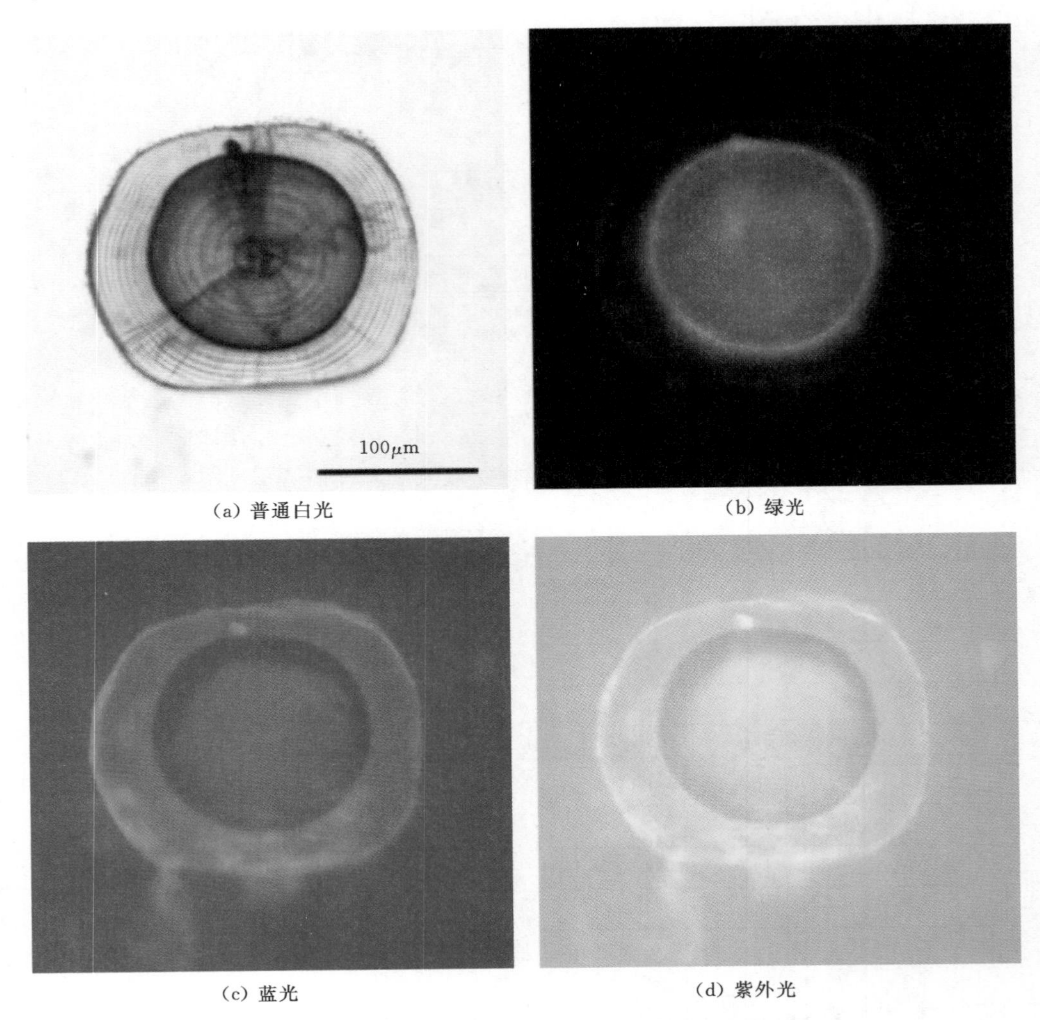

(a) 普通白光　(b) 绿光

(c) 蓝光　(d) 紫外光

图 6.8-3 不同激发光下 ALC 标记的短须裂腹鱼耳石

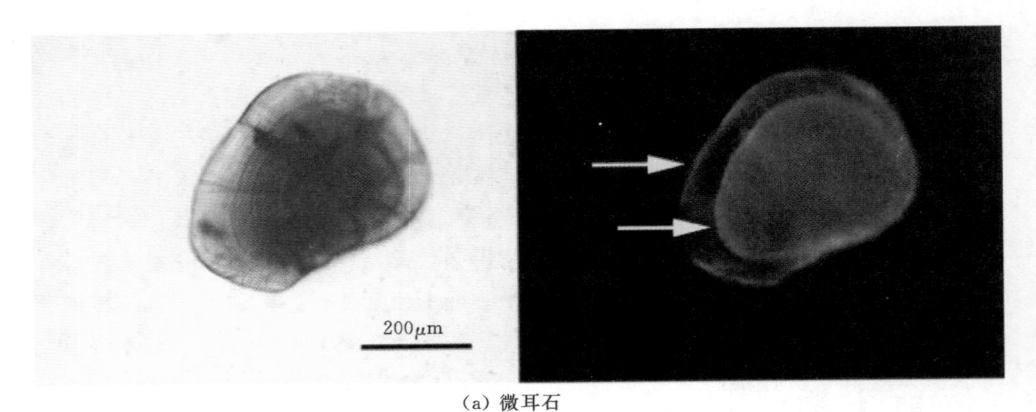

(a) 微耳石

图 6.8-4（一） ARS 标记的短须裂腹鱼耳石

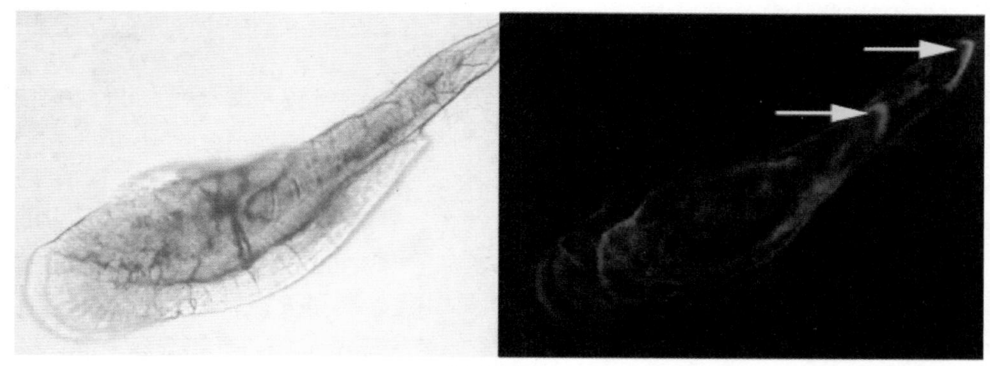

(b) 矢耳石

图 6.8-4（二） ARS 标记的短须裂腹鱼耳石

2014 年 2—4 月，锦屏·官地水电站鱼类增殖放流站共孵化短须裂腹鱼仔鱼约 60 万尾，将其中 10 日龄短须裂腹鱼仔鱼 21.2 万尾饲养在水温 21℃（高温）和 13℃（低温）周期性变化的水体中进行热标记。前期研究表明：耳石在高温期形成宽而透明的增长带（明带），在低温期形成窄而暗的增长带（暗带）；室温对照组的暗带较模糊，而饥饿没有影响耳石增长；高温期持续时间不同，形成的耳石轮纹宽度差异极显著。短须裂腹鱼微耳石上的热标记见图 6.8-5。

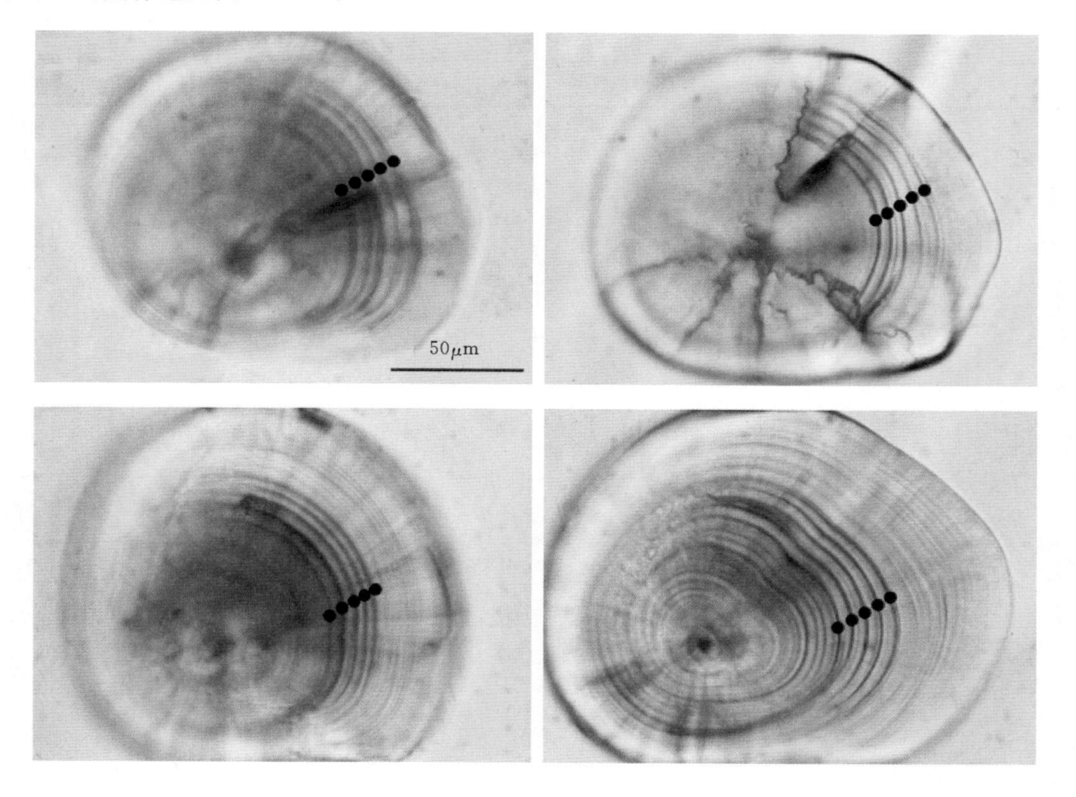

图 6.8-5 短须裂腹鱼微耳石上的热标记

6.8.4 回捕监测及放流效果分析

2014年10月21日，在雅砻江锦屏段放流2014年龄组短须裂腹鱼幼鱼约30万尾，其中热标记个体约10万尾，占33.33%。随后分别于2014年12月、2015年3月、2015年5月和2015年7月开展回捕（表6.8-1和图6.8-6），共捕到135尾（表6.8-2）。通过检测2015年5月捕到的56尾个体的微耳石，有7尾存在热标记，占12.5%。方差分析表明：回捕中有标记、无标记的个体（短须裂腹鱼）和对照组（锦屏增殖站人工养殖的同龄个体）个体的全长（$P<0.05$）、湿重（$P<0.05$）差异显著；无标记个体和对照组的全长、湿重差异显著（$P<0.05$），但无标记个体和热标记个体差异不显著（$P>0.05$）。无标记与热标记短须裂腹鱼微耳石轮纹结构区别示意见图6.8-7。

表6.8-1 回捕地点详细信息统计表

回捕地点	GPS坐标	与放流点距离	生境概况
site 1	28°17′46.38″N 101°38′39.19″E	约1.5km	水深不超过0.5m的浅滩，基质以砾石和卵石为主，水流较缓
site 2	28°18′47.80″N 101°38′51.19″E	放流点	岸陡水深，河面宽，基质以砾石为主；有一个用于放流的下河阶梯
site 3	28°19′41.32″N 101°38′52.18″E	放流点	靠近一个采砂场，附近河段基质以砾石和卵石为主，水流急
site 4	28°20′50.68″N 101°39′18.04″E	约3km	水深不超过1m，基质以砾石和卵石为主，有巨石，水流较急
site 5	28°24′10.28″N 101°43′24.86″E	约15km	水深不超过1m，基质以砾石和卵石为主，有巨石，水流较急
site 6	28°27′41.38″N 101°44′49.65″E	约20km	水深不超过1m，基质以砾石和卵石为主，有巨石，水流较急
site 7	28°36′58.04″N 101°55′56.04″E	约50km	水深不超过1m，基质以砾石和卵石为主，有巨石，水流较急

表6.8-2 2014年12月至2015年7月回捕统计表 单位：尾

回捕时间	回捕地点				
	site 1	site 2	site 3	site 4	site 5
2014年12月	1	0	7	1	—
2015年3月	2	3	13	3	0
2015年5月	56	0	—	—	—
2015年7月	25	24	—	—	—

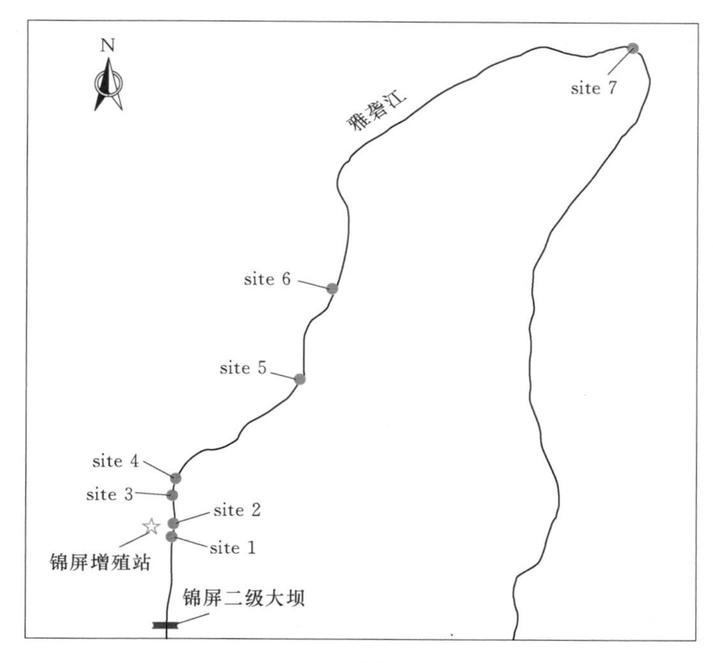

图 6.8-6 回捕地点示意图

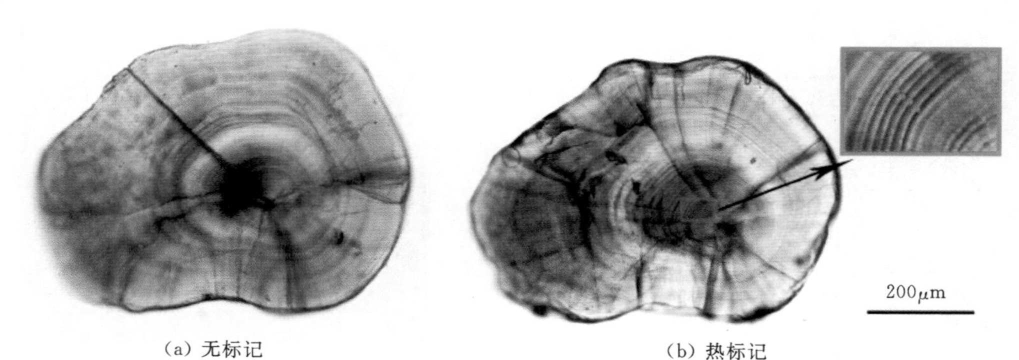

(a) 无标记 (b) 热标记

图 6.8-7 无标记与热标记短须裂腹鱼微耳石轮纹结构区别示意图

2015 年 7 月 24 日，在雅砻江锦屏段放流 2015 年龄组短须裂腹鱼幼鱼约 84 万尾，其中 ARS 标记个体约 40 万尾，占放流鱼苗总数的 47.62%。随后分别于 2015 年 10 月、2016 年 1 月和 4 月开展回捕，共捕到 852 尾，其中 262 尾的耳石检测到荧光标记。2015 年 7 月至 2016 年 1 月回捕统计见表 6.8-3。检测结果显示标记个体和对照组（锦屏增殖站人工养殖的同龄个体）的个体相比，全长、湿重显著降低；初步分析原因是对比增殖站中采用人工饵料饲养，而天然河道中水温较低，饵料较为匮乏。

根据各回捕地点数据的初步分析（表 6.8-3 和图 6.8-8），至 2015 年 10 月，在放流地点上游和下游的所有回捕地点都已经捕捞到了 ARS 标记个体，说明人工繁殖的短须裂腹鱼在放流之后短时间内会从放流点开始向其他水域迁移。研究中采用 P_i 表示增殖放流个体占回捕总数的百分比，如回捕地点 site 2 的增殖放流个体占回捕总数的百分比即用 P_2

表 6.8-3　　2015 年 7 月至 2016 年 1 月回捕统计表

时间	地点	ARS标记个体				无标记个体			
		回捕数量/尾	全长/mm	湿重/g	丰满度/%	回捕数量/尾	全长/mm	湿重/g	丰满度/%
2015 年 10 月	site 1	45	52.21±7.34	1.0341±0.4257	1.430±0.170	69	54.61±6.72	1.1551±0.4236	1.447±0.193
	site 2	31	53.02±5.61	1.0889±0.4352	1.472±0.115	51	57.27±9.87	1.5174±1.0875	1.518±0.133
	site 3	48	54.03±7.11	1.1733±0.5013	1.405±0.187	118	55.88±6.96	1.2401±0.4663	1.349±0.151
	site 4	6	59.30±6.51	1.5886±0.6685	1.400±0.075	20	58.85±6.36	1.4423±0.4303	1.392±0.179
	site 5	27	51.04±6.32	0.9882±0.3255	1.482±0.184	68	51.54±5.61	1.0309±0.3654	1.481±0.195
	site 6	6	59.88±13.19	1.8959±1.3197	1.511±0.158	9	52.46±5.83	1.1436±0.3253	1.570±0.153
	site 7	1	55.36	1.4478	1.835	2	53.58±3.76	1.3499±0.3667	1.618±0.047
	平均值±标准差		53.26±7.23	1.1320±0.5263	1.443±0.169		55.03±7.38	1.2325±0.5939	1.431±0.182
2016 年 1 月	site 1	—				—			
	site 2	0				2	67.13±17.12	2.2926±1.7039	1.604±0.265
	site 3	17	53.57±8.82	1.3193±0.7693	1.648±0.186	36	56.87±7.22	1.5691±0.7476	1.676±0.157
	site 4	21	67.51±15.57	2.9274±2.1312	1.622±0.212	77	67.70±14.15	2.9843±2.1267	1.705±0.150
	site 5	9	70.02±8.99	3.1357±1.2962	1.867±0.145	17	74.55±9.04	4.1380±1.6331	1.989±0.245
	site 6	7	75.37±9.24	3.5619±1.4448	1.749±0.118	18	69.63±8.20	2.9381±0.9454	1.823±0.199
	site 7	4	76.28±3.93	4.1186±0.7443	1.996±0.209	12	72.64±9.62	3.4644±1.6936	1.814±0.162
	平均值±标准差		65.37±13.98	2.6471±1.7583	1.709±0.214		66.59±12.70	2.8128±1.8472	1.748±0.194
2016 年 4 月	site 1	—				—			
	site 2	0				4	65.62±12.48	2.7153±1.7478	1.688±0.104
	site 3	11	75.28±10.18	3.8435±1.4643	1.553±0.094	20	77.58±14.38	4.1291±3.2624	1.450±0.173
	site 4	22	85.22±17.52	6.3145±4.1856	1.653±0.125	45	79.16±9.76	4.5388±2.0997	1.628±0.116
	site 5	1	96.71	9.1327	1.934	11	99.50±15.42	10.1536±4.5667	1.805±0.143
	site 6	4	104.02±5.54	10.2389±1.4235	1.764±0.126	11	94.99±13.61	7.7649±3.4934	1.627±0.164
	site 7	2	93.32±13.11	7.5525±3.2873	1.671±0.076	0			
	平均值±标准差		85.06±16.42	6.1598±3.7384	1.644±0.134		82.59±14.84	5.4373±3.5597	1.613±0.171

注　表中“—”表示未开展回捕调查。

表示。根据回捕统计，P_2 平均值为 18.90%，P_3 和 P_4 的平均值分别为 28.69%、31.62%，远高于 P_5 平均值（11.49%）、P_6 平均值（8.58%）和 P_7 平均值（4.17%）。在后两次调查中，P_6 和 P_7 相比于第一次回捕调查时略有增长，但仍远远低于 P_3、P_4 和 P_5。以上数据显示增殖放流的短须裂腹鱼主要向下游扩散，大部分分布在放流水域的 10～15km 长的河段内，随着离放流地点越远，P_i 表现出非常明显的降低趋势。

2015 年短须裂腹鱼的回捕个体中，增殖放流个体占回捕总数的百分比（考虑放流个

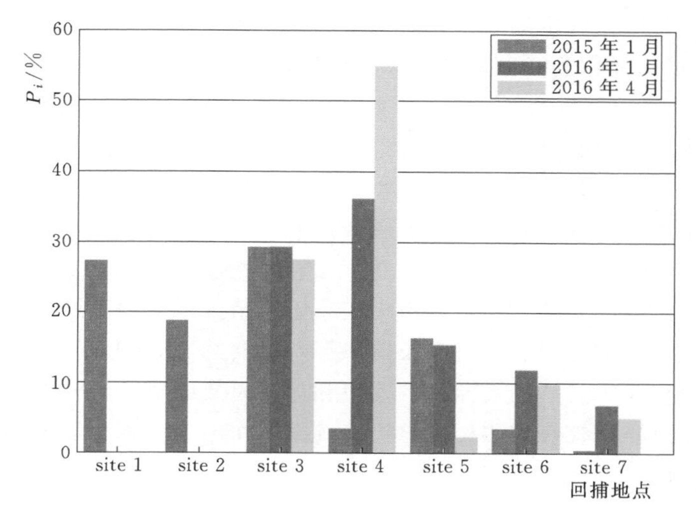

图 6.8-8　不同回捕地点回捕统计柱形图

体标记与未标记的比例不变）情况：2015 年 10 月为 68.73%，2016 年 1 月为 55.35%，2016 年 4 月为 64.11%，平均值为 62.73%。回捕数据分析表明，大部分放流个体能够在雅砻江锦屏段天然河道中存活下来，增殖放流个体所占比重较高，说明持续的增殖放流活动对雅砻江锦屏段的短须裂腹鱼种群产生了一定补充作用。

6.9 小结

鱼类增殖放流主要通过对目标保护鱼类进行人工繁殖、亲鱼培育、鱼苗培育和鱼苗放流等技术手段，向特定水域投放一定数量的补充群体，从而实现目标鱼类资源量的恢复和增殖。鱼类增殖放流是水利水电工程重要的生态补保护措施。鱼类增殖放流对有效减缓工程建设对生态保护的影响、促进工程建设与流域生态环境保护的和谐发展具有积极意义（单婕，等，2016）。

锦屏·官地水电站鱼类增殖放流站是国内最早设计和建设的鱼类增殖放流站之一，国内无可供参考的相关案例和相关规程规范。为了保障鱼类增殖放流站设计工作的开展和建成后的运行效果，成都院开创性地提出了高山峡谷水电站鱼类增殖放流站的设计思路。首先开展工程河段的水生专题调查，以研究成果为依据，科学地确定放流种类、放流规模和放流规格。第二，根据鱼类生物学特点配套国内外先进的养殖技术，合理地规划养殖模式，确定工艺参数（包括养殖密度、养殖面积、需水量等），开展养殖设施工艺设计、循环水系统工艺设计（包括温控设施）和运行管理设计等。第三，在工艺设计要求的基础上，通过给排水设计、建构筑物结构设计和施工组织设计等工程手段付诸实施。第四，通过设计人员不断摸索和严谨论证，本项目还解决了在高山峡谷地区蠕变体山坡上修建鱼类增殖放流站的工程技术难题。第五，本项目建成运行后，通过前期规划的配套科研试验，为进一步攻克珍稀鱼类的驯养和人工繁殖技术等关键问题、准确评估增殖放流效果，以及优化增殖放流实施方案提供了科学依据。此外，在锦屏·官地水电站鱼类增殖放流站设计经验的基础上，成都院作为主编单位完成了《水电工程鱼类增殖放流站设计规范》(NB/T 35037—2014) 的编制，为我国后续的鱼类增殖放流站设计和建设工作提供了方法，开拓了思路。

锦屏·官地水电站鱼类增殖放流站占地约 48.5 亩，工程总投资约 1.6 亿元，正常运行时年放流规模为 150 万尾。自 2011 年建成后，当即成为了国内投资最多、占地最广、放流规模最大的鱼类增殖放流站。锦屏·官地水电站鱼类增殖放流站建成当年即完成了首次放流，截至 2019 年，锦屏·官地水电站鱼类增殖放流站已突破短须裂腹鱼、长丝裂腹鱼、四川裂腹鱼、细鳞裂腹鱼和鲈鲤等鱼类的人工繁殖技术，放流短须裂腹鱼、长丝裂腹鱼、四川裂腹鱼、细鳞裂腹鱼、鲈鲤和长薄鳅等鱼类共约 1000 万尾。

锦屏·官地水电站鱼类增殖放流站的建设和运行有效缓解了水电工程建设对流域鱼类生存造成的影响，为雅砻江流域水生生态可持续发展作出了重要贡献。

第 7 章

锦屏大河湾鱼类栖息地保护

栖息地是鱼类等水生生物赖以生存、繁衍的空间和环境，关系着生态系统的食物链及能量流，是河流生态系统健康的根本（Raven，1998；陈凯麒，等，2015）。栖息地特征与生物多样性紧密相关，栖息地的质量影响河流生物群落的组成和结构（Meffe et al.，1988），栖息地的变化是河流生物群落改变的一个重要决定因素（Calow et al.，1994；董哲仁，等，2010）。在河流生态系统长期的演替过程中，河流生物群落对水域生境条件的变化不断进行调整和适应，表现出极强的适应性（王强，2011；游文荪，等，2011）。水电站的建设和运行改变了原有河流的水文水动力、水温、水质、底质、地形等生境条件，阻隔了鱼类的洄游通道，改变了产卵场、索饵育幼场、越冬场等鱼类重要生境，并有可能降低种群遗传的多样性，导致鱼类资源下降。

栖息地保护旨在保护河流生态系统，修复或恢复受损河流的自然条件，是对水电开发造成的各种不利生态影响进行补偿的首要措施，是实现河流健康可持续发展的重要基础。栖息地保护从鱼类生境保护的角度出发，通过寻找或营造与开发河段生境类似的河流/河段，划定保护区，以原生境保护（或类原生境保护）的形式，保护受开发影响的水生生物，维持流域内河流的生态功能（廖文根，等，2013）。另外，保护的栖息地不仅可以为鱼类提供自然繁殖所需的环境，也可为人工增殖放流的鱼苗提供适宜的栖息生境，从而实现对水生生物的有效保护（曹文宣，2000）。

本章针对锦屏大河湾段，从栖息地保护范围筛选、栖息地保护规划与建设、栖息地保护效果评估三方面介绍了系统的栖息地保护研究实践，可为其他水电开发中的鱼类栖息地保护提供借鉴。

7.1 研究思路

栖息地保护是保护鱼类自然资源最有效的措施，主要是通过保护一定范围的、适宜的、可以保证鱼类完成完整生活史的河流生境，达到有效保护鱼类和维持河流生态系统健康的目的。

划定栖息地保护范围是开展鱼类栖息地保护研究的首要工作，通过开展鱼类资源和生境现状调查，在调查的基础上对候选作为栖息地保护的河流进行生境适宜性评价，诊断河流主要生态环境问题和水生生物种群制约因素，明确栖息地保护需求及保护目标，经综合比选论证确定需要保护的鱼类栖息地范围。

其次，在确定保护范围的基础上，制订栖息地保护规划，在规划设计中要明确保护范围、保护与建设目标、保护途径、监测评估、动态管理等方面的内容和计划。规划需基于栖息地保护范围及目标情况，结合水电开发其他保护措施与流域内其他建设活动影响分析，制订完整的栖息地保护措施体系。如可通过自然的生境维持即可达到保护目标，则该保护的策略主要在于划定栖息地保护区域并强化管理，维持自然生境与资源。如现有生境存在受胁迫的某些因素或问题，则需要施加人工干预，如生境保护与生态恢复工程、生态调度等多种措施，根除不利因素，解决实际存在的问题，改善栖息地质量，以达到栖息地保护与建设的目标。

随后，按照规划方案对各项栖息地保护措施进行设计、建设、运行。该工作涉及工程、经济与技术等方面，其中管理工作贯穿全部，是实现保护目标的重要手段，主要包括宣传教育、渔政管理、对建设项目本身的有效管理等。在所有规划措施有效落实后，需对栖息地的保护效果开展跟踪监测评估，并根据跟踪监测评估结果进行动态管理。

鱼类栖息地保护研究思路见图 7.1-1。

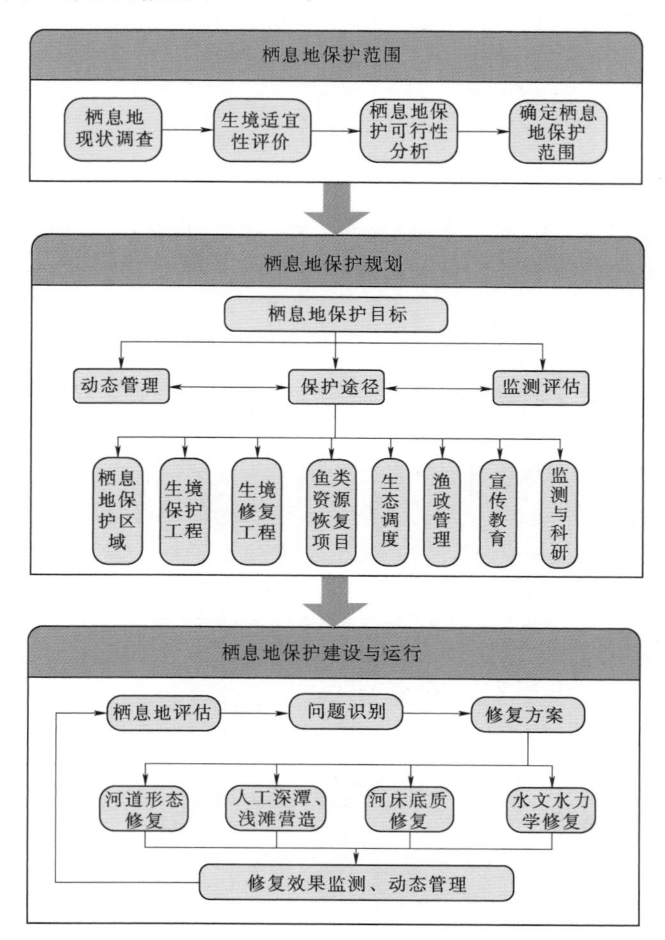

图 7.1-1 鱼类栖息地保护研究思路

7.2 栖息地保护范围筛选

7.2.1 筛选原则与方法

7.2.1.1 筛选原则

1. 规划协调性原则

在水电工程栖息地保护措施规划设计中，所筛选的栖息地保护水域与开发河流同属于流域发展的一部分，应遵从流域层面的综合规划与宏观政策要求。同时，栖息地保护与河流防洪、水资源利用、水环境保护等同层次规划及支流的开发与保护等能够协调一致，不存在较大的矛盾冲突。

2. 生态完整性和保护价值最优化原则

划定的栖息地保护水域应具有良好的生境质量或成为鱼类适宜生境的潜在条件，可维持一定的生境多样性与完整性，并能够为保护对象完成自然生长、繁殖等完整生命过程提供条件，以维持自然生态系统自然演进，使其具有保护的基本价值。但该保护价值并不是最优的，也不能一味地强调生态价值来选定栖息地保护范围，而是应在生态完整性的基础上，对生态保护、社会与经济发展等诸多方面进行统筹考虑后，从最优的社会经济和生态综合效益上进行衡量与判定。

3. 生态系统动态与持续发展评估原则

对于要保护的栖息地，需基于当前生境、生物物种和物种资源现状及当地各项开发干扰影响，评估规划期乃至更长远的栖息地动态变化，重点筛选出能够实现可持续保护的河流或河段。

7.2.1.2 筛选方法

对雅砻江流域水电开发河段开展鱼类生境与资源本底调查，选择拟保护的目标物种，统筹保护物种适宜的生境完整性和保护价值，运用综合的栖息地适宜性评价方法，科学评估栖息地的质量现状，初步筛选具有保护价值的河流或河段，并考虑原生境保护与替代生境保护两个方面，论证其与水电开发的关联、与栖息地环境管理的适应性、与地方经济发展的协调性，权衡开发和保护关系，进行多方案比选，进一步筛选明确栖息地保护河流或河段。栖息地保护范围识别与筛选流程见图7.2-1。

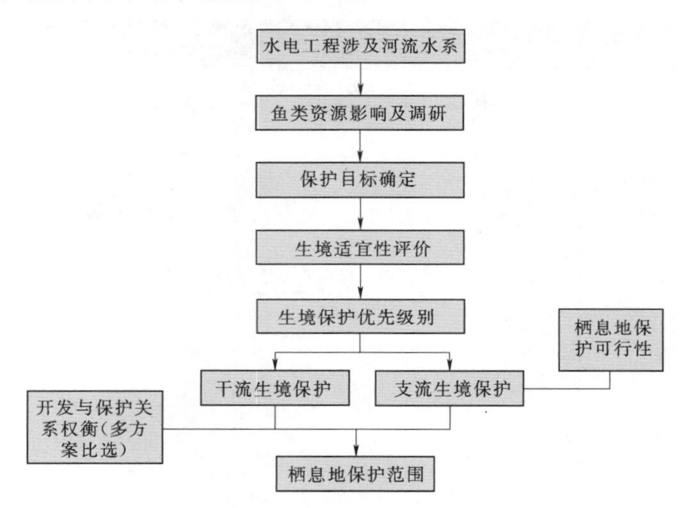

图7.2-1 栖息地保护范围识别与筛选流程图

7.2.2 鱼类资源影响分析及鱼类栖息地保护目标

7.2.2.1 鱼类资源影响分析

由于锦屏一级和锦屏二级水电站运行后，锦屏大河湾的自然水文节律发生明显的改变，对锦屏大河湾的鱼类资源产生了一定影响。此外，水库调度运行可能导致坝下河段水位日内变幅增大，对生境的稳定性以及鱼卵、鱼苗存活将产生一定不利影响。受锦屏一级水电站对河道水温的影响，河道沿程水温相位滞后，可能导致鱼类繁殖期延后，进而对幼鱼生长和越冬不利。

受水文、水质等影响，在各库尾段难以形成大的产卵场，但锦屏大河湾减水河段仍可保留部分适宜栖息地，该河段内土著鱼类可在河段维持一定种群数量，是就地保护鱼类较好的河段。对于锦屏大河湾各支流，相对于雅砻江干流而言，流量较小、生境面积有限，且部分支流也已开发，需研究其作为鱼类栖息地保护的可行性并纳入保护，以期对鱼类栖息地进行有益补充。

7.2.2.2 鱼类栖息地保护目标

鱼类栖息地保护目标需与整个锦屏大河湾水生生态的保护目标保持一致，同时结合保护鱼类的资源、分布与栖息地现状，确定鱼类栖息地保护目标。即为通过合理地确定栖息地保护范围和各项栖息地保护措施的实施，维护支撑锦屏大河湾土著鱼类完成完整生活史的自然河流栖息地的完整性、健康性和多样性，使鱼类“三场”得到有效保护，功能质量有所提高，保障土著鱼类顺利完成生活史过程并维持一定资源量。

7.2.3 候选栖息地保护河段

7.2.3.1 干流

雅砻江下游已建成锦屏一级、锦屏二级、官地、二滩、桐子林共5座水电站。河段开发程度较高，大部分河道形成了库区，水流变得平缓，不再适宜喜急流性鱼类栖息。锦屏大河湾段位于小金河口至巴折，河段长约150km，河流环绕锦屏山，形成一南北向长条形天然弯道，弯道直线距离约16.5km，实际长约126km，水面落差为310m。该河段区间流域面积占全流域的5%，年径流量约占全流域的9%，多年平均流量为1220m^3/s，多年平均年径流量为384.7亿m^3。锦屏二级截弯引水后，在大河湾段形成了长约119km的减水河段。通过下泄生态流量，该河段将维持一定的流水状态。锦屏二级水电站建成运行后，这些具有流水环境的保留河段和减水河段可为适应于流水环境的土著鱼类提供栖息地，具有重要的保护价值。

7.2.3.2 支流

锦屏大河湾段共有30余条支流、支沟汇入，主要包括磨子沟、子耳沟、江浪沟、海底沟、九龙河、朵洛沟、洋桥沟、麦地沟、磨房沟等（表7.2-1）。

表7.2-1 锦屏大河湾段主要支流情况

主要支流	距闸址距离/km	流域面积/km^2	沟口流量/(m^3/s)	备注
磨子沟	5.3	84.7	2.22	左岸
子耳沟	13.1	618.0	16.20	左岸
石官山沟	16.3	—	0.50	右岸
姑鲁沟	21.4	—	0.26	右岸
江浪沟	25.0	76.3	0.67	左岸

续表

主要支流	距闸址距离/km	流域面积/km^2	沟口流量/(m^3/s)	备注
海底沟	28.0	82.6	0.77	左岸
接兴沟	28.4	—	0.38	右岸
九龙河	36.0	3604.0	106.50	左岸
朵洛沟	48.0	126.5	1.52	左岸
石板房沟	51.6	99.9	1.06	左岸
洋桥沟	54.5	168.0	4.44	左岸
萝卜丝沟	57.1	109.5	0.65	左岸
大沟	77.0	—	0.30	右岸
麦地沟	96.4	84.0	1.97	左岸
磨房沟	113.4	67.0	8.50	右岸

注 石官山沟、姑鲁沟、接兴沟和大沟无精确统计的流域面积。

锦屏大河湾段分布的特有鱼类主要包括裂腹鱼类、鮡科鱼类和产漂流性卵鱼类，其产卵繁殖均需要一定的流速、水深，漂流性卵孵化还需要一定的漂程，因此对流量有一定的需求。上述支流中，除子耳沟、九龙河、磨房沟较大外，其余支沟流量均较小，无法为锦屏大河湾内分布的特有鱼类提供适宜的环境，保护价值较低。因此，选择子耳沟、九龙河及磨房沟作为候选栖息地保护河段，分析其作为鱼类栖息地进行保护的可行性。

7.2.4 栖息地适宜性评价与可行性分析

7.2.4.1 评价方法

栖息地保护河段（支流）可行性评价可用替代适宜性、保护适宜性和经济适宜性三个方面来综合表征。首先，栖息地保护河段（支流）要发挥适宜的替代作用，应在物种方面和生境方面具有一定的相似性，因而需分析评价受影响河段与拟选栖息地保护河段（支流）的物种相似性和生境相似性；其次，具备适宜的保护条件，应具有良好的河流连通性和健康的生态系统，因而需分析评价连通性和生态健康状况；第三，栖息地保护河段要实现可持续的保护，需要有适宜的经济基础，具有可操作条件，因而有必要核算开发与保护的综合价值，权衡河段（支流）保护的生态价值和开发的经济价值以及当地社会经济的可持续发展问题，进行经济适宜性分析。通过对替代适宜性、保护适宜性和经济适宜性的综合分析评价，可以得到栖息地保护河段（支流）是否可行的结论。按照该评价方法，针对初步筛选的多个河段（多条支流）的可行性分析，可以得到一定的优先次序，从而进行栖息地保护河段的选择。

鱼类栖息地适宜性评价指标体系详见表 7.2-2。

1. 生境适宜性（B1）

生境适宜性是指待选栖息地保护河段对于保护物种而言，栖息环境的满足程度。B1 计算得分越大，表明生境适宜性越高。

（1）水文水动力（C1）。水文水动力是指为了维持河流最基本生态功能持续流动的最小生态流量满足程度。

表 7.2-2　　鱼类栖息地适宜性评价指标体系

目标层	准则层	指标层	评价指标优劣判定依据
适宜性指数（A1）	生境适宜性（B1）	水文水动力（C1）	流量、流速满足程度
		水环境（C2）	地表水的环境质量满足程度
		连通性（C3）	工程阻隔或天然阻隔状态
		地形地貌（C4）	地貌条件的满足程度
	生物多样性（B2）	鱼类物种数（C5）	土著鱼类物种数量
		重点保护鱼类物种数（C6）	优先保护鱼类（保护对象）的物种数量
		饵料生物（C7）	底栖动物与着生藻类数量、生物量
		重要栖息地（C8）	裂腹鱼类和鮡科鱼类“三场”规模
	经济可行性（B3）	开发价值（C9）	水电开发对当地行政区的重要性
		生态价值（C10）	生物多样性、水土保持、水源涵养等重要程度
		水电未开发损失机会成本（C11）	需放弃梯级的装机容量及其占规划总装机容量的比例

水文情势显著影响着河流生态系统的生物过程。水文情势是河流生态系统中非常重要的一种生境条件，亦是鱼类栖息地保护的关键要素（Poff et al.，1997）。水文情势作为河流生物多样性和生态系统完整性的主要驱动力，其动态变化形成了主河道、河漫滩区、牛轭湖、浅滩、深潭、沙洲、沼泽、湿地等栖息条件的异质性，同时孕育了水生生物的多样性。水生生物的生活史过程适应于水文情势的动态变化过程，如洪水脉冲给鱼类洄游、鸟类迁徙、种子萌发等生物行为提供了必不可少的生命节律信号（廖文根，等，2013）。研究表明，低流量过程可维持合适的水温、溶解氧和水化学成分，为水生生物提供合适的栖息环境，高流量过程可使水体溶解氧升高、有机物质增加（Postel et al.，2003；Richter et al.，2006）；在鱼类产卵季节，适当的涨水过程配合一定的涨水持续时间，还将促使鱼类产卵（陈进，等，2015）。

河流的水动力特性与鱼类栖息地之间具有强烈的相关性（Hauer et al.，2008）。很多研究都表明，鱼类大多数生态行为都与流速密切相关（何大仁，1998）。Bovee（1982）和 Gore et al.（1989）指出种群多样性与供鱼类隐藏的岩石以及该区域的水深、流速等水力学条件之间存在着显著的相关关系。Moir et al.（1998）研究指出，以水深、流速和弗劳德数 Fr 为代表的局部水动力变量可以用来在不同的河流和鱼类之间进行比较。

（2）水环境（C2）。水环境条件满足度是指地表水的环境质量满足程度。水质的理化参数能够直接反映河流水环境条件的优劣状态，具有检测速度快、操作便捷等优点，常被用于河流的水环境评价中。根据地表水水域环境功能和保护目标，并参照《地表水环境质量标准》（GB 3838—2002）的标准限值，将地表水划分为 5 类：

1）Ⅰ类主要适用于源头水、国家自然保护区。

2）Ⅱ类主要适用于集中式生活饮用水、地表水源地一级保护区、珍稀水生生物栖息地、鱼虾类产卵场、仔稚幼鱼索饵场等。

3）Ⅲ类主要适用于集中式生活饮用水、地表水源地二级保护区、鱼虾类越冬场、洄游通道、水产养殖区等渔业水域及游泳区。

4）Ⅳ类主要适用于一般工业用水区及人体非直接接触的娱乐用水区。

5）Ⅴ类主要适用于农业用水区及一般景观要求水域。

（3）连通性（C3）。河流连通性是河流生态系统的最基本特点，是河流生态系统保持结构稳定和发挥生态功能的重要前提和基础。连通性表征拟选择的栖息地保护河段受工程阻隔或天然阻隔的状况，良好的连通性才能保证鱼类有足够的栖息和繁殖空间，同时保证河流系统在物质、能量和信息等方面的流动保持畅通性。

（4）地形地貌（C4）。地形地貌指河流的主河道、河漫滩、边滩、心洲、湿地等空间格局。河流地貌具有空间分布的复杂性和变异性，即空间异质性。其空间异质性表现在纵向的蜿蜒性、横断面几何形状的多样性、沿水深方向水体的透水性、河床底质分布区差异性、河流与洪泛滩区和湿地的连通性等。河流地貌特征是决定自然栖息地的重要因子（董哲仁，2009）。

河流地形地貌是影响河流生物的重要因素，地形地貌指标表征河流在蜿蜒度、河床比降、断面形态、深潭-浅滩单元等地貌条件多样性方面的满足程度。自然界中的大多数河流都是蜿蜒曲折的。由于河道蜿蜒，形成了主流、江心洲、河湾、浅滩、深潭等多种河流生境，为水生生物提供了丰富的繁衍栖息场所。浅滩、深潭是河床最基本的微地貌，交替出现的浅滩、深潭是河流断面形态多样性的主要表现。

2. 生物多样性（B2）

生物多样性是指候选栖息地保护河段内鱼类等水生生物及其“三场”的综合状况。B2计算得分越大，表明栖息地保护河段生物多样性越高。

（1）鱼类物种数（C5）。鱼类物种数是指候选栖息地保护河段内存在的土著物种的物种数量。

选择鱼类物种数这一指标具有很多优势，鱼类群落可以由几个占据不同营养级及其不同摄食功能团（杂食性、植食性、无脊椎动物食性、鱼食性）的物种组成，整合了从低营养级到高营养级的效应，因此可以反映栖息地的整体状况；鱼类生活史长，能够反映长时间内栖息地变化对水生态系统产生的影响；鱼类处于水生生态系统食物链的顶端，可以表征水生生态系统和栖息地的状况（Karr，1981；Fausch et al.，1984；Karr et al.，1985；Fausch et al.，1990；Oberdorff et al.，1992）。

（2）重点保护鱼类物种数（C6）。重点保护鱼类物种数是指候选栖息地保护河段内存在的列为保护对象物种的物种数量。

重点保护鱼类往往是水域生态系统的旗舰种、伞护种和指示种，可以指示栖息地变化，反映水域生态系统状况，保护了旗舰种、伞护种和指示种的栖息地，可以满足大部分鱼类对生境的需求（李晓文，等，2002）。

（3）饵料生物（C7）。饵料生物是指候选栖息地河段内的着生藻类与底栖动物数量、生物量状况。着生藻类和底栖动物是水生生态系统的重要组成部分，对河流食物链的能量流动和物质循环起重要作用，是鱼类的主要食物来源，可以反映栖息地内鱼类食物来源状况。

（4）重要栖息地（C8）。重要栖息地是指候选栖息地保护河段内的裂腹鱼类、鮡科鱼类、产漂流性卵鱼类的“三场”数量和规模。

3. 经济可行性（B3）

经济可行性表征栖息地保护河段经济可行性。

（1）开发价值（C9）。水电开发可为当地行政区带来可观的财政收入，有利于推动当地经济的发展。开发价值即发电效益，可用水力发电价值来表征。

（2）生态价值（C10）。生态价值是指将栖息地保护河段纳入保护后所获得的生态价值，包括生物多样性、水土保持、水源涵养等。

（3）水电未开发损失机会成本（C11）。水电未开发损失机会成本指栖息地保护河段放弃水电开发后造成的年发电收入损失。

4. 适宜性指数（A1）

将栖息地保护适宜性指数（A1）划分为非常适宜、适宜和不适宜3个等级，A1大于0.8为非常适宜，0.6～0.8为适宜，小于0.6为不适宜。

7.2.4.2 可行性分析

1. 锦屏大河湾段

雅砻江小金河口至巴折河段长约150km，河流环绕锦屏山，形成一南北向长条形天然弯道，弯道直线距离约16.5km，实际长约126km，水面落差为310m，通常把这一段称锦屏大河湾。该河段区间流域面积占全流域的5%，年径流量约占全流域的9%，多年平均流量为1220m^3/s，多年平均年径流量为384.7亿m^3。

锦屏二级水电站采用引水式开发，截大河湾天然河道，闸址位于大河湾西端猫猫滩，厂房位于大河湾东端大水沟，厂、闸址之间形成约119km的减水河段。减水河段河床坡降大，水流湍急，河谷呈“V”形，漫滩、心滩少见，深潭较多，沿岸阶地零星发育。

从生境适宜性角度来看，锦屏大河湾减水河段河道地形地貌基本为天然状况。锦屏二级水电站运行以来，逐日生态流量下泄量为48～3368m^3/s，占当日入库流量的5.39%～92.07%；逐月生态流量下泄量为50～1587m^3/s，占当月入库流量的7.9%～78.06%，生态流量下泄过程与天然水文节律基本一致。虽然受减水影响，但依然表现为大中型河流特征，滩潭交替，生境复杂多样，分布有一定规模的适宜产黏沉性卵鱼类产卵的水域约17处、总长20.88km，和爱藏族乡—烟袋乡之间的水域还分布有圆口铜鱼等产漂流性卵鱼类产卵场，生境适宜性高。

从生物多样性角度看，根据文献记载和实地调查，锦屏大河湾共分布（可能分布）有鱼类53种，历次调查共采集到鱼类36种。其中，珍稀特有鱼类21种，历次调查采集到17种。锦屏大河湾内分布的珍稀、特有和土著鱼类多喜好流水生境，锦屏二级和官地水电站建成后，减水河段的保护价值更加重要。

从经济可行性角度来看，锦屏大河湾属锦屏二级水电站减水河段，减水河段内无水电规划，经济可行性高。

整体上，锦屏大河湾减水河段生态价值高，水电未开发损失机会成本小，经济可行性高，建议作为鱼类栖息地进行保护。

2. 支流

（1）子耳沟。子耳沟发源于九龙县与木里县交界处，河源海拔为4892.00m，自西北向东南流，沿途纳大小支沟10余条，于锦屏二级闸址下游13.1km处汇入雅砻江。子耳沟全长48.7km，流域面积为618km^2，河口多年平均流量为16.2m^3/s，总落差为2470m。

根据《四川省甘孜州九龙县子耳河干流水电规划报告》，子耳沟归宁（大板桥沟口上游）至汇入雅砻江的河口处，规划“一库三级”开发方案，规划河段全长30.7km，利用落差1105m，河道平均比降34%。自上而下梯级电站依次为小板桥（龙头水库梯级混合式30MW）、麻窝（引水式32MW）和河口水电站（引水式36MW），总装机容量为96MW，多年平均年发电量为4.92亿kW·h。目前，麻窝（引水式32MW）和河口水电站（引水式36MW）已建成发电。

子耳沟流量较小，已建的麻窝与河口水电站阻断了河流的连通性，并造成河段减水。子耳沟鱼类资源有限，保护价值较低。从生境适宜性、生物多样性和经济可行性角度看，子耳沟生态价值一般，保护实施难度较高，不宜作为鱼类栖息地进行保护。

（2）九龙河。九龙河发源于四川省九龙县北端与康定市交界处，主要支流有铁厂河及踏卡河，于锦屏二级闸址下游左岸约36km处汇入雅砻江。干流全长132km，河口海拔为1524.3m，平均比降为21.5‰。全流域面积约3604km^2，河口多年平均流量为106.5m^3/s，多年平均径流量为35.7亿m^3，水能资源理论蕴藏量达1527MW，水能资源丰富。

九龙河开发程度高，干流采取“一库五级”的梯级开发方案，从上游至下游依次是溪古水电站、五一桥水电站、沙坪水电站、偏桥水电站、江边水电站。左岸一级支流踏卡河采用“一库两级”和“一跨流域引水”开发方案：自上而下为斜卡水电站、踏卡水电站两个梯级水电站。右岸一级支流铁厂河采用两级开发方案：自上而下为杉树坪水电站、一道桥水电站两个梯级。

从生境适宜性角度来看，九龙河流域建成多座电站，最下游一级江口水电站闸址下游形成12km的减水河段，阻断了锦屏大河湾段与九龙河鱼类的交流通道；下泄生态流量为2.41m^3/s，下游河段不会断流，在每年3—6月适当增大到6～22m^3/s，水文水动力条件可基本满足部分产黏沉性卵鱼类需求，但从整体来看，九龙河水生生境条件较差，生境适宜性较低。

从生物多样性角度来看，根据实地调查和文献记载，九龙河干流和支流共分布有鱼类8种，属于2目3科，其中四川省保护鱼类3种，分别为西昌高原鳅、长丝裂腹鱼、青石爬鮡，长江特有鱼类6种，包括短须裂腹鱼、四川裂腹鱼、黄石爬鮡及前述3种省级保护鱼类。

从经济可行性角度来看，九龙河中下游规划总装机915MW，水电规划及规划环评均已批复，开发与保护的矛盾冲突显著，经济可行性较低。

整体上，九龙河开发程度高，生态价值一般，保护实施难度较高，不宜作为鱼类栖息地进行保护。

（3）磨房沟。磨房沟发源于锦屏山东坡的二级支沟毛家沟和建槽沟，自西向东流至麻哈渡汇入雅砻江，全长7km，流域面积为67km^2，多年平均流量为8.5m^3/s。磨房沟水量主要来自于磨房沟泉，泉域面积为192.55km^2。根据观测资料统计，该泉多年平均流量为6.19m^3/s。沟内建成磨房沟一级和磨房沟二级两座电站，总装机37.5MW，均为引水式开发。

从生境适宜性、生物多样性和经济可行性角度看，磨房沟生态价值较低，保护实施难度较高，不宜作为鱼类栖息地进行保护。

3. 评价结果

采用构建的评价体系对上述干支流河段的栖息地适宜性进行定量评价，栖息地适宜性从高到低依次为锦屏大河湾、九龙河、子耳沟、磨房沟（表 7.2-3）。其中，锦屏大河湾的鱼类栖息地保护的适宜性评价总体为“非常适宜”等级，九龙河、子耳沟、磨房沟均为“不适宜”等级。

表 7.2-3　候选栖息地保护河段适宜性评价表

指　标　层	锦屏大河湾	子耳沟	九龙河	磨房沟
水文水动力（C1）	0.80	0.20	0.40	0.10
水环境（C2）	0.70	0.80	0.80	0.80
连通性（C3）	1.00	0.15	0.09	0.60
地形地貌（C4）	0.80	0.20	0.30	0.10
鱼类物种数（C5）	0.72	0.10	0.15	0.05
重点保护鱼类物种数（C6）	0.57	0.10	0.29	0
饵料生物（C7）	1.00	1.00	1.00	1.00
重要栖息地（C8）	1.00	0.10	0.20	0
开发价值（C9）	1.00	0.50	1.00	0.20
生态价值（C10）	1.00	0.40	0.70	0.30
水电未开发损失机会成本（C11）	0	1.00	1.00	1.00
栖息地适宜性指数（A1）	0.88	0.30	0.43	0.26

7.2.5　栖息地保护范围

通过对锦屏大河湾段及其附近支流的栖息地质量状况的系统评估，进一步运用栖息地适宜性综合评价方法进行科学分析，筛选出栖息地保护河段为锦屏大河湾减水河段。栖息地保护范围起点为锦屏二级水电站闸址，终点为锦屏二级水电站厂址，长度约 119km。

7.3　栖息地保护规划

7.3.1　规划目标

鱼类栖息地保护规划通常可以分近期和远期来分别拟定保护目标，在栖息地保护的规划期内还应根据实际情况对具体的保护目标进行判定。

锦屏大河湾上、下游水电开发后，由于水文情势等发生变化，导致河段内土著鱼类栖息地范围萎缩，部分河段水生生态功能降低，设立锦屏大河湾鱼类栖息地是为减缓该影响而采取的河流栖息地和物种保护的综合保护措施。其近期目标是通过对鱼类栖息地进行合理管理和必要的恢复、重建，保护珍稀、特有及土著鱼类栖息地功能的完整性，满足保护对象鱼类产卵、索饵、越冬、洄游等完整生活史的需求；维护珍稀、特有及土著鱼类资源，使其能够维持稳定的种群结构与种群资源量；保护河流生物的多样性，保证其生态功能不降低。远期目标为通过长期的保护，维护河流生态系统健康，保证河流生态系统自身可持续发展。

7.3.2 规划措施体系

锦屏大河湾鱼类栖息地保护重点在于在保障生态流量和生态调度的基础上，维护原生境状态，保护好目前趋势下能够可持续发展的自然功能及物种多样性。因此，栖息地保护规划措施体系以管理为主，结合必要的修复工程措施，达到维护栖息地现状、保护鱼类资源、保证河流生态系统长期可持续发展的目的。基于此，从栖息地功能区划、专项措施规划、管理规划、科研和监测规划等方面提出了锦屏大河湾鱼类栖息地保护规划措施体系。

1. 栖息地功能区划

基于栖息地功能与管理的可操作性，从措施实施的便利、高效等方面考虑，需对锦屏大河湾鱼类栖息地保护范围河段进行功能区划。

根据《中华人民共和国自然保护区条例》与《水产种质资源保护区管理暂行办法》，结合锦屏大河湾鱼类生态特性和分布特征、河流栖息地特点、区域社会经济发展水平和发展规划等因素，将锦屏大河湾鱼类栖息地分为重点保护河段、一般保护河段和保留河段三个层级，进行分级保护（表7.3-1）。

表7.3-1 锦屏大河湾栖息地保护范围河段功能区划

分区	范围	功能定位	保护要求
重点保护河段	锦屏二级水电站闸址（101°38′41″E，28°14′55″N）起至九龙河汇口（101°44′58″E，28°32′04″N）	栖息地保护核心区	禁止水利水电工程等各类涉水工程建设活动与人为破坏行为
一般保护河段	九龙河汇口（101°38′41″E，28°14′55″N）起至麦地沟汇口（101°52′57″E，28°18′39″N）	栖息地保护生态试验区	禁止各类人为破坏行为，可进行促进保护的生态修复与建设活动
保留河段	麦地沟汇口（101°52′57″E，28°18′39″N）起至锦屏二级水电站厂址（101°47′36″E，28°08′20″N）	鱼类资源保护缓冲区	维持现有水生生境状况

（1）重点保护河段自锦屏二级水电站闸址起至九龙河汇口，长度约36km。重点保护河段内禁止水利水电工程等各类涉水工程建设活动与人为破坏行为，是保护的核心区。

（2）一般保护河段自九龙河汇口起至麦地沟汇口，长度约60km。一般保护河段内要禁止各类人为破坏行为，可进行生态保护与建设活动，如生态修复或各类重建工程，但这些活动都是以促进保护目标实现为前提，可作为栖息地保护生态试验区。

（3）保留河段自麦地沟汇口起至锦屏二级水电站厂址，长度约60km。保留河段与官地库区相连，可为锦屏大河湾内分布的鱼类提供索饵、育肥和越冬的场所，在栖息地保护规划期可维持现有水生生境状况，是鱼类资源保护缓冲区。

2. 专项措施规划

结合锦屏大河湾栖息地环境特征，栖息地保护专项措施规划包括生态流量泄放工程、鱼类增殖放流工程、局部河段河道重塑工程、产卵场重建工程四类。规划专项措施情况见表 7.3-2。

表 7.3-2　锦屏大河湾栖息地保护专项措施规划

序号	类型	规划措施内容及针对对象	技术路线
1	生态流量泄放工程	锦屏二级水电站生态流量泄放	结合锦屏一级和锦屏二级水电站特征与锦屏大河湾鱼类需求，推荐生态流量值，拟定下泄生态流量过程和专门泄放设施，并明确监测、监管设施要求
2	鱼类增殖放流工程	锦屏·官地鱼类增殖放流站，作为栖息地保护河流或河段鱼类资源恢复的重要措施	从栖息地鱼类资源恢复的需求上，对锦屏·官地鱼类增殖放流站提出明确的放流需求，包括放流对象、时段和地点等
3	局部河段河道重塑工程	选择锦屏大河湾河床生境条件较差地段，进行局部河段河道重塑	在河道较宽的区域束窄主河床，同时塑造一些深潭缓流区。在河道蜿蜒段、高跌水区等关键位置设置底斜坡、浅滩、深潭微地形。在尽可能保留河床横断面原始形态的前提下，对于跌水较大或过水面积过大而造成断面水深过小的区域，根据情况进行河床整理，既确保水流的连通性，也保障具有一定的水深条件；对于非稳定河床结构进行局部加固
4	产卵场重建工程	对人为破坏影响的重要产卵场，在栖息地范围内择址复建	在已有水生生态调查成果的基础上，结合先进调查技术，开展产卵场底质，产卵期的水文、水流条件测试，分析栖息地需求，选择重建位置，并进行规划设计

3. 管理规划

管理是鱼类栖息地保护工作的重要组成部分，通过科学有序的管理，可保障各项保护措施得到有效落实；通过行政执法层面的管理或监督，可防止非法捕捞和其他人为破坏，确保自然生境与资源处于受保护状态。

（1）管理目标与形式。栖息地保护管理可分为对河道的管理、渔政管理及保护工程实施管理。

1）对河道的管理是自然生境保护的重要方式。锦屏大河湾河道内挖砂采石现象比较普遍，甚至直接开采河床，引起栖息地破坏、河床下切以及生态环境恶化等一系列问题。对于鱼类栖息地保护河段，心滩、边滩又往往是鱼类产卵与觅食的重要场所，河道内挖砂采石对鱼类产生较大影响。由于无序采砂等人为干扰，锦屏大河湾部分珍稀、特有鱼类产卵场、索饵育幼场和越冬场等必需的生境条件发生了变化，资源数量受到影响。因而，对河道的管理尤为重要，围绕河道管理，其主要目标是严格禁止采砂、排污等破坏行为，此外还应控制水利工程建设，尽可能减少人类开发活动对河流生境和珍稀、特有鱼类的影响，保持自然河道不被明显人为占用，保护河道水质和底质不被人为破坏。该管理的形式主要是行政手段，制定栖息地保护法规，通过法律规定和行政许可保护河流生境。

2）渔政管理的目标是规范人们的行为，维持合理有序的渔业作业，维护水生生态系统的可持续发展。渔政管理的形式是执法。通过划定禁渔期和禁渔区，严格执法落实禁渔政策。栖息地保护河流或河段原则上应参照自然保护区的管理规定，施行永久禁渔政策。

3）保护工程实施管理是项目层面上，建设单位与政府主管部门对栖息地建设过程中的具体项目实施情况进行监督管理，保障措施得到较好的落实，促进保护效益。其管理的形式应包括具体的管理机构及政企协调机制。管理机构的责任主体一般为工程建设单位，建设单位在施工过程中成立管理部门，拥有比较固定的办公机构，采取一定的运行机制。由于栖息地管理涉及行政法规层面的诸多工作，因此这种管理也必然需要地方政府部门参与其中，这就需要建设单位与地方政府构建一个联动的政企协调机制。

（2）管理机构及运行机制。为了促进栖息地保护工作有序开展，需要建立一个高效的管理机构与运行机制。锦屏大河湾的栖息地管理责任方涉及政府有关部门和水电开发业主两大方面（图7.3-1）。

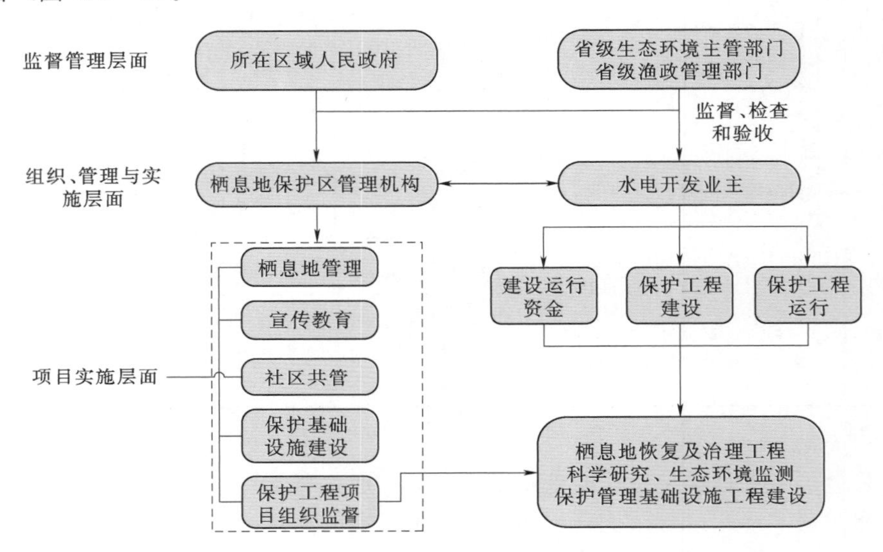

图7.3-1 锦屏大河湾鱼类栖息地保护管理与运行构架图

四川省生态环境厅和水产渔政主管部门负责指导、监管、协调栖息地保护区管理工作开展，监督协调栖息地保护工作中的科研与监测工作开展，监督检查和验收栖息地保护工程，包括河流连通工程、栖息地恢复重建工程、增殖放流工作的开展，对栖息地管理、运行、宣传、教育等相关经费的使用进行集中管理和指导。

地方政府在其适宜的部门（如农牧局、水产局）建立鱼类栖息地管理机构，依法承担栖息地的管理，落实执行国家相关生态环境和水生生物资源保护政策，组织与实施栖息地保护的各项任务。

建设单位依据工程环保措施方案，承担生态补偿责任，提供规划中预算的各项栖息地保护建设和运行补助资金，并在栖息地管理部门的组织和在环境保护部门的监督检查下，承担和运行栖息地保护的相关工程任务。环境保护部门依法依规对鱼类栖息地的建设、运行和管理实施监督、检查和验收。

（3）管理规范要求与设计方法。管理规范要求通过设计一定的管理制度进行落实，包括巡护制度、监测与报告制度、宣传与培训制度等。

1）巡护制度。在栖息地保护管理机构下，建立健全巡护工作管理条例、岗位责任及各项规章制度，实行巡护目标管理，分区专人负责，做好巡护日志记录，保障巡护工作的顺利进行。

巡护工作中也强调检查与执法行为。通过巡护，预防发生一切破坏河流底质、河流水质、水文流态、河流结构的活动，包括新建水电站、新建码头、挖砂、非法捕捞等。需结合实际保护与干扰因素特点，明确重点巡护区域与时段，以有利于杜绝一切影响、干扰鱼类生长与繁殖活动的行为。

2）监测与报告制度。在管理框架下，应组织长期连续的环境与资源监测工作，并形成一定的制度，该制度包括了监测方案及实施计划、分析结果与管理的联动，根据监测到的栖息地状况及时调整管理策略的应急机制。

上下级、责任单位与主管部门及与公众之间的报告沟通是栖息地管理日常工作的一项重要任务，由此形成了报告制度。鱼类栖息地保护管理中所有要求、通报、评议等，均采用书面文件或函件形式往来。更为重要的是，管理机构在监测调查及各项工作总结的基础上，每年形成工作年报或其他定期形式的报告、公报等材料，并建立档案，为栖息地管理提供可靠而全面的依据。

3）宣传与培训制度。为了增强栖息地沿岸居民和当地政府对水生生物的保护意识，自觉地遵守栖息地保护的要求和行为约制，不破坏鱼类生长和繁殖生境，不非法捕捞，应广泛开展宣传与教育工作，包括采用广播、音像、宣传栏、专题讲座及社会团体活动等多种形式。宣传与培训相结合，在栖息地管理机构内形成一定的制度。在制度设计中，主要结合鱼类生长周期及国家相关法规，使得宣传活动成为定期开展的一项任务，并通过固定的规范形式在人力、物力与资金等方面予以保障，确保其顺利实施。

4. 科研和监测规划

对锦屏大河湾鱼类栖息地变化的过程和趋势进行科学研究和监测分析，能为保护与修复工作提供基础依据和科学支持，也是实现栖息地有效保护的一种控制手段。

（1）科研规划。根据锦屏大河湾段的特点和采取的保护措施，重点开展以下几个方面的科研工作：

1）锦屏大河湾珍稀、特有鱼类生态习性与种群保护关键技术研究。锦屏大河湾部分珍稀、特有鱼类基础生物学研究薄弱，为更好地保护鱼类资源，应开展锦屏河段特有鱼类的生态习性与种群保护关键技术研究，为栖息地保护、生态调度、增殖放流等措施研究提供依据。

2）锦屏大河湾珍稀、特有鱼类栖息地适宜性评价与生态修复规划。结合雅砻江锦屏大河湾减水河段鱼类栖息地保护现有工作成果，锦屏大河湾珍稀、特有鱼类栖息地适宜性评价，针对性地提出该河段鱼类栖息地生态修复规划及相关对策建议。

3）锦屏一级、锦屏二级水电站梯级生态调度研究。考虑锦屏大河湾鱼类保护对水文、水温、水质等不同生态需求，结合工程调度管理的可操作性，研究锦屏一级、锦屏二级水电站梯级生态调度目标确定方法，开发河-库系统水量-水质-水温耦合模拟技术，构建协调防洪、发电和生态等多目标的梯级水库调度模型，在情景分析的基础上，提出协调多目标的生态调度规则。

4）锦屏大河湾鱼类栖息地保护效果研究。对锦屏大河湾减水河段水生生物栖息地展开现场调查，科学评价锦屏大河湾减水河段水生生物栖息地生态保护效果。

5）锦屏·官地鱼类增殖放流站增殖放流效果评估。为评估人工增殖放流效果，适时调整人工增殖放流计划，需要在苗种放流期间以及放流一段时间后进行相应监测。监测内容主要包括种群数量与遗传多样性变动两个方面。

（2）监测规划。根据锦屏大河湾鱼类栖息地的实际情况设置监测河段或断面，构建监测网络。监测网络的构建充分利用现有的水文、环境等监测站网，增设监测项目与设备，提高监测与信息处理水平。监测对象包括水文径流、洪水、水质、水温等水文水环境要素，饵料生物及鱼类资源等水生生物要素。监测站网布设，应采取连续定位观测站点、临时性监测站点和周期性普查相结合，在重点区域设立长期连续定位观测点，定量监测本段河流的水文水资源、水环境、鱼类种类与早期资源变化的特点与过程。

锦屏大河湾栖息地监测分为珍稀特有鱼类资源监测、珍稀特有鱼类早期资源量监测、水域环境水质要素和生源要素监测、水生生物资源监测、鱼体环境污染物残留监测，结合栖息地环境特征、鱼类生长习性，分别制定监测位置、频次和时间。

7.4 栖息地保护实施

7.4.1 划定保护区

7.4.1.1 水产种质资源保护区

2008年7月，四川省人民政府以“川府函〔2008〕174号”印发了《四川省人民政府关于建立恩洋河中华鳖等9处省级水产种质资源保护区的批复》，同意建立包括雅砻江鲈鲤长丝裂腹鱼省级水产种质资源保护区在内的9处四川省级水产种质资源保护区。雅砻江鲈鲤长丝裂腹鱼省级水产种质资源保护区即在大河湾河段内（图7.4-1）。

保护区总面积为530hm^2，其中核心区面积为330hm^2，实验区面积为200hm^2。核心区特别保护期为全年。保护区位于凉山州冕宁县境内，分两段，雅砻江自上而下流经健美乡松林坪—新兴乡大沱（第一段），范围为101°45′～101°38′E、28°32′～28°16′N；里庄乡经营村烂柴湾—联合乡大水沟（第二段），范围为101°51′～101°47′E、28°15′～28°08′N，全长50km。其中健美乡松林坪—新兴乡大沱为核心区，长33km；里庄乡经营村烂柴湾—联合乡大水沟为实验区，长17km。主要保护对象为鲈鲤、长丝裂腹鱼，保护的其他物种包括四川裂腹鱼、短须裂腹鱼、泉水鱼、青石爬鮡、黄石爬鮡、长薄鳅等。

7.4.1.2 雅砻江中下游流域栖息地保护区

依据水电开发“生态优先、统筹考虑、适度开发、确保底线”方针，2012—2013年启动并完成了《四川省雅砻江干流中下游河段水电开发环境影响回顾性评价研究》，统筹流域水电开发与生态保护关系，实施流域层面“两区一段”水生生态栖息地保护（中游高原鱼类栖息地保护区、雅砻江汇口栖息地保护区、下游东部江河平原鱼类大河湾保护段）；实施局部水域栖息地保护（曲入河、达曲河、卧龙寺沟、惠民河、永兴河流水段、鳡鱼河支库；力丘河干支流部分河段）。其中，下游东部江河平原鱼类大河湾保护段，即为锦屏

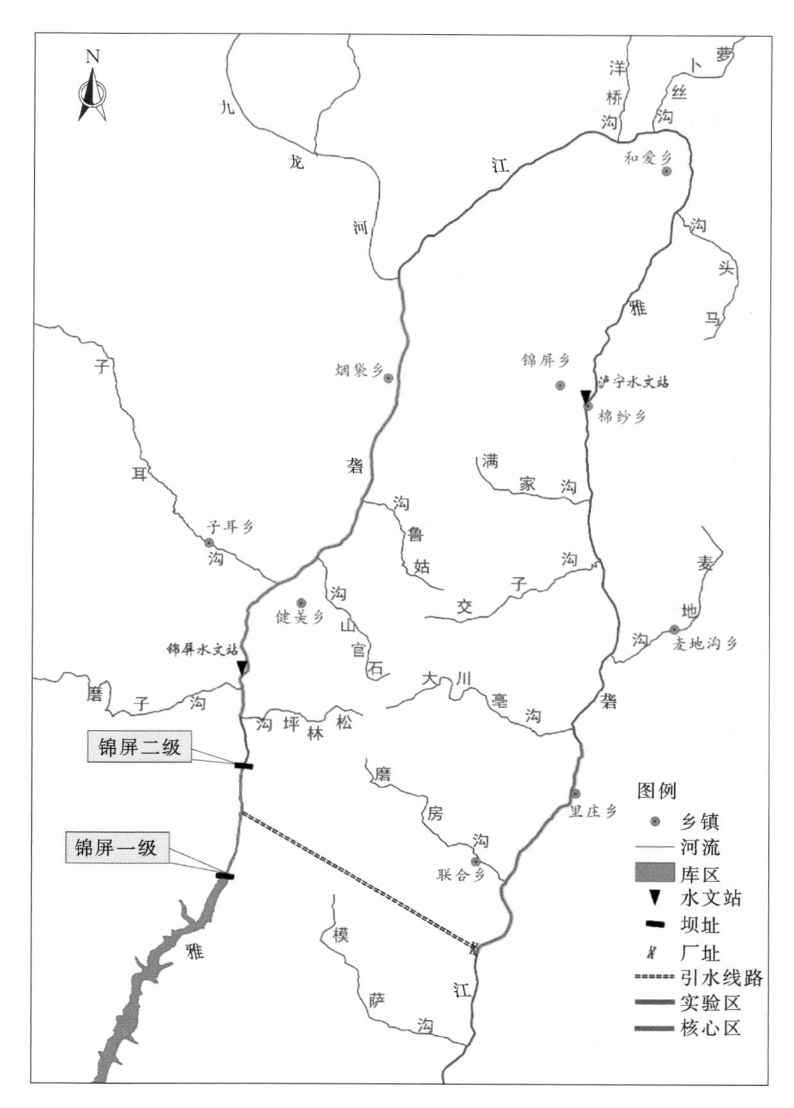

图 7.4－1 雅砻江鲈鲤长丝裂腹鱼省级水产种质资源保护区图

二级坝址以下 119km 减水河段和官地库区。

7.4.2 栖息地修复

7.4.2.1 问题剖析

雅砻江下游锦屏一级和锦屏二级水电站建成运行后，锦屏二级闸下 6km 处锦屏水文站断面最大水深为 9.55～2.18m，较工程运行前变幅为 16.16%～62.85%；水面宽为 65.74～102.27m，较工程运行前变幅为 4.4%～28.67%；断面流速为 0.28～2.63m/s，较工程运行前变幅为 13.77%～79.2%。总体上看，上述两个梯级电站运行后河段水文情势发生了明显变化，从而导致鱼类生境发生改变，主要体现在三个方面：①河段水量减小导致鱼类栖息生境空间范围受到压缩；河道水量减小进一步引起水文、水力学要素变化，导致鱼类“三场”尤其是产卵场发生改变，适宜产卵水域面积减小；②锦屏一级水电站水温分层引起的下泄低温水的影响；③河段减水后，挖砂、淘金等人为干扰活动的增加，对鱼类栖息地产生了新增叠加影响。

1. 河道减水

锦屏二级水电站自运行以来，逐日生态流量下泄量为48～3368m³/s，较天然状况减少7.93%～94.61%；逐月生态流量下泄量为50～1587m³/s，较天然状况减少21.94%～92.1%。尽管生态流量下泄过程与天然水文节律基本一致，但河道减水导致物理栖息地面积相应减少。九龙河汇入后，月均流量为73.66～1825.44m³/s，减水状况有所减缓。工程运行后，断面最大水深为9.55～2.18m，水面宽为65.74～102.27m，断面流速为0.28～2.63m/s。

锦屏大河湾减水河段实地踏勘结果也表明，尽管锦屏二级水电站运行后部分时段减水河段流量及水位较蓄水前下降较为明显，但依然表现为大中型河流特征，河段水流特性依然呈现多样化。

2. 下泄低温水

调节性能强的大中型水库蓄水运行后，库区常形成垂向方向上的水温分层结构，同时电站多存在下泄低温水现象。锦屏一级水电站为世界第一高拱坝，坝高达305m；水库正常蓄水位为1880.00m，死水位为1800.00m，消落深度为80m，水库调节库容为49.1亿m³，具年调节性能，为稳定分层型水库，存在下泄低温水现象并对下游水生生态和水环境造成不利影响。为减轻电站下泄低温水的负面环境影响，使下泄水温尽量接近天然情况，锦屏一级电站设计并采用了进水口分层取水方案。

根据对锦屏一级水电站下泄水温的监测结果，锦屏一级对下游水温的改变较为明显。下泄年均水温为13.7℃，较入库水温高2.2℃，其中4月、5月、6月下泄水温较干流入库水温低0.3～1.4℃，其余月份偏高0.6～7.7℃。

3. 人为活动干扰

锦屏大河湾减水河段挖砂采金现象比较严重，减水河段沙滩坪段、腊窝段、锦屏大河湾段、萝卜丝沟段、龙家沟段、里庄段、太平沟等区域附近存在多处挖砂采金场，挖砂采金场位置、数量逐年变化，2015年下半年现场调查发现减水河段挖砂采金场约15处，涉及河段约5km，沙滩坪、里庄乡等区域分布的挖砂采金场位于雅砻江鲈鲤长丝裂腹鱼省级水产种质资源保护区内。挖砂采金导致河床形态改变，附近水域水体浑浊，破坏河床形态，不利于水生生物的生境维护，同时泄洪期间存在重大安全隐患。

此外，大河湾栖息地内偷捕现象严重，部分偷捕位于雅砻江鲈鲤长丝裂腹鱼省级水产种质资源保护区核心区内。

大河湾栖息地受人为活动干扰的典型河段面貌见图7.4-2。

7.4.2.2 修复目的和任务

开展生态修复的目的是改善锦屏大河湾鱼类栖息地与河流生态系统的结构与功能，主要任务包括水文、水质条件的改善，河流地貌特征的改善，生物物种的恢复。其中，水文、水质条件的改善包括水文情势的改善，水力学条件的改善，水量、水质条件的改善。河流地貌特征的改善包括恢复河流的纵向连续性和横向连通性，保持河流纵向蜿蜒性和横

图 7.4-2 大河湾栖息地受人为活动干扰的典型河段面貌

向形态的多样性，采用生态型护坡以防止河床材料的硬质化等。生物物种的恢复包括濒危、珍稀、特有鱼类的保护，水生生物资源的恢复等。

7.4.2.3 修复策略

1. 生态修复技术

国外较早开展了河流栖息地保护与生态修复的研究工作。1985 年丹麦开始实施河流复原工程，分阶段实施 3 类改造。类型Ⅰ：滩地与深潭的构造、鱼类产卵场等小规模、局部性环境改善；类型Ⅱ：河道内跌水的改善、鱼道的设置、恢复河流连续性等；类型Ⅲ：恢复河道及其平原地带的生态、理化功能，恢复原来河道的弯曲形式，在冲积平原地带进行湿地再造等（丁则平，2002）。1987 年，莱茵河保护国际委员会（International Commission for the Protection of the Rhine，ICPR）提出“鲑鱼-2000 计划”，该计划以河流生态系统恢复作为莱茵河重建的主要指标，以流域敏感物种的种群表现对环境变化进行评估，主要目标是到 2000 年鲑鱼重返莱茵河（董哲仁，2003）。20 世纪 90 年代，日本开始开展“创造多自然型河川计划”，通过河流生态系统的多样性修复，恢复提高河流的自净能力（丁则平，2002），例如朝仓川河道整治工程，通过构筑自然弯曲的河流形态及河床石块，形成局部涡流效果，以纵横圆木和较大石块作为护岸，维持河流横向连通。20 世纪 90 年代，美国拆除废旧堰坝、恢复河流生态工作得到空前展开，1999—2003 年期间，拆除位于小支流上的病险水坝 168 座，拆坝后大多数河流生态环境得以恢复，尤其是鱼类洄游通道、生存环境得到改善（杨小庆，2004）。

我国河流生境保护与栖息地评价等方面的研究工作起步较晚，近年来，随着生态文明建设的不断深化，水电开发中的生态环境保护问题越来越引起人们的关注。原环境保护部“关于深化落实水电开发生态环境保护措施的通知”（环发〔2014〕65 号）中明确提出“水电工程应结合栖息地生境本底、替代生境相似度和种群相似度，编制栖息地保护方案，明确栖息地保护目标、具体范围及采取的工程措施，并在水电开发的同时落实栖息地保护措施，保护受影响物种的替代生境”。国内诸多水电站也开展了栖息地保护实践，如为满足苗尾水电站开发河段鱼类栖息地生境要求，从河流连通性、栖息地保护、重要生境构建、河岸岸坡防护等角度对该河段实施保护工程，修复河流连通性和生境多样性，达到基独河作为苗尾水电站库区鱼类栖息生境的目标；安谷水电站通过优化区域河网结构、营造适宜的生境条件来恢复鱼类栖息环境，解决安谷水电站的栖息地保护问题（芮建良，等，2015）。

栖息地生态修复技术可以分为工程措施和非工程措施，工程措施主要包括河流连通性恢复、河道内栖息地修复与再造、岸坡防护和湿地生态调控等，非工程措施包括生态流量、生态调度、分层取水、污染源治理等。

（1）工程措施。

1）河流连通性恢复。河流连通性是鱼类栖息地营造的首要考虑因素，河流连通性包括了水文水力学过程空间连通性、营养物质流和能量流空间连通性、生物群落结构空间连通性以及信息流空间连通性等4个方面。河流连通性包含两个基本要素：①要有能满足一定需求的保持流动的水流；②要有水流的连接通道。

河流连通性恢复措施主要包括过鱼设施、鱼坡及底斜坡构造、透水堰坝，以及拆除河流中阻隔设施等。过鱼设施是减缓大坝阻隔效应，恢复河道连通性，完成坝上和坝下河段鱼类洄游和种群交流的重要措施。主要过鱼设施的类型包括鱼道、鱼闸、升鱼机、集运鱼系统等。

2）河道内栖息地修复。河道内栖息地是指具有生物个体和种群赖以生存的物理化学特征的河流区域。河道内栖息地修复技术关键在于通过河道坡降及流场的局部改变，调整河道泥沙冲淤变化格局，形成相对多样的河道形态，同时利用掩蔽物，增强水域栖息地功能。主要修复技术包括横断面修复、纵断面修复和浅滩-深潭结构营造等。河道内栖息地修复采用的工程措施一般包括砾石/砾石群，具有护坡和掩蔽作用的圆木、支撑叠木、挑流丁坝及堰坝。

3）河道内栖息地再造。河道内栖息地再造是指依照鱼类等保护对象的适宜生境要求，在适宜河段有意识地新建鱼类适宜栖息地的技术。主要类型包括人工产卵场、人工渔礁、人工鱼巢、生态丁坝、生态潜坝、生态岛等。

4）岸坡防护。河流廊道中的河道岸坡是河流的基本组成部分，典型河岸带由坡脚区、岸坡区、河漫滩区、过渡区和高地区5部分组成。生态护坡是通过构建多孔隙河岸，对河岸进行加固，防止河道淤积、侵蚀和下切；同时多孔护岸材料为植物的生长提供了有利条件，为鱼类提供了栖息地，保障自然环境和人居环境的和谐统一（许玉凤，2010）。

5）湿地生态调控。湿地生态调控是指采用自然恢复、生态工程或技术对消失或退化的湿地生态系统进行恢复，再现干扰前的生态系统的相关物理、化学和生物学过程和生态系统的结构和功能，使其发挥应有的生态服务功能，是与湿地生态保护既有区别又有联系的一种重要措施和手段。水电工程建设将形成一定长度减（脱）水河段，对湿地生态影响重大，而湿地生态恢复中，保证河流基本的生态需水量是湿地生态恢复的基础和前提，同时也是湿地生态系统形成及其功能维持的重要因子。

（2）非工程措施。

1）生态流量。河流生物群落对自然水文情势具有很强的依赖关系。人类对水资源的开发利用改变了自然水文情势，使河流生态系统结构与功能发生了一系列变化，于是引出生态流量问题。生态流量评价是水资源综合配置和水库生态调度的基础。

生态流量是一个动态问题，水文情势年内和年际变化都影响生物群落和种群的状况，所以不能简单用最小需水量概念来理解河流生态需水问题。水文情势变化涉及众多生态保护目标，目前常用的评价方法，主要是针对水文条件、水力条件、栖息地数量和质量以及自然水流条件变化进行评价，包括水文学方法、水力参数评价方法、栖息地评价法以及水文一生态模型法等。

2）生态调度。生态调度是指在不显著影响水库防洪、发电、供水、灌溉等社会经济效益的前提下，改善水库调度模式，部分恢复自然水文情势，保护与修复包括库区、水库下游河流以及河口的生态系统，实现社会、经济和生态保护的多赢目标。生态调度不能误解为单纯为修复河流生态系统而进行的水库调度，其本质是兼顾生态保护的水库调度。

以三峡电站为典型，考虑到长江鱼类产卵的需要，三峡电站每年春季适时下泄水量人为制造洪峰，2011—2016年连续实施了6次试验性生态调度，累计监测到约6亿尾“四大家鱼”早期资源量（周雪，等，2019）。

3）分层取水。水库可能存在水温分层现象。为减缓下泄低温水对下游水生生物或农田灌溉的不利影响，需要采取必要的水温恢复与调控措施。在掌握了水温分布规律的基础上，根据下游具体生物目标的水温需求，经综合分析，选择适宜的水温恢复措施和目标，在大坝结构中设置水库分层取水设施，主要包括多孔式取水设施、叠梁门分层取水设施等。

4）污染源治理。流域污染源是造成流域江河水体污染、功能丧失的主要诱因。流域水资源保护的最根本的途径就是控制污染源、降低水体污染负荷。流域水资源水质改善的核心是污染源治理，而污染源治理必须坚持预防为主、综合治理的指导思想。流域点源必须坚持以控制源头产污、强化末端治理为主；面源应以系统截留净化为主，辅助集中处理。

（3）适用性分析。根据锦屏大河湾鱼类栖息地现状结合各生态修复技术特点，提出锦屏大河湾适用的生态修复技术，包括横断面修复、纵断面修复、浅滩-深潭结构营造、生态丁坝、生态潜坝、人工产卵场、生态护坡、生态流量、生态调度、分层取水等。

2. 修复对策与建议

锦屏一级和锦屏二级水电站工程建设对水沙条件、径流过程、洪水脉冲产生了较大影响，同时河道沿线的人为采砂干扰，对产卵栖息地尤其是产卵垫层产生了严重扰动。根据锦屏大河湾减水河段鱼类组成特点及栖息地存在的上述问题，分别提出产黏沉性卵和产漂流性卵两种类型鱼类栖息地修复的对策和建议。

针对圆口铜鱼等产漂流性卵的类群，分析其主要面临繁殖水文过程不满足和漂程不足的问题，可通过优化调度和工程措施相结合的方式满足其生活史需求；针对长丝裂腹鱼等产黏沉性卵的类群，分析其主要面临“三场”被破坏的问题，可通过河道内的栖息地修复与加强的方式满足其生活史需求。两种类型鱼类栖息地面临的问题、出现问题的原因、修复对策与所需相关技术见表7.4-1。

表 7.4-1 减水河段鱼类栖息地修复对策与技术一览表

鱼类	栖息地存在问题	原因	修复对策	相关技术
产漂流性卵鱼类	水文水动力条件不满足	河道减水	增加流量，持续涨水刺激	生态调度
	受精卵孵化漂程不足	河道长度不足	提高纵向蜿蜒性，增加漂程	河道内修复、生态丁坝
产黏沉性卵鱼类	产卵场地形、底质组成结构不满足要求	河道采砂	补充砂砾	取缔采砂，河道内修复、岸坡修复、人工产卵场
		河流动力不足	构造多样性的水力条件促进砂砾组重新分配	河道内修复、生态丁坝
			恢复冲刷性水流	生态调度
	砂砾补给受限	河床内砂砾缺乏	增加河槽糙率，允许泥沙迁移	河道内修复、构造河床结构、人工产卵场
		大坝阻隔		
	栖息地可利用面积减少	河道减水	增加流量	生态流量、生态调度

7.4.3 管理措施

7.4.3.1 生态调度

1. 调度需求

为维持锦屏大河湾段生态基流及鱼类栖息地生态功能，为珍稀特有鱼类产卵、繁殖创造适宜的水文水动力条件，保护鱼类资源，维护生态系统健康，分别提出了产漂流性卵鱼类和产黏沉性卵鱼类生态调度目标及其繁殖的生态需求（表 7.4-2）。

表 7.4-2 生态调度目标及其繁殖的生态需求

类别	物种	繁殖时间及水温	繁殖所需水文过程	重要栖息地分布	河床物理特性
产漂流性卵鱼类	圆口铜鱼	3—7月	涨水刺激	和爱藏族乡、烟袋乡、魁多乡和健美乡之间	岩石、粗砾
	长鳍吻鮈	3—5月		干流散布	
	长薄鳅	4—6月			
	中华金沙鳅	4—5月			
产黏沉性卵鱼类	长丝裂腹鱼	2—5月，9～14℃	日内流量变幅不宜过大	干流广泛分布	喜好砾石、砂砾底质
	四川裂腹鱼	2—5月，9～14℃			
	短须裂腹鱼	2—5月，9～14℃			
	细鳞裂腹鱼	2—5月，9～14℃			
	青石爬鮡	6—8月，10～16℃		干流及部分支流	喜好基岩、块石底质
	黄石爬鮡	6—8月，10～16℃			
	中华鮡	6—8月，10～16℃			
	鲈鲤	3—6月，14～16℃		干流散布	喜好砾石、砂砾底质
	泉水鱼	6—7月，14～16℃			喜好基岩、块石底质

2. 生态流量泄放方案

为满足产漂流性卵鱼类和产黏沉性卵鱼类繁殖需求，提出泄放生态流量不低于 $45m^3/s$，具体泄放方案见表 7.4－3。

表 7.4－3　锦屏二级水电站生态流量泄放方案

月份	6月（汛期）	7—10月（汛期）	11月至翌年2月（枯期）	3月（枯期）	4月（枯期）	5月（枯期）
下泄流量	10d 平均下泄量为 $140m^3/s$，最大为 $280m^3/s$，其余天数为 $45m^3/s$	不小于 $45m^3/s$	不小于 $45m^3/s$	10d 平均下泄量为 $60m^3/s$，最大为 $120m^3/s$，其余天数为 $45m^3/s$	10d 平均下泄量为 $90m^3/s$，最大为 $180m^3/s$，其余天数为 $45m^3/s$	10d 平均下泄量为 $140m^3/s$，最大为 $280m^3/s$，其余天数为 $45m^3/s$

3. 生态流量泄放设施

为满足生态流量泄放要求，锦屏二级水电站设计、建设了生态流量泄放洞。在水库正常蓄水位时，生态流量泄放洞最大泄流能力为 $918m^3/s$（两孔闸门）；死水位时，泄放洞最大泄流能力为 $360m^3/s$（两孔闸门），完全满足生态流量泄放要求。

4. 生态流量调度保障

锦屏一级和锦屏二级水电站将生态流量下泄要求纳入调度规程，编制了《雅砻江流域电站水库调度规程》，对生态流量运行和泄放量提出了明确的要求，可确保生态流量下泄。

7.4.3.2　渔政管理

雅砻江鲈鲤长丝裂腹鱼省级水产种质资源保护区设立后，冕宁县农牧局负责保护区现场管理，划定禁渔区，每年在保护区范围内开展增殖放流，同时对保护区进行不定期的渔政执法检查，主要包括：

（1）划定禁渔区。为了有效地保护锦屏大河湾段鱼类资源，除了锦屏二级闸址下泄生态环境流量和实施增殖放流以外，还应实施禁渔措施。将锦屏大河湾鱼类栖息地河段整体划为禁渔区，禁渔期暂定为每年的3—8月。

（2）禁止违法捕鱼行为。当地渔政部门加强对160km鱼类种质资源库的渔业管理，禁止电鱼、炸鱼、毒鱼等违法捕鱼行为，禁止使用迷魂阵、深水张网、布围子、电鱼船等有害渔具。

7.4.3.3　鱼类资源恢复

为恢复锦屏大河湾段的鱼类资源，在大沱业主营地建设了锦屏·官地鱼类增殖放流站，按一定比例同时投放鱼苗、幼鱼和成鱼。截至2018年，累计放流短须裂腹鱼、细鳞裂腹鱼、长丝裂腹鱼、鲈鲤等817万尾。同时，开展了增殖放流效果监测，确保了珍稀特有鱼类的保护效果。

7.5　栖息地保护效果评估

7.5.1　评估方法与指标体系

7.5.1.1　评估方法

在栖息地保护效果评估中，应根据评估尺度、数据采集情况、决策需求等具体情况进行分析，综合考虑各种栖息地评估方法的优缺点，选择确定相应的评估方法，并可综合运用几种方法，以便于评估结果的分析比较。

1. 评估方法筛选

(1) 常用方法介绍。

1) 水文水力学方法。水文水力学方法主要通过流量、水位等参数反映河流栖息地的状况，比如湿周法（Annear et al.，1984；Lohr，1993；Gippel et al.，1998）、R2－CROSS法（Parker，2004；Pastor et al.，2014）等，通过计算河道生态需水量来评判河流栖息地的质量状况。河道湿周法假设浅滩是最临界的河流栖息地类型（王占兴，2009），保护了浅滩也就保护了其他栖息地类型。在应用中，首先要在浅滩区域选定几个代表性断面，测量不同流量条件下的水深和流速，然后绘制湿周与流量的相关曲线，二者是非线性关系，湿周随着流量的增加而增大，但当湿周超过某临界值后，关系曲线斜率降低（图7.5－1），可以认为，湿周-流量关系曲线中的第一个转折点所对应的流量为河道生态流量值（吉利娜，等，2006；郭文献，等，2009）。R2－CROSS法是将河流平均深度、平均流速和湿周率作为反映生物栖息地质量的水力学指标，认为如能在浅滩类型栖息地保持这些参数在适宜的水平，即可维护鱼类在河流内的水生栖息地（朱瑶，2005）。

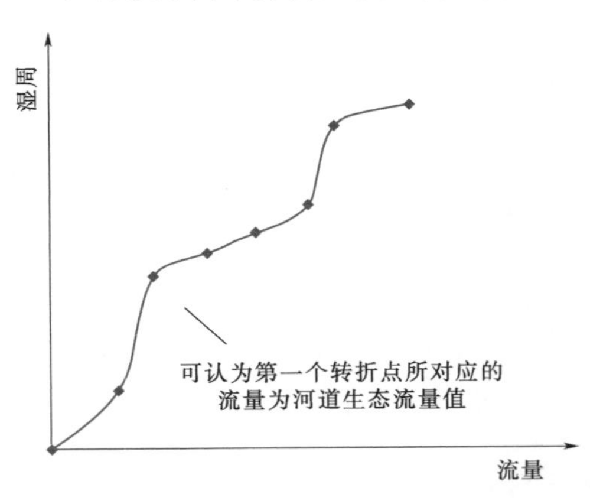

图7.5－1　湿周-流量关系曲线示意图（吉利娜，等，2006；郭文献，等，2009）

2) 河流地貌法。河流地貌法是通过河流地貌特征反映栖息地的状况，主要是针对某一具体河段内的河流地貌生境因子（如水流形态、河岸和底质等）进行实地定性调查打分，评估其栖息地质量（赵进勇，等，2008）。研究表明，在水量与水质不变的情况下，河流地貌特征与生物群落的多样性存在着线性关系，影响着生物群落的结构和功能（Cude，2001）。英国环境署编写的河流栖息地调查手册（Survey F，2003）通过现场调查河段的物理特征来对栖息地状况进行评估，调查内容主要包括河道形态、岸坡状况、流态、植被结构、土地利用状况、浅滩-深潭结构、人工结构物等。

3) 栖息地模拟法。栖息地模拟法主要是基于相关关系的栖息地适宜度模型研究，包括基于相关关系的栖息地适宜性模型和基于过程的生物种群或生物能模型两大类（易雨君，等，2011）。

基于相关关系的栖息地适宜性模型包括单变量栖息地适宜性模型和多变量栖息地适宜性模型，主要通过对生物行为和环境因子相关关系的研究来对栖息地适宜性作出判断。①单变量栖息地适宜性模型以特定属性（如水深、流速）下区域内的物种数量表示栖息地的适宜性程度。河道内流量增加方法（Instream Flow Incremental Methodology，IFIM）就是一种单变量栖息地适宜性模型（英晓明，2006），Bovee（1982）首先将IFIM应用到栖息地评估中，并在后续研究中对此方法进行了完善，利用IFIM原理开发的物理栖息地模拟模型 PHABSIM 应用较广，郝增超等（2008）利用 IFIM 方法对河道生态需水量多目标评价方法进行了研究。②多变量栖息地适宜性模型包括回归模型、排序技术、人工神经网络、模糊准则、决策树等。回归模型包括逻辑回归模型和多重回归模型，Schmutz et al.（1999）利用逻辑回归模型对斑鳟鱼的栖息地选择情况进行了研究，Binns et al.（1979）利用多重回归模型对鲑鱼的栖息地适宜性进行了分析。排序技术是指依据出现的物种及其丰富度，将样点（或样区）进行依序排列的技术方法，包括利用群落本身属性排序的间接梯度分析和利用环境因素排序的直接梯度分析两种方法。Do Prado et al.（1994）利用间接梯度分析方法对以水质为主要因子的河流栖息地进行了时空趋势预测，Copp（1992）利用直接梯度分析方法对鱼类群落栖息地进行了分析，Wilhelm et al.（2005）利用间接梯度分析方法中最为通用的主成分分析（Principal Components Analysis，PCA）方法对美国密歇根州的河流栖息地质量进行了评估。Baptist（1997）利用人工神经网络技术对鱼类栖息地进行了研究。Jorde et al.（2001）利用模糊准则技术对鱼类栖息地质量进行了评估，并开发了鱼类和底栖生物栖息地质量评估软件 CASIMIR。Zuther et al.（2005）利用模糊准则技术和地理信息系统对小龙虾的栖息地适宜性指标进行了研究，其研究结果可作为栖息地评估的前期准备工作。

基于过程的生物种群或生物能模型包括基于栖息地供给的鱼类种群模型和生物能模型。Minns（1995）提出了年龄结构鱼类种群模型，模型研究了与白斑狗鱼的适宜栖息地供给相关的密度效应，模型中包括鱼类的不同生活阶段（产卵期、孵化初期、稚鱼期、成年期）。生物能模型是一种特殊种类的生物过程模型，在这种模型中，鱼类的最佳位置是基于对能量的预算。这些模型计算出鱼类进行生命活动所需要的能量，根据流速、能量摄入和损失的预算确定最优的鱼类位置（赵进勇，等，2008）。

4）综合评估法。栖息地综合评估法，是指从河流生物栖息地的整体出发，综合河流物理、化学和水生生物等多类型评价指标，构建评价指数评估栖息地保护效果的一类技术方法。

综合评估法在美国以及澳大利亚得到广泛应用，美国环境保护局提出的《快速生物评估草案》（Rapid Bioassessment Protocol，RBP）通过流态、底质、河道地形、泥沙、水质、植被覆盖、生物状况等因素对河流的栖息地状况进行评估，并利用赋分系统对河流栖息地状况进行分级，其中生物状况用生物完整性来表征，使用的水生生物类型包括着生藻类、底栖大型无脊椎动物、鱼类 3 种类型（Barbour et al.，1999）。澳大利亚 ISC（Index of Stream Condition）综合评估方法则构建了基于河流水文学、形态特征、河岸带状况、水质及水生生物 5 方面共计 19 项指标的评价指标体系（Ladson et al.，1999）。英国 RHS（River Habitat Survey）综合评估方法通过调查背景信息、河道数据、沉积物特征、植被类型、河岸侵蚀、河岸带特征以及土地利用等指标来评估河流生境的自然特征和质量（Raven，1998）。南非的 RHP（River Health Planning）综合评估法选用河流无脊椎动物、鱼类、河岸植被、生境完整性、水质、水文、形态等 7 类指标评估河流栖息地状况（Rowntree et al.，2000）。2010 年，中国也推出了全国河湖健康评价计划（National River and Lake Health Program，NRHLP），使用水文水资源、物理结构、水质、水生生物和社会服务功能 5 个方面共 15 个指标来综合评估河流栖息地的健康状况。

(2) 优缺点分析

1) 水文水力学方法中的湿周法和 R2－CROSS 法主要侧重对浅滩型的河流生物栖息地进行评估，数据可直接从现场取得，简单易行，但在典型断面的选取方面存在一定难度，并且仅将流量作为栖息地质量的衡量标准，存在一定的不足。

2) 河流地貌法主要针对宏观尺度或中观尺度进行栖息地评估，侧重栖息地的物理特性研究，数据可从现场调查和观测取得，但在评价要素的选取方面没有统一的方法，并且要素对生物的重要性程度不易确定。河流地貌评估法仅局限于微观尺度，而且对于山区河流的栖息地尚缺乏合适的评估指标体系。

3) 栖息地模拟法中的栖息地适宜性模型主要针对微观栖息地尺度进行，可以对生物栖息地质量进行定量化描述，但对数据要求较高，需要建立生物与水文、地貌等要素间的适配曲线。作为单变量栖息地适宜性模型，PHABSIM 模型利用 IFIM 方法的原理，在过去 20 年里因其操作性强而在栖息地评估方面广泛应用，但其为一维模型，仍有一定的局限性，因为栖息地的空间特性对生物多样性有重要影响。同时，栖息地适宜性指标的可移植性、模型的不确定性、有效性等问题也受到广泛关注。栖息地模拟法中的生物种群或生物能模型主要针对微观栖息地尺度进行，可以与指示物种建立直接联系，但需要对生物生命周期、生活习性等方面的数据资料进行全面采集与分析，建立统计学关系。栖息地模拟法则仅能满足某种或某几种鱼类的模拟研究，无法胜任较多种类的评估任务。

4) 综合评估法可从宏观或中观尺度上对河流栖息地进行评估，可考虑多方面因素。美国环保局利用生物状况作为栖息地评估因子，其输出结果容易被管理者或研究人员理解，但其对水质下降等偶然因素的考虑不太全面，并且其在大型河流系统中的应用有所局限。综合评估法考虑了水文、物理形态、岸边带、水质、水生生物等因素，并将与河流生态系统关系密切的洪泛区域考虑在内，其评价结果相对比较全面，但在指标分级和参考条件选取方面存在一定的主观性。

2. 适用方法

锦屏大河湾鱼类栖息地保护效果评估实质上是对河流生态系统的完整性进行评估，因此，其评价体系应该以相关理论模型为基础，体现河流的纵向连续性、不连续性，横向、垂直连通性以及时间尺度上的洪水脉冲动态。通过对物理结构、水文、水质、水生生物等多个方面的评估，研究河流的物理化学条件、水文条件和河流地貌学特征等对于鱼类等生物群落的适宜程度，系统评价栖息地保护效果。栖息地保护效果评估技术路线见图 7.5－2。

7.5.1.2 评估指标体系

为科学评价雅砻江锦屏大河湾鱼类栖息地保护效果，通过对国内外文献的广泛调研，系统梳理和总结国内外栖息地保护效果评价的方法，结合大河湾鱼类栖息地的实地状况，构建了适合于雅砻江锦屏大河湾鱼类栖息地保护效果评价的体系（表 7.5－1），包括 3 个水文指标、6 个水质指标、5 个生物指标、5 个物理结构指标，分别为生态流量满足程度、流量过程变异程度、径流年内分配偏差、水温变异状况、溶解氧、耗氧有机物、重金属、总磷、总氮、底栖动物完整性、鱼类完整性、指示物种状况、鱼类损失指数、着生藻类完整性、河流连通阻隔状况、岸坡稳定性、栖息地类型多样性、底质类型多样性、河岸植被覆盖度。

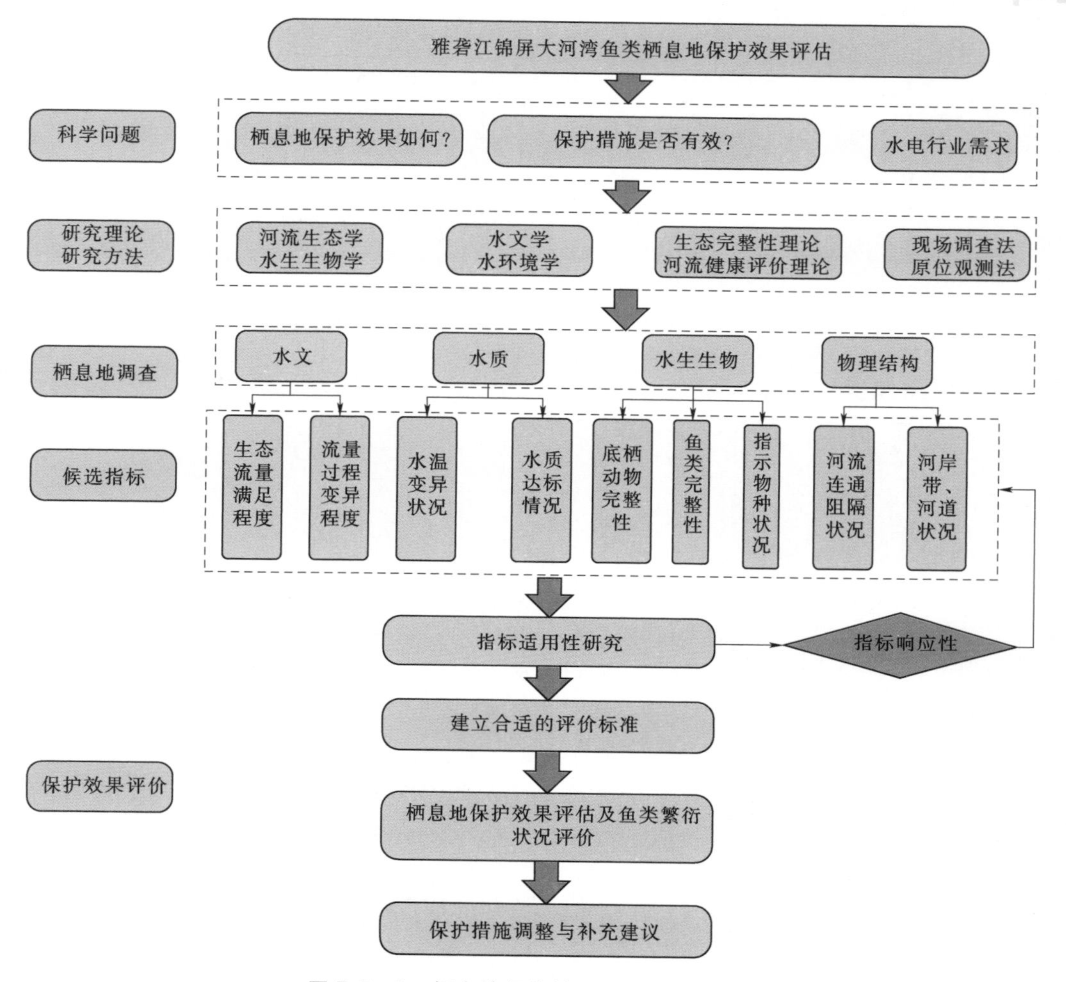

图 7.5-2　栖息地保护效果评估技术路线

1. 生态流量满足程度

生态流量满足程度是指为维持河流生态系统的不同程度生态系统结构、功能而必须维持的流量过程。采用最小生态流量进行表征。生态流量满足程度评估标准采用水文方法确定，分别统计分析生态基流满足程度、10d 平均下泄流量满足程度、最大下泄流量满足程度，同时结合鱼类重要“三场”的调查结果来验证。

理由：本指标引自水利部河湖健康评价体系。生态流量是河流生物赖以生存的需水量，是维持河流生态系统最基本的需要，锦屏二级水电站环境影响报告书及批复文件确定“根据闸坝下游不同时期的生态和环境要求，确保下泄 45～280m^3/s 的流量”，该指标既是对环评批复的响应，也是对是否满足减水河段河流生态系统需要的评价。因此，生态流量满足程度是首选的水文指标。

2. 流量过程变异程度

流量过程变异程度由评估年逐月实测径流量与天然径流量的平均偏离程度表达。用 FD 表示，计算公式如下：

表 7.5-1　　　　锦屏大河湾栖息地保护效果评价体系指标情况

序号	类型	指标	指标尺度	指标意义	指标评分计算公式
1	水文	生态流量满足程度	河段尺度	锦屏二级生态流量下泄情况，是否满足环评批复要求，是否满足鱼类需求	$O/R\times10$
2		流量过程变异程度		评估年内实测月径流过程与天然月径流过程的差异，反映锦屏一级和锦屏二级水电开发对评估河段河流水文情势的影响程	$O/R\times10$
3		径流年内分配偏差		反映工程建设前后河流月流量之间的差异，从而体现工程建设对流量的影响	$O/R\times10$
4	水质	水温变异状况		反映锦屏水库下泄低温水的影响	$O/R\times10$
5		溶解氧	断面尺度	反映栖息地溶解氧状况，关系到鱼卵苗的成活	$O>R$，10分；$O<R$，$O/R\times10$
6		耗氧有机物		反映河段有机污染状况	$O>R$，$R/O\times10$；$O<R$，10分
7		重金属		反映河段重金属污染状况	$O>R$，$R/O\times10$；$O<R$，10分
8		TP		反映水体富营养化水平	$O>R$，$R/O\times10$；$O<R$，10分
9		TN		反映水体富营养化水平	$O>R$，$R/O\times10$；$O<R$，10分
10	水生生物	底栖动物完整性		反映河流底栖动物状况，可表征栖息地变化情况	$O/R\times10$
11		鱼类完整性		综合表征鱼类状况，直接反映栖息地的保护效果	$O/R\times10$
12		指示物种状况	河段尺度	反映栖息地保护目标物种的保护状况	$O/R\times10$
13		鱼类损失指数		反映水电工程建设前后鱼类变化状况	$O/R\times10$
14		着生藻类完整性	断面尺度	反映河流着生藻类状况，可以表征栖息地变化情况	$O/R\times10$
15	物理结构	河流纵向连通性	河段尺度	反映河道的稳定性	$O/R\times10$
16		岸坡稳定性	断面尺度	反映水电工程建设对河流纵向连通的干扰状况	$(1-O)/(1-R)\times10$
17		栖息地类型多样性		反映鱼类栖息地小生境状况	$O/R\times10$
18		底质类型多样性		底质多样可为生物提供多样的生境，并且底质可为部分鱼类提供适宜产卵环境	$O/R\times10$
19		河岸植被覆盖度		表征河道的稳定性	$O/R\times10$

注　式中 O 为评价年观测值，R 为参照值。

$$FD=\left\{\sum_{m=1}^{12}\left(\frac{q_m-Q_m}{\overline{Q}_m}\right)^2\right\}^{1/2},\overline{Q}_m=\frac{1}{12}\sum_{m=1}^{12}Q_m \tag{7.5-1}$$

式中：q_m 为评估年实测月径流量；Q_m 为天然月径流量；$\overline{Q}_m$ 为天然月径流量年均值，天然径流量以未建水利工程以前的多年平均径流量为依据。

理由：本指标引自水利部河湖健康评价体系。特有鱼类对水文过程的需求是必须要考虑的因素。流量过程变异程度指标值变化越大，说明相对于天然水文情势的河流水文情势变化越大，对鱼类栖息地会产生一定的影响。因此，流量过程变异程度是评价栖息地保护效果的重要指标之一。

3. 径流年内分配偏差

径流年内分配偏差指规划或工程实施后的月径流量与参照状况（多年平均）月径流量年内分配比例的差异程度，反映河川径流量多年平均情况下年内变化过程，用 C_{wr} 表示。

$$C_{wr}=\sum_{i=1}^{12}\left[\left(\frac{r_i}{\overline{r_i}}\right)_1-\left(\frac{r_i}{\overline{r_i}}\right)_2\right]^2 \tag{7.5-2}$$

式中：r_i 为第 i 月径流量多年平均值；$\overline{r_i}$ 为多年平均年径流量；$i=1$、2…12；下标 1 表示工程建设前，下标 2 表示工程建设后。

理由：本指标引自水利部水利水电规划设计总院文件《水工程规划设计生态指标体系与应用指导意见》。径流年内分配偏差可以反映工程建设前后河流月流量之间的差异，从而体现工程建设对流量的影响，也是水文评价备选指标之一。

4. 水温变异状况

水温变异是指现状水温月变化过程与多年平均水温月变化过程的变异程度，反映河流开发活动对河流水温的影响，重点反映水利水电工程造成的低温水影响。

水温变异程度由评估年逐月实测平均水温与多年平均月均水温变异最大值表示。计算公式为

$$WT=\max(|T_m-\overline{T}_m|) \tag{7.5-3}$$

式中：T_m 为评估年实测月均水温，$\overline{T}_m$ 为多年平均月均水温。

理由：水温作为重要的生境因子，是影响鱼类生长发育、繁殖、代谢强度的关键性因素。以“四大家鱼”为例，需达到18℃以上才能繁殖（陈永柏，等，2009）。水利设施建设后，水库的下泄水温度较低，将使家鱼的繁殖时间推迟。锦屏一级水库形成后，因水库对水量的调蓄以及水体热量存储等条件的变化，水温特性较天然河道发生了巨大变化。干、支流库区水温均不同程度的分层，坝前水温也呈现分层特性，下泄水温较天然水温将有滞后和坦化的现象。下泄水温的变化，对锦屏一级下游河段水温分布造成影响，从而对大河湾水生生物栖息地造成影响。评价水温变异状况可有效反映栖息地的保护效果。因此，将水温变异状况列为核心指标。

5. 溶解氧

溶解氧即水体中溶解氧浓度，单位为 mg/L。溶解氧对水生动植物十分重要，过高或过低的溶解氧对水生生物均造成危害，适宜值为 4～12mg/L。

理由：溶解氧量直接关系到鱼类的生存、生长、繁殖，溶解氧的高低直接关系到鱼卵鱼苗的成活，因此将其列入水质核心指标。

6. 耗氧有机物

耗氧有机物指导致水体中溶解氧大幅度下降的有机污染物，取高锰酸盐指数、化学需氧量、五日生化需氧量、氨氮等 4 项对河流耗氧污染状况进行评估。

高锰酸盐指数、化学需氧量、五日生化需氧量、氨氮分别赋分，选用评估年最低赋分为水质项目的赋分，取 4 个水质项目赋分的平均值作为耗氧有机污染状况赋分。

$$OCPr=\frac{COD_{Mn}r+CODr+BODr+NH_3Nr}{4} \quad (7.5-4)$$

理由：本指标引自水利部河湖健康评价体系。耗氧有机物可反映人类经济社会活动对河流的干扰程度，被列为水质核心指标。

7. 重金属

重金属污染是指含有汞、镉、铬、铅及砷等生物毒性显著的重金属元素及其化合物对水的污染。选取砷、汞、镉、铬（六价）、铅等5项评估水体重金属污染状况。

汞、镉、铬、铅及砷分别赋分，选用评估年最低赋分为水质项目的赋分，取5个水质项目最低赋分作为重金属污染状况指标赋分。

$$HMPr=\min(\mathrm{A}rr,\mathrm{Hg}r,\mathrm{Cd}r,\mathrm{Cr}r,\mathrm{Pb}r) \quad (7.5-5)$$

理由：本指标引自水利部河湖健康评价体系。重金属可对鱼类产生毒性，因此将其列为水质核心指标。

8. TP、TN

TP、TN是衡量水体富营养化的两个重要指标。湖库的富营养化常引起水体中蓝绿藻大量繁殖，浮游植物个体剧增，造成“水华”频发，水质恶化，致使水体丧失应有的水资源功能，制约着当地社会经济的发展。水利工程蓄水导致上游河段由原有的流水环境变为静水，下游来水减少，都将降低水体的自净能力，增加水体富营养化的趋势。

9. 底栖动物完整性

底栖动物完整性（Benthic - Index of Biological Integrative，B - IBI），是目前应用最为广泛的生物完整性评价指数之一（渠晓东，等，2012）。用于构建B - IBI指标体系的生物参数很多，常见的可分为3类：①与群落组成和结构有关的参数，如多样性指数、分类单元丰富度等；②与生物耐污能力有关的参数，如BI指数、敏感类群指数等；③与生物行为和习性有关的生境参数，如激流种类百分比等。

理由：底栖动物完整性指数是目前应用最为广泛的生物完整性评价指数之一，可以对水生生物栖息地现状进行较为全面和科学的评估，因此列为本次评价的核心指标。

10. 鱼类完整性

鱼类在水生生态系统食物链中处于顶端位置，对水质及其他人为活动高度敏感，评价鱼类完整性可有效反映人为活动对水生生物栖息地的影响，以及水电开发后河流生态系统中顶级物种受损失状况（刘猛，等，2016）。

以鱼类在河流生态系统中的作用和功能为理论基础，根据减水河段鱼类调查现状和相应的研究成果，从种类组成及丰度、群落结构、生态类群、耐受性、营养结构、繁殖共位群及鱼类数量和健康状况7个方面提出相关参数。

11. 指示物种状况

指示物种可以是水生生态系统中的关键种、特有种、指示种、濒危种或环境敏感种（李晓文，等，2002），可代表大河湾减水河段水生生物栖息地的适宜性，有效地反映栖息地生态保护效果。拟从长丝裂腹鱼、短须裂腹鱼、细鳞裂腹鱼、四川裂腹鱼、鲈鲤、圆口铜鱼、长薄鳅和长鳍吻鮈中选择合适的鱼类作为指示物种。

12. 鱼类损失指数

鱼类损失指数指评估河段内鱼类种数现状与历史参考系鱼类种数的差异状况，调查鱼类种类不包括外来物种（Joy et al.，2002）。鱼类损失指数指标反映流域开发后，河流生态系统中顶级物种受损失状况。

基于历史调查数据分析统计评估河流的鱼类种类数，在此基础上，开展专家咨询调查，确定评估河流所在水生态分区的鱼类历史背景状况，建立鱼类指标调查评估期望值。

13. 着生藻类完整性

着生藻类是河流生态系统的初级生产者，通过光合作用将无机营养元素转化成有机物，并被更高级的有机生命体所利用。此外，着生藻类还能稳固水底的基质，并为鱼类和底栖动物提供隐蔽所和产卵场。鉴于着生藻类在河流生态系统中的重要地位，国内外已经越来越多地应用该类群评价河流栖息地的生态状况（殷旭旺，等，2011）。

14. 河流纵向连通性

河流纵向连通性是指河流生态要素在纵向空间的连通程度，反映水工程建设对河流纵向连通的干扰状况。一般可根据河流中闸、坝等阻隔构筑物的数量来表述，用 C 表示，其表达式为

$$C=N/L \tag{7.5-6}$$

式中：C 为河流纵向连续性指标；N 为河流的闸、坝等断点或节点等障碍物数量；L 为河流的长度。

理由：本指标引自水利部水利水电规划设计总院文件《水工程规划设计生态指标体系与应用指导意见》和水利部河湖健康评价体系。河流纵向连通是其能量及营养物质传递、鱼类等生物物种迁徙的基本条件。因此，河流纵向连通性是物理完整性的评价指标之一。

15. 岸坡稳定性

岸坡稳定性是表征河道稳定性的指标之一，可由影响岸坡稳定的因子表示，主要有河岸倾角、河岸高度、处于支配地位的基质和植被覆盖度等，用 I_S 表示，其表达式为

$$I_S=S_a+S_c+S_h+S_s \tag{7.5-7}$$

式中：S_a 为倾角分值；S_c 为覆盖度分值；S_h 为高度分值；S_s 为基质分值。

理由：本指标引自水利部水利水电规划设计总院文件《水工程规划设计生态指标体系与应用指导意见》。岸坡稳定性可以评价建库前后水文情势的改变对河道岸坡的影响，稳定的岸坡能为珍稀特有鱼类提供较为稳定的栖息地环境，因此，岸坡稳定性也是评价物理结构的重要指标之一。

16. 栖息地类型多样性

栖息地类型多样性由水深和流速共同组成，用 H_D 表示，其表达式为

$$H_D=N_hN_v \tag{7.5-8}$$

式中：N_h 和 N_v 分别为水深多样性数和流速多样性数。

理由：栖息地多样性一定程度上可以反映水生生物多样性，珍稀特有鱼类对于流速、

流态的要求高，因此栖息地多样性中对流速的评价必不可少。因此，栖息地类型多样性也是评价鱼类栖息地物理结构的重要指标之一。

17. 底质类型多样性

河床底质分为淤泥、泥沙、卵砾石、水生植物等不同类型，用 α 表示，底质类型多样性代表底质对生物栖息地多样性的影响。

理由：不同类型的底质支撑了不同的微生境，底质类型的多样性造就了多样性的生物类群，一方面这些生物类群为鱼类提供了食物，另一方面，有些鱼类产卵需要特定的底质类型。底质类型发生变化，势必对鱼类生存造成影响，因此，底质类型多样性也是评价物理结构的重要指标之一。

18. 河岸植被覆盖度

河岸植被覆盖度中乔木、灌木及草本植物覆盖度一般按照植被密度大小定性分类。

理由：本指标引自水利部水利水电规划设计总院文件《水工程规划设计生态指标体系与应用指导意见》。河岸植被覆盖度一方面是河道稳定性的评价指标之一，另一方面也是生境评价的重要指标。较高的植被覆盖率不仅为河流生态系统提供了必要的营养物质，另外，洪水期也可成为鱼类食物来源。因此，河岸植被覆盖度也是评价栖息地保护效果的指标之一。

7.5.2 栖息地保护效果

2018 年秋季，锦屏大河湾栖息地水文、水质、水生生物、物理结构的得分分别为 4.43 分、8.52 分、7.07 分和 8.14 分（表 7.5－2，图 7.5－3）。这表明虽然受到河道采砂等人类活动的影响，大河湾减水河段的物理结构和水质仍处于较好水平；由于受到年调节水库锦屏一级调度和锦屏二级引水发电影响，减水河段水文情势变化较大，水文评分仅有 4.43 分，流量及水位较蓄水前下降较为明显；减水河段目前仍表现为大中型河流特征，河段水流特性依然呈现一定的多样化，为裂腹鱼类等特有鱼类提供了适宜的栖息地，水生生物得分为 7.07 分。锦屏大河湾栖息地保护效果总得分为 6.81 分，保护效果较好。

表 7.5－2 锦屏大河湾栖息地保护效果评估结果一览表

序号	准则层	指标	指标得分/分	权重	准则层得分/分	准则层权重	总分/分
1	水文	生态流量满足程度	5.83	0.732	4.43	0.248	6.81
2		流量过程变异程度	0.86	0.188			
3		径流年内分配偏差	0	0.080			
4	水质	水温变异状况	4.8	0.285	8.46	0.181	
5		溶解氧	10	0.343			
6		耗氧有机物	10	0.186			
7		重金属	10	0.062			
8		TP	10	0.062			
9		TN	9	0.062			

续表

序号	准则层	指标	指标得分/分	权重	准则层得分/分	准则层权重	总分/分
10	水生生物	底栖动物完整性	7.28	0.162	7.07	0.442	6.81
11		鱼类完整性	7.73	0.417			
12		指示物种状况	6.15	0.263			
13		鱼类损失指数	5.91	0.097			
14		着生藻类完整性	7.79	0.061			
15	物理结构	河流连通阻隔状况	9.91	0.444	8.14	0.129	
16		岸坡稳定性	5.38	0.052			
17		栖息地类型多样性	7.56	0.264			
18		底质类型多样性	5.29	0.152			
19		河岸植被覆盖度	7.5	0.088			

7.5.3 鱼类生存状况

锦屏一级和锦屏二级水电站自运行以来，锦屏大河湾减水河段鱼类区系结构未发生根本改变，仍以鲤形目为主，其中鲤科、鳅科、裂腹鱼亚科种类占绝对优势。从历年渔获物的情况看，主要捕捞对象较为相似，仍为短须裂腹鱼；但也发生了一定的变化，如圆口铜鱼、裸体异鳔鳅鮀等多次调查未采集到，访问到的采集数量也较少。

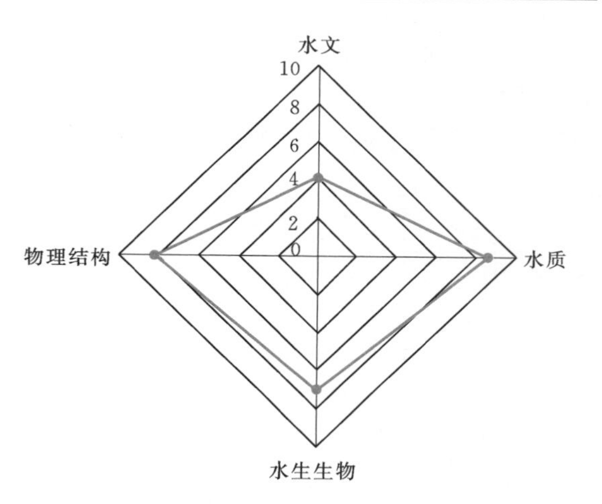

图 7.5-3　锦屏大河湾栖息地保护效果评估结果（单位：分）

锦屏大河湾分布有圆口铜鱼等产漂流性卵鱼类产卵场，锦屏大河湾减水河段与官地库区可以满足圆口铜鱼等产漂流性卵鱼类产卵、漂流要求，但圆口铜鱼产卵、繁殖还受鱼类资源量等其他因素影响，能否在锦屏大河湾完成完整生活史，还需进一步研究。

7.6 小结

本章基于雅砻江锦屏大河湾段系统的栖息地保护研究与实践，以多学科理论为指导，运用理论研究、相似系统论、流域系统规划等多种方法，完善了鱼类栖息地保护的理论和方法体系，构建了从栖息地保护河段选取、栖息地保护规划与实施到栖息地保护效果评估的一整套鱼类栖息地保护关键技术。研究成果综合协调了雅砻江下游水电开发与生态保护的关系，推动了水电行业的可持续发展，可为国内其他水电开发中的鱼类栖息地保护提供借鉴。

通过对锦屏大河湾段及其附近支流的栖息地质量状况的系统评估，进一步运用栖息地适宜性综合评价方法科学分析，筛选出栖息地保护河段为锦屏大河湾减水河段，起点为锦屏二级水电站闸址，终点为锦屏二级水电站厂址，长度约119km。确定鱼类栖息地保护范围后，联合四川省人民政府划定了水产种质资源保护区，协调了水电开发与生态保护关系。

针对水电建设引起的锦屏大河湾鱼类栖息地水沙条件、径流过程、洪水脉冲变化，及采砂等人为干扰，在系统梳理国内外鱼类栖息地修复技术的基础上，提出了锦屏大河湾鱼类栖息地的修复策略并制定了相应的管理措施。

为科学评价雅砻江锦屏大河湾鱼类栖息地的生态保护效果，通过对国内外文献的广泛调研，系统梳理和总结国内外栖息地保护效果评价的方法，结合实地状况，构建了适合于锦屏大河湾鱼类栖息地保护效果评价的体系，初步评价了锦屏大河湾鱼类栖息地生态保护效果和鱼类生存繁衍状况，认为栖息地保护效果较好，多数鱼类能在锦屏大河湾完成完整生活史。

栖息地保护是系统的、长期的工作，后续需要在锦屏大河湾鱼类栖息地内持续开展保护效果跟踪研究，并根据保护效果反馈调整相关保护措施，使鱼类栖息地保护日臻完善，有效维护河流生态系统的健康。

第 8 章

梯级电站生态调度

水能是我国的重要能源资源，兴建水电工程合理开发水能对国家经济建设和社会发展具有重大作用，同时也会对河流生态系统造成一定程度的负面影响。河流生态是生物要素和生境要素相互作用的自然状态，自然水文过程是河流生态的重要“驱动者”，水电工程建设和运行人为改变了河流的自然水文过程，干扰了工程影响河段原有的河流生态节律，从而直接对河流水生生态造成影响，也间接影响了整个河流生态系统。如何减轻水电工程对河流生态的影响是一个复杂的系统问题，已有研究和实践表明，通过实施梯级电站生态调度，将河流的生态需求作为工程运行调度考虑的因素之一，与工程的防洪、兴利和发电等社会经济效益统筹协调，是减轻工程运行对河流水生生态影响的重要手段之一。生态调度的实质是考虑河流生态需求的工程运行调度方式，广义来看，只要是维护河流生态的调度方式，都可以纳入生态调度的范畴。

锦屏一级水电站采用的挡水建筑物为混凝土双曲拱坝，最大坝高为 305m；水库正常蓄水位为 1880.00m，死水位为 1800.00m，正常蓄水位以下库容为 77.6 亿 m^3，死库容为 28.5 亿 m^3，调节库容为 49.1 亿 m^3，具有年调节能力，是雅砻江下游的控制性水库；工程开发任务以发电为主，兼有减轻长江中下游防洪负担的作用。锦屏一级水电站现有的运行调度原则为：6 月初水库开始蓄水，9 月底前水库水位蓄至 1880.00m，12 月至翌年 5 月底为供水期，5 月底水库水位降至死水位 1800.00m。在此运行调度原则的基础上，为满足电站下游锦屏大河湾段的生态需水，锦屏一级开启 1 台机组发电，下泄不小于 339m^3/s（枯期 12 月至翌年 5 月）的基荷流量，当锦屏一级水电站不发电时，开启锦屏一级水电站大坝上表孔闸门或深孔闸门下泄一定流量来满足下游用水需要。锦屏一级水电站现有的运行调度原则及相关下泄流量设施为开展生态调度研究与试验提供了基础。

8.1 锦屏一级水电站生态调度研究构想

作为雅砻江干流下游河段的控制性工程，锦屏一级水电站主要通过蓄洪补枯的方式调节利用河流水资源，发挥发电、防洪等社会服务功能，工程运行对雅砻江流域水生生态的影响是多方面的，但就水库生态调度可以直接改变的作用因素来说，主要为工程影响河段的水文情势。一般来说，水文情势是指与河流、湖泊等自然水体有关的水文要素随时间、空间的变化情况，在水电工程环境保护实践中，有关水文情势的研究主要考虑流量、水位、流速、水温、含沙量、冰凌、水质等水文要素的变化情况，由于水温同时也是极为重要的环境因子之一，因此通常会将水温与水文情势区分开来分别进行研究。

水文情势方面，锦屏一级水电站工程河段不存在冰凌问题；含沙量的变化也不构成影响工程河段水生生态的关键要素；而流量、水位、流速等水文要素的变化情况则与工程影响河段的水生生态状况密切相关，需要在水生生态保护工作中重点考虑。锦屏一级水电站对河流水文情势的影响在空间上可以划分为库区河段水文情势影响和坝下河段水文情势影响两个方面。一方面，水库蓄水使库区河段水位抬升、水深及水域面积变大、水体流速变缓，使原有的河流生境转变为湖库生境，但遗憾的是，这种转变难以通过优化水库调度方式进行调整。另一方面，受水库调蓄影响，坝下河段在丰水期水量减少和枯水期水量增加，年内的径流变化过程总体趋于“平坦化”，天然情况下的洪峰过程也可能减弱或者消失，从而间接影响水生生物的生活行为，如鱼类产卵等（董哲仁，2010）。此外，电站在担任电网调峰任务进行日调节时，下泄流量会在短时间内急剧变化，使坝下河段在当日内某些时刻的水量减少，甚至断流；不过，得益于有关单位对雅砻江梯级电站开发时序的合理设置和安排，锦屏一级水电站下游的衔接梯级——锦屏二级水电站与锦屏一级水电站同期建成、同期投产使用，在锦屏二级水电站的反调节作用下，锦屏一级水电站调峰运行引起的坝下河段减水问题可以基本消除。

水温方面，由于锦屏一级水电站具有 305m 的高坝和 49.1 亿 m^3 的调节库容，工程运行将在一定程度上改变库区及下游河段的水温。一方面，受水库调蓄作用的影响，库区水体对热量的存储和传递等条件发生改变，库区河段的水温结构将逐渐转变为稳定分层型，这种转变为电站的下泄水温变化埋下了“隐患”；另一方面，电站进水口为尽可能适应水库的各种运行水位，往往会设置在正常蓄水位以下较深的位置，从而导致在某些月份位于库区深层的低温水体通过电站进水口泄放至下游河道，使坝下河段的水温低于天然状态，以至影响坝下河段的水生生态。

锦屏一级水电站建设过程持续时间较长，随着电站建设进程的持续深入，社会各界对环境保护的认识水平也在不断提高，水电工程生态调度更是逐渐受到广泛关注。在此背景下，为更好地保护锦屏一级水电站坝下河段乃至整个雅砻江流域水生生态，成都院在大量基础调查研究及环境保护工程措施的基础上，针对锦屏一级水电站调度运行方式及其对河流水生生态的影响情况，深入开展了锦屏一级水电站生态调度研究。值得一提的是，由于锦屏一级水电站是雅砻江干流下游河段的控制性工程，在其进行年调节运行时，对雅砻江流域下游水文情势和水温的作用范围很大，叠加上二滩水电站（具有季调节能力）的累积影响后，其影响作用可以延伸至雅砻江江口，甚至对金沙江下游也有一定影响。因此，锦屏一级水电站的生态调度研究需要考虑整个雅砻江下游河段，同时还要考虑与锦屏二级、官地、二滩、桐子林等多个梯级联合运行的情形。也就是说，锦屏一级水电站的生态调度研究实际上等同于雅砻江流域下游梯级电站联合运行生态调度研究。

生态调度研究是一个复杂的系统工程，需要考虑工程安全、发电、防洪、排沙、环境保护等多个方面的问题，涉及生态学、水文学、水力学、环境水力学、生态水力学、渔业科学、运筹学、管理学等多个学科。具体实践中，根据研究对象、研究深度、研究阶段的不同，采用的方法也有所不同。雅砻江流域下游梯级电站联合运行生态调度研究过程中采用了搜集资料法、现场调查法、查阅文献法、专家咨询法、层次分析法、综合评估法、数值模拟法等诸多方法，主要研究内容包括河流水生生态现状、电站运行对水生生态的影响、生态调度目标规划、生态保护目标需求、生态调度优化方案等。雅砻江下游梯级电站联合运行生态调度优化方案研究技术路线见图 8.1-1。

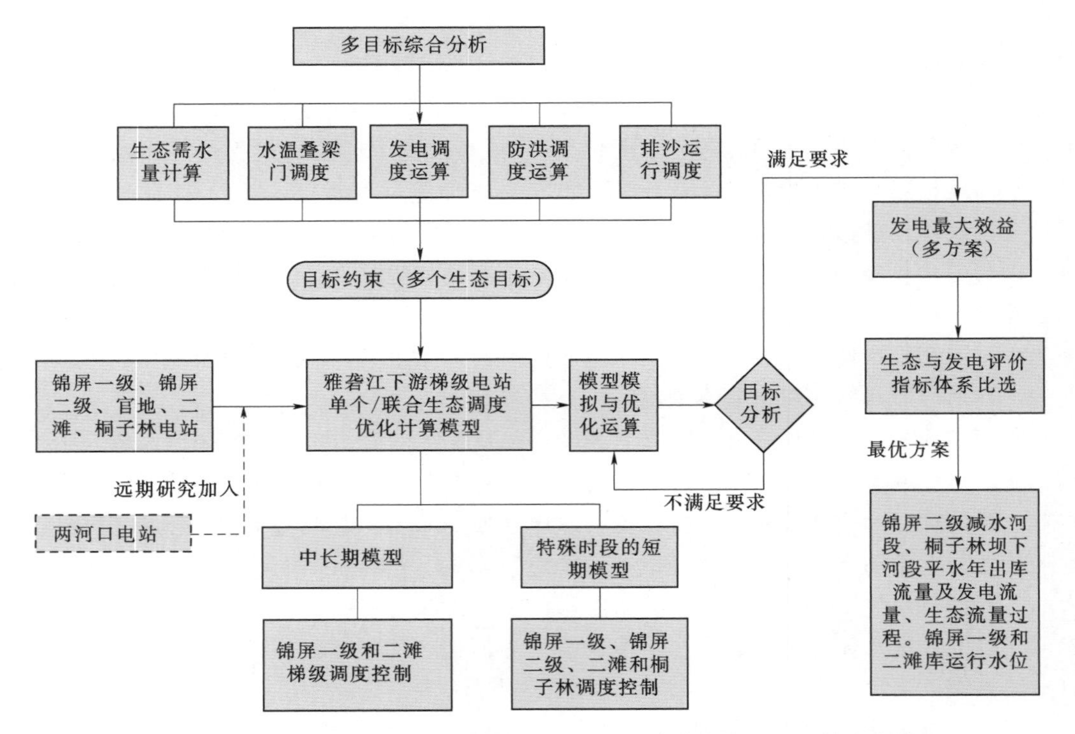

图8.1-1 雅砻江下游梯级电站联合运行生态调度优化方案研究技术路线图

8.2 雅砻江下游生态调度目标

水库的常规调度方式多考虑防洪、供水、发电等社会经济效益，往往对河流生态环境的协同补偿重视不足，甚至是完全忽略。生态调度是对水库常规调度方式的发展与完善，其目的可以是单纯地满足某一特定的生态保护需求，也可以是统筹协调河流的生态效益与工程的社会经济效益，实现综合效益最大化。因此，视具体情况的不同，生态调度目标可以仅是为满足某一特定的生态保护需求而确定的生态目标，也可以包括生态目标、防洪目标、供水目标、发电目标、航运目标，以及统筹多个目标需求得到的综合效益最大化的综合目标。

雅砻江流域下游规划建设的5级水电站是我国“西电东送”工程的重要组成部分，同时对减轻长江中下游防洪负担也具有重要作用，锦屏一级水电站作为该河段的龙头梯级，其防洪、发电等社会服务功能不容忽视。因此，锦屏一级水电站的生态调度目标不宜仅仅设定为满足某一个生态保护需求，而是要统筹协调发电、防洪、生态等多个目标，实现综合效益最大化。其中，锦屏一级水电站的发电目标分两个方面，一是承担四川电网系统调峰任务，二是承担一定的基荷出力；防洪方面是指承担长江流域综合防洪的任务，在汛期设置一定容量的防洪库容。除锦屏一级水电站外，二滩水电站也具有类似的发电和防洪任务，锦屏二级、官地和桐子林等日调节电站则无调峰任务和防洪任务，在汛期一般按低水位运行。

生态目标的实质是满足某一特定的生态保护需求。锦屏一级水电站对雅砻江流域下游的环境影响涉及面广，涵盖局地气候、水环境、水生生态、陆生生态等多个方面；同时，雅砻江流域下游的生态环境影响因素为数众多，而水库调度又只能通过流量、水文过程、水温等有限的因子来进行调控。在此条件下，锦屏一级水电站的生态目标主要考虑雅砻江下游水电开发河段水生生态对水文情势和水温条件的需求。与发电、防洪等调度目标不同，生态目标相对比较抽象，往往难以定量描述。为便于将生态目标纳入多目标优化调度计算，在研究中将某一生态流量下泄方案作为生态目标，此外，由于电站在进行水温调度时启用叠梁门会产生一定的水头损失，因此也需要将叠梁门产生的水头损失作为生态目标的一个方面参与多目标优化调度计算。

本书中将生态目标具体化为相关电站的下泄生态流量方案和锦屏一级水电站的叠梁门运行方案。其中，相关电站的下泄生态流量方案已在第4章中提出，本章将直接采用相关成果，用以支撑梯级电站生态调度方案研究；此外，锦屏一级水电站的叠梁门运行方案已在第5章中提出，本章将进一步明确锦屏一级水电站叠梁门运行方案产生的水头损失，并将其作为生态调度优化模型的边界条件之一参与计算。

8.3 生态调度优化模型

8.3.1 目标函数

雅砻江下游梯级水电站以发电为主，并有分担长江中下游防洪任务的作用。本书在考虑生态约束的基础上，同时以各梯级电站给电网尽可能提供可靠出力为约束，以年发电量最大作为目标函数，即

$$\max E=\max\sum_{i=1}^{N}\sum_{t=1}^{T}(A_iQ_{i,t}H_{i,t}M_t/10000) \tag{8.3-1}$$

式中：A_i 为第 i 个电站出力系数；$Q_{i,t}$ 为第 i 个电站在第 t 时段发电流量，m^3/s；$H_{i,t}$ 为第 i 个电站在第 t 时段平均发电净水头，m；T 为年内计算总时段数，计算时段为月，$T=12$；N 为梯级电站总数。E 为梯级电站年发电量，万 kW·h；M_t 为第 t 时段小时数，h。

8.3.2 约束条件

（1）水量平衡约束：

$$V_{i,t+1}=V_{i,t}+(q_{i,t}-Q_{i,t}-S_{i,t})\Delta t\quad \forall t\in T \tag{8.3-2}$$

式中：$V_{i,t+1}$ 为第 i 个电站第 t 时段末水库蓄水量，m^3；$V_{i,t}$ 为第 i 个电站第 t 时段初水库蓄水量，m^3；$q_{i,t}$ 为第 i 个电站第 t 时段入库流量，m^3/s；$S_{i,t}$ 为第 i 个电站第 t 时段弃水流量，m^3/s；Δt 为计算时段长度，s；其他符号意义同前。

（2）水库库水位约束：

$$Z_{i,t}^{\min}\leqslant Z_{i,t}\leqslant Z_{i,t}^{\max}\quad \forall t\in T \tag{8.3-3}$$

式中：$Z_{i,t}^{\min}$ 为第 i 个电站第 t 时段应保证的水库最低蓄水位，m；$Z_{i,t}$ 为第 i 个电站第 t 时

段的水库水位，m；$Z_{i,t}^{max}$为第i个电站第t时段允许的水库最高水位，m。

（3）水库下泄流量约束（含生态流量约束）：

$$Q_{i,t}^{min} \leqslant Q_{i,t} \leqslant Q_{i,t}^{max} \quad \forall t \in T \tag{8.3-4}$$

式中：$Q_{i,t}^{min}$为第i个电站第t时段应保证的最小下泄流量，在此即指生态流量，m^3/s；$Q_{i,t}^{max}$为第i个电站第t时段最大允许下泄流量，m^3/s；其他符号意义同前。

（4）电站出力约束：

$$N_i^{min} \leqslant N_{i,t} \leqslant N_i^{max} \quad \forall t \in T \tag{8.3-5}$$

式中：N_i^{min}为第i个电站允许的最小出力，万 kW，取决于水轮机的种类与特性；N_i^{max}为第i个电站允许的最大出力，万 kW，一般为第i个电站的装机容量；$N_{i,t}$为第i个电站第t时段的出力，万 kW。

（5）可靠出力约束：

$$NP \geqslant NP_C \tag{8.3-6}$$

式中：NP为整个梯级出力最小时段的出力，万 kW；NP_C为整个梯级常规等出力计算出的相应时段的出力，万 kW。

该约束是为了梯级尽可能地为电网提供较均匀的可靠出力。

（6）非负条件约束：上述所有变量均为非负变量。

8.3.3 优化调度计算

8.3.3.1 边界条件和基本约束

1. 电站动能参数

雅砻江下游各梯级电站主要动能参数见表 8.3-1。

表 8.3-1 雅砻江下游各梯级电站主要动能参数

项目	单位	锦屏一级	锦屏二级	官地	二滩	桐子林
工程坝址以上流域面积	km^2	102560	102560	110117	116400	127624
多年平均流量	m^3/s	1220	1220	1370	1650	1890
利用落差	m	238	278.4	124	185	28
正常蓄水位	m	1880.00	1646.00	1330.00	1200.00	1015.00
死水位	m	1800.00	1640.00	1328.00	1155.00	1012.00
正常蓄水位以下库容	亿 m^3	77.6	0.14	7.54	57.9	0.72
调节库容	亿 m^3	49.1	0.0496	1.28	33.7	0.14
预留防洪库容（仅 7 月）	亿 m^3	16	—	—	9	—
预留防洪库容对应水位	m	1859.06	—	—	1190	—
调节性能		年调节	日调节	日调节	季调节	日调节
装机容量	万 kW	360	480	240	330	60

2. 水位库容关系

锦屏一级水库和二滩水库的水位库容关系分别见表 8.3-2 和表 8.3-3。

表 8.3-2 锦屏一级水库水位库容关系

序号	1	2	3	4	5	6	7	8
水位/m	1770.00	1780.00	1790.00	1800.00	1810.00	1820.00	1830.00	1840.00
库容/亿 m^3	17.47	20.79	24.47	28.54	33.01	37.88	43.23	49.09
序号	9	10	11	12	13	14	15	
水位/m	1850.00	1860.00	1870.00	1880.00	1890.00	1900.00	1910.00	
库容/亿 m^3	55.48	62.29	69.68	77.65	86.21	95.39	105.24	

表 8.3-3 二滩水库水位库容关系

序号	1	2	3	4	5	6	7	8
水位/m	1100.00	1120.00	1140.00	1150.00	1155.00	1160.00	1165.00	1170.00
库容/亿 m^3	5.7	10.21	16.95	21.3	24.2	26.61	29.4	33.5
序号	9	10	11	12	13	14	15	
水位/m	1175.00	1180.00	1185.00	1190.00	1195.00	1200.00	1205.00	
库容/亿 m^3	36.8	40.1	44.6	49	53.4	57.9	62.7	

3. 下游水位流量关系

雅砻江下游各梯级电站的下游水位流量关系分别见表 8.3-4～表 8.3-7，锦屏二级水电站水位采用常尾水位 1330.00m。

表 8.3-4 锦屏一级水电站下游水位流量关系

序号	1	2	3	4	5	6	7	8	9	10
下游水位/m	1633.50	1634.00	1634.50	1635.00	1635.50	1636.00	1636.50	1637.00	1637.50	1638.00
流量/(m^3/s)	240	300	380	470	570	690	810	960	1120	1280
序号	11	12	13	14	15	16	17	18	19	20
下游水位/m	1638.50	1639.00	1639.50	1640.00	1640.50	1641.00	1641.50	1642.00	1642.50	1643.00
流量/(m^3/s)	1410	1620	1820	2020	2230	2450	2670	2900	3150	3400
序号	21	22	23	24	25	26	27	28	29	30
下游水位/m	1643.50	1644.00	1644.50	1645.00	1646.00	1647.00	1648.00	1649.00	1650.00	1651.00
流量/(m^3/s)	3650	3900	4160	4430	4980	5540	6120	6720	7350	8010
序号	31	32	33	34	35	36	37	38		
下游水位/m	1652.00	1653.00	1654.00	1655.00	1656.00	1657.00	1658.00	1659.00		
流量/(m^3/s)	8670	9930	10100	10800	11600	12400	13200	14100		

表 8.3-5 官地水电站下游水位流量关系

序号	1	2	3	4	5	6	7	8
下游水位/m	1202.00	1204.05	1205.50	1209.13	1210.90	1212.48	1213.22	1214.60
流量/(m^3/s)	280	600	1000	2500	3500	4500	5000	6000

表 8.3-6　　二滩水电站下游水位流量关系

序号	1	2	3	4	5	6	7	8
下游水位/m	1010.85	1012.38	1014.50	1016.40	1018.10	1019.60	1020.80	1021.80
流量/(m^3/s)	400	1000	2000	3000	4000	5000	6000	7000

表 8.3-7　　桐子林水电站下游水位流量关系

序号	1	2	3	4	5	6	7	8	9	10
下游水位/m	987.00	988.00	989.00	990.00	991.00	992.00	993.00	994.00	996.00	998.00
流量/(m^3/s)	582	1080	1600	2180	2820	3480	4160	4870	6370	8080

4. 代表年及径流资料

本次选择丰、平、枯三个代表年进行调度计算，其中丰水年为1954年6月至1955年5月、平水年为1982年6月至1983年5月、枯水年为1983年6月至1984年5月。锦屏一级入库径流及下游各电站间区间径流资料见表8.3-8。

表 8.3-8　　锦屏一级入库径流和下游各电站区间径流　　单位：m^3/s

电站	时段	6月	7月	8月	9月	10月	11月	12月	1月	2月	3月	4月	5月
锦屏一级	1954—1955年	1550	4320	4860	3250	2440	1130	633	445	393	412	576	683
	1982—1983年	1480	4030	1830	2450	1340	696	440	311	275	295	438	849
	1983—1984年	979	1890	1870	1720	1140	617	361	266	254	264	353	517
锦官区间	1954—1955年	180	500	560	380	290	140	81	60	54	56	74	86
	1982—1983年	160	500	190	350	180	117	67	58	45	45	46	118
	1983—1984年	191	280	230	170	150	113	76	59	52	45	22	67
官二区间	1954—1955年	150	930	1650	950	800	350	176	104	78	61	33	52
	1982—1983年	70	480	430	530	460	197	147	107	91	83	74	73
	1983—1984年	90	150	520	750	350	168	123	102	80	69	58	98
二桐区间	1954—1955年	250	680	770	710	630	260	140	91	67	48	47	60
	1982—1983年	130	470	250	480	360	140	92	71	46	45	40	60
	1983—1984年	260	400	530	760	310	172	107	80	45	29	22	165

注　锦屏一级与锦屏二级区间径流为0；锦官区间指锦屏二级与官地的区间径流，以此类推。

5. 生态约束

(1) 水量调度约束方案。分析锦屏二级和桐子林下游河段生态需水及调度现状，考虑到生态基流是电站调度运行的前提，鱼类一般用水期的流量计算仅考虑生态基流方案；而鱼类产卵期则有所不同，生态流量考虑的重点是人造洪峰。因此考虑在这个方面进行多个方案设计。同时，桐子林为堤坝式开发，在鱼类产卵期下泄的流量大于$1000m^3/s$，且存在洪水期的一些洪水过程，不存在进一步制造人工洪水的需要。因此，本书重点根据锦屏大河湾减水河段鱼类繁殖期的生态流量要求，设计多组不同的可供进一步优选的方案。

根据锦屏大河湾减水河段生态流量要求，结合代表性鱼类对水温的需求，初步拟定了以下 7 个生态流量方案。

方案一：不考虑生态流量要求，锦屏一级不考虑水温调度要求。

方案二：只考虑最小生态流量要求（锦屏二级 $45m^3/s$，桐子林 $190m^3/s$），锦屏一级不考虑水温调度要求。

方案三：在最小生态流量要求外，3—6 月需人造生态洪峰（环评批复方案过程），锦屏一级不考虑水温调度要求。

方案四：在最小生态流量要求外，3—6 月需人造生态洪峰（环评批复方案过程），锦屏一级考虑水温调度要求。

方案五：在最小生态流量要求外，3—6 月需人造生态洪峰（人造洪峰方案 1），锦屏一级考虑水温调度要求。

方案六：在最小生态流量要求外，3—6 月需人造生态洪峰（人造洪峰方案 2），锦屏一级考虑水温调度要求。

方案七：在最小生态流量要求外，3—6 月需人造生态洪峰（设计方案 3 过程），锦屏一级考虑水温调度要求。

以上 7 个方案径流调节计算过程中，以年为周期，计算时段为月（生态敏感期 3—6 月为日）。锦屏一级和二滩两水库电站采用汛期等流量、枯期等出力的计算方法，锦屏二级、官地和桐子林电站作为径流式电站处理。

（2）水温调度约束方案。根据环保要求，为保证在 3—6 月均能取到上层水，以减轻下泄低温水的负面环境影响，电站进水口采用叠梁门分层取水方案。叠梁门布置高程为 1779.00～1814.00m，总高 35m，分为三节，其中两节的高度为 14m，另一节高度为 7m。每年 3 月初，三节叠梁门全部下放；3—6 月，根据库区水位变动情况调度叠梁门，具体操作过程详见 5.4.2.1 节。

叠梁门不同运行工况产生的水头损失见表 8.3－9。

表 8.3－9　　叠梁门不同运行工况产生的水头损失　　单位：m

叠梁门门叶组合方式	叠梁门顶部高程	水库最低运行水位	水头损失
14＋14＋7	1814.00	1835.00	1.0386
14＋14	1807.00	1828.00	0.9028
14	1793.00	1814.00	0.7754
0	1779.00	1800.00	0

水温调度在于叠梁门的调度，需要选择合适的因子来作为水温调度的约束条件进入水库优化调度运算。在运算中，考虑到叠梁门的开启方式与水头损失有关，通过水头损失来建立水温调度与梯级电站的优化调度之间的计算关系。水头损失在不同流量时也有所不同，本试验获得了损失系数，因而将叠梁门调度的损失系数作为一项约束条件，参与水库

优化调度运算。

6. 设计运行方式约束

（1）锦屏一级水电站。锦屏一级水电站是以发电为开发目标的巨型水电工程，水库正常蓄水位为1880.00m，死水位为1800.00m，调节库容49.1亿m^3，具有年调节能力。其运行方式为：7月初库水位降至预留防洪库容16亿m^3对应的水位1859.06m，8月之后不再预留防洪库容，9月底前水库水位蓄至1880.00m，12月至次年5月底为供水期，5月底水库水位降至死水位。

（2）锦屏二级水电站。锦屏二级水电站调节库容496万m^3，具有日调节能力，坝前水位在死水位1640.00m至正常蓄水位1646.00m之间运行。闸址处最小下泄生态流量取$45m^3/s$。

（3）官地水电站。为保证汛期冲沙效果，汛期（6—9月）电站水位降至汛期排沙运用水位1328.00m运行。非汛期（10月至翌年5月）水库进行日调节，坝前水位在死水位1328.00m至正常蓄水位1330.00m之间运行。

官地水电站与锦屏一级水电站联合运行时，汛期6—9月在电力系统中承担系统基、腰荷。平水期当入库流量大于电站引用流量时承担负基荷；入库流量小于电站引用流量时承担基、腰荷。枯水期考虑承担部分基荷、峰荷。

（4）二滩水电站。二滩水库运用方式为：6—9月为蓄水期，7月初库水位降至预留防洪库容9亿m^3对应的水位1190.00m，8月之后不再预留防洪库容，一般情况下9月底蓄至正常蓄水位1200.00m，12月至翌年5月为供水期，5月底水库消落至死水位1155.00m。

（5）桐子林水电站。为充分发挥电站的综合效益，推荐桐子林水电站采取与二滩水电站基本同步调峰方式运行，同时考虑桐子林水电站下游工农业及生活用水需要，安排最小下泄流量$422m^3/s$（长系列月平均最小流量），相应基荷出力7万kW。

电站运行方式：桐子林水电站汛期6—9月以排沙运用水位1012.00m运行；其他时段与二滩基本同步参加电力系统调峰，并承担7万kW强制基荷出力，日内运行水位在正常蓄水位1015.00m至死水位1012.00m之间变化。

8.3.3.2 计算结果分析

根据前述拟定方案、梯级电站基础资料及边界条件，对雅砻江下游电站进行了逐步优化计算，得到7个生态调度方案的优化调度计算成果，其中的年发电收益、平枯期电量、水量利用率、电量耗水率等指标详见图8.3-1。

由图8.3-1可以看出，从方案一到方案四，是生态目标逐步增加的过程，因下泄生态基流、人造洪峰和水温叠梁门运行，导致梯级发电量有所减少，发电收益降低，水量利用率有所降低。从方案四到方案七，设计了不同人造洪峰，发电量有所增加或减少。以方案四为基准，方案五为人造洪峰方案1，过程峰量较方案四大；方案六为人造洪峰方案2，过程峰量较方案五大；方案七为人造洪峰方案3，过程峰量较方案五大，较方案六小。因此，锦屏二级水电站发电量从大到小依次为方案四、方案五、方案七和方案六，梯级发电量以及发电收益也呈相应的变化趋势。

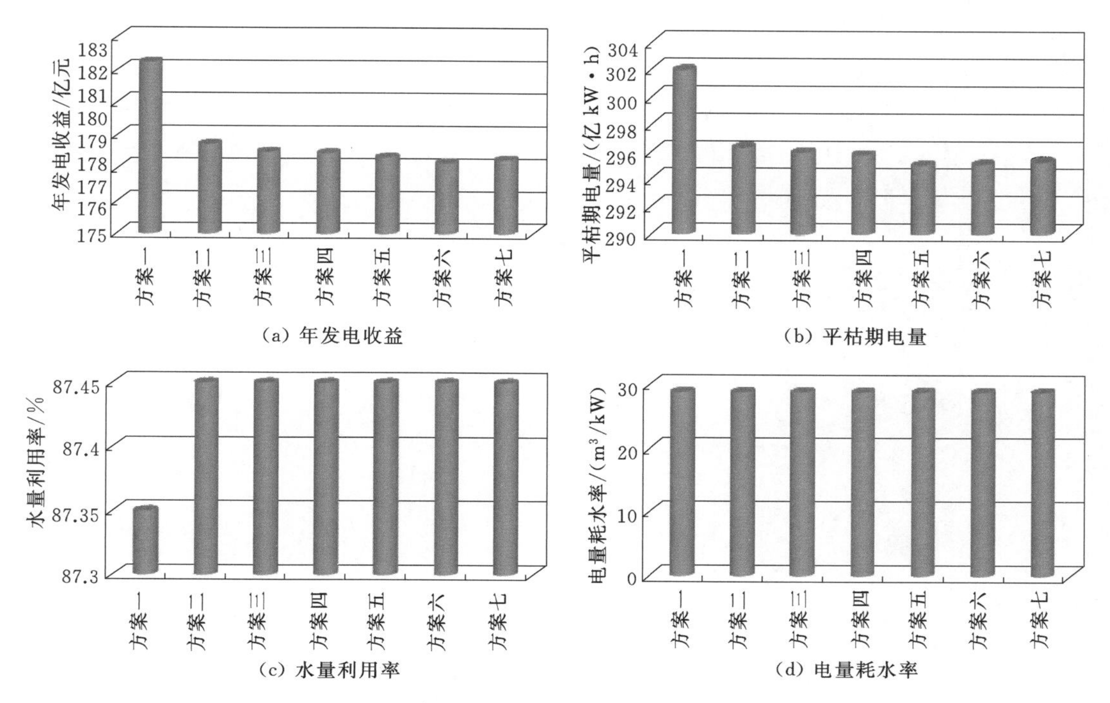

图 8.3-1 不同方案雅砻江下游水电站优化调度成果对比图

8.4 生态与发电效益综合评价

8.4.1 评价指标体系

1. 体系构建

生态与发电效益评价是一个多因子高度综合的评价体系，在具体指标选择上因各项目评价的侧重点以及河流自身特点不同而有差异，但一般都包括河流综合利用的几个最基本方面。通过对开发与生态保护的分析，雅砻江下游河段开发重点在于发电与生态保护。发电效益不单单是发电量与经济收益，对于电力系统稳定性的贡献也相当重要，主要体现在平枯期要有相对稳定的电能供给，此外耗水程度也反映发电效益优劣。生态效益则直接反映在河段内的鱼类栖息地和鱼类资源状况上，这二者又是相互关联的，对于与生态调度直接相关联的则是河流栖息地的质量，因而基于水库调度影响方面的考虑，评估生态效益则是考察栖息地功能，包含了生态流量、水温和关键栖息地三个方面，只有这三个关键方面得以修复完善，再配合其他非调度因素，才会逐步达到恢复鱼类资源和种类多样性的目的。因而本章所建立的生态与发电效益评价指标体系主要是针对调度方案优劣评估，是对多种调度方案作出选择的一种方式方法，并不能完全等同于流域综合效益的全面评价。

层次分析法（Analytical Hierarchy Process，AHP）是美国运筹学家 T. L. Stay 于 20 世纪 70 年代提出的，是一种定性与定量相结合的多目标、多层次决策分析方法，也是一种优化技术，特别是能将决策者的经验判断给予量化，对目标结果复杂且缺乏必要数据的情况更实用，目前在许多领域得到了广泛的运用，如网络系统或河流、生态管理系统决策分析以及环境综合评价等。

因而，研究中采用层次分析法建立河流生态与发电效益的综合评价指标体系（表8.4-1），运用这一体系，选择最优的梯级联合调度方案。

表8.4-1 生态与发电效益综合评价指标体系

目标层	准则层	子目标层	指标
综合效益指数（A）	发电功能（B1）	发电	年发电收益
			平枯期电量
			单位电量耗水率
			水量利用率
	栖息地功能（B2）	生态流量	一般用水期流量
			鱼类产卵期流量
			平均流速
			平均水深
		水温	水温差值
		关键栖息地（A_{WUA}）	适宜产卵鱼类种类
			适宜产卵场面积

评价体系共分为4个层次，第一层次为生态与发电效益评价最终目标——综合效益指数，然后分解为能体现该项指标的亚指标，即发电功能和栖息地功能，按此原则再次进行分解，直至最底层的单项评价指标，包括11个指标。这些指标包括年发收益、平枯期电量、单位电量耗水率、水量利用率、一般用水期流量、鱼类产卵期流量、平均流速、平均水深、水温差值、适宜产卵鱼类种类、适宜产卵场面积。

根据效益优劣程度，将评价体系中指标分成4个级别：好、较好、一般、差（表8.4-2）。分级取值采用定量或定性的评估方法获取。通过多指标加权计算可得到生态价值综合指数，根据评估等级而得出最终的评价结论。

表8.4-2 雅砻江下游生态与发电综合评价各指标分级标准及取值表

指标	分 级 取 值				备注
	好	较好	一般	差	程度分级
	10～8分	8～5分	5～3分	3～0分	取值范围
年发电收益	超出基本方案值2%	超出基本方案值1%	基本方案值	低于基本方案值1%	根据可研阶段的设计成果及基本方案而定
平枯期电量	超出基本方案值2%	超出基本方案值1%	基本方案值	低于基本方案值1%	
单位电量耗水率	超出基本方案值2%	超出基本方案值1%	基本方案值	低于基本方案值1%	
水量利用率	超出基本方案值2%	超出基本方案值1%	基本方案值	低于基本方案值1%	

续表

指标	分级取值				备注
	好	较好	一般	差	程度分级
	10～8分	8～5分	5～3分	3～0分	取值范围
一般用水期流量	同期天然流量的30%～40%	同期天然流量的20%～30%	同期天然流量的10%～20%	同期天然流量的10%以下	水文学法并结合河流丰枯变化规律
鱼类产卵期流量	同期天然流量的50%～60%	同期天然流量的40%～50%	同期天然流量的30%～40%	同期天然流量的30%以下	
平均流速	1.2～2m/s	0.8～1.2m/s	0.3～0.8m/s	0.3m/s以下	归纳雅砻江中下游大量鱼类调查结果判定
平均水深	1.0m以上	0.6～1.0m	0.3～0.6m	0.3m以下	
水温差值	无温变	温变在0.5℃内	温变在1℃以内	变化超过2℃	裂腹鱼等多数鱼类繁殖适宜水温变化范围为3℃左右。据此判定分级
适宜产卵鱼类的水文过程	4个月及以上的较长时段人造洪水过程	3个月以上的较长时段人造洪水过程	2～3个月的较长时段人造洪水过程	1个月以上的人造洪水过程	根据 A_{WUA} 计算拟合的人造洪水过程结果判定
适宜产卵场面积	最佳 A_{WUA}	较好 A_{WUA}	基本 A_{WUA}	不满足基本 A_{WUA}	根据计算标准分级

2. 评价指标取值

表8.4-2中所有指标均按照指标所反映的效益优劣分级取值，分级取值方法包括定量和定性两种，实际中通过对雅砻江下游梯级电站发电效益与生态现状的深入研究，特别是结合了目前调度规程下的基本方案，尽量选择了定量化的指标，并确定了指标分级取值的标准。由于是优劣评估，因而对于各类型的指标数值要进行标准化处理，按照归一化与分级打分相结合的方法，评价指标在0～10分之间进行分级打分，故而分了0～3分、3～5分、5～8分、8～10分四个等级，分别对应差、一般、较好、好。该取值分级能够实现对调度方案优劣的程度判断。各指标的分级取值标准是根据咨询专家意见和调度方案的基本特点归纳总结而得到的，具体见表8.4-2。

3. 权重取值

根据所分析指标的特点和数据的可获取性，采用层次分析法（AHP）与专家咨询相结合的方法确定指标权重，各指标权重详见表8.4-3。

由表8.4-3可知，在雅砻江下游河段，发电功能权重为0.6，是第一位的，而栖息地功能所占的权重也不低，这说明生态保护需要重视。在发电中，年发电收益权重为0.6，指标重要性为第一位；平枯期电量是另一个重要指标，权重为0.3，指标重要性较低。在栖息地功能3个因子中，关键栖息地权重为0.5，指标重要性处于第一位，而生态流量（权重0.3）也较为重要，水温的重要性相对较低。在生态流量中，较为重要的是鱼类产卵期流量、流速、水深。在关键栖息地中，适宜产卵鱼类种类和产卵场面积基本同等重要。从权重数值来看，基本能够反映雅砻江流域下游河段的实际情况，权重数值是合理的。

表 8.4-3 雅砻江生态与发电效益综合评价各层次指标权重

目标层	准则层		子目标层		指标	
	准则	权重	子目标	权重	指标	权重
综合效益指数（A）	发电功能（B1）	0.6	发电	1.0	年发电收益	0.6
					平枯期电量	0.3
					单位电量耗水率	0.05
					水量利用率	0.05
	栖息地功能（B2）	0.4	生态流量	0.3	一般用水期流量	0.1
					鱼类产卵期流量	0.4
					平均流速	0.3
					平均水深	0.2
			水温	0.2	水温差值	1.0
			关键栖息地（A_{WUA}）	0.5	适宜产卵鱼类种类	0.5
					适宜产卵场面积	0.5

4. 综合效益计算

根据所分析指标的特点和数据的可获取性，采用综合评估法，根据权重和变量层取值按公式（8.4-1）计算得到梯级电站相应调度状态下的综合效益值。

$$M_i = \sum_{k=1}^{K} r_k \sum_{s=1}^{S} r_{ks} \sum_{t=1}^{T} r_{kst} M_{kst} \tag{8.4-1}$$

式中：M_i 为梯级中 i 电站调度状态下的效益值；r_k、r_{ks}、r_{kst} 分别为系统层、状态层和变量层对应的指标权重；K、S、T 为各层对应指标的个数；M_{kst} 为变量层指标取值。

8.4.2 生态与发电综合效益计算

1. 评价方案

研究提出的 7 个生态调度优化方案特点不尽相同。其中，方案一是发电效益最大的，但生态是最不利的，方案二～方案七是不同的生态目标方案约束下发电效益最大的调度方案。因此，存在发电与生态综合效益比选。图 8.4-1 是不同生态调度优化方案下锦屏大河湾减水河段流量过程线，将这 7 个优化方案作为发电与生态效益综合评价的方案。

2. 评价指标取值与综合效益计算

在综合评价指标体系中，对发电指标取值与基本方案的变化率进行划分，且根据雅砻江实际情况进行取值等级划分。评价选定的基本方案为方案四。

考虑到指标体系取值划分和权重取值仍然存在一定的主观性，在本次评价过程中，与定量化计算同步还制定了一套评价表格，进一步咨询专家意见，充分利用专家综合评价方法对取值进行判定。

在基本方案的对比评价中，首先计算得到与基本方案的对比数据（表 8.4-4）。

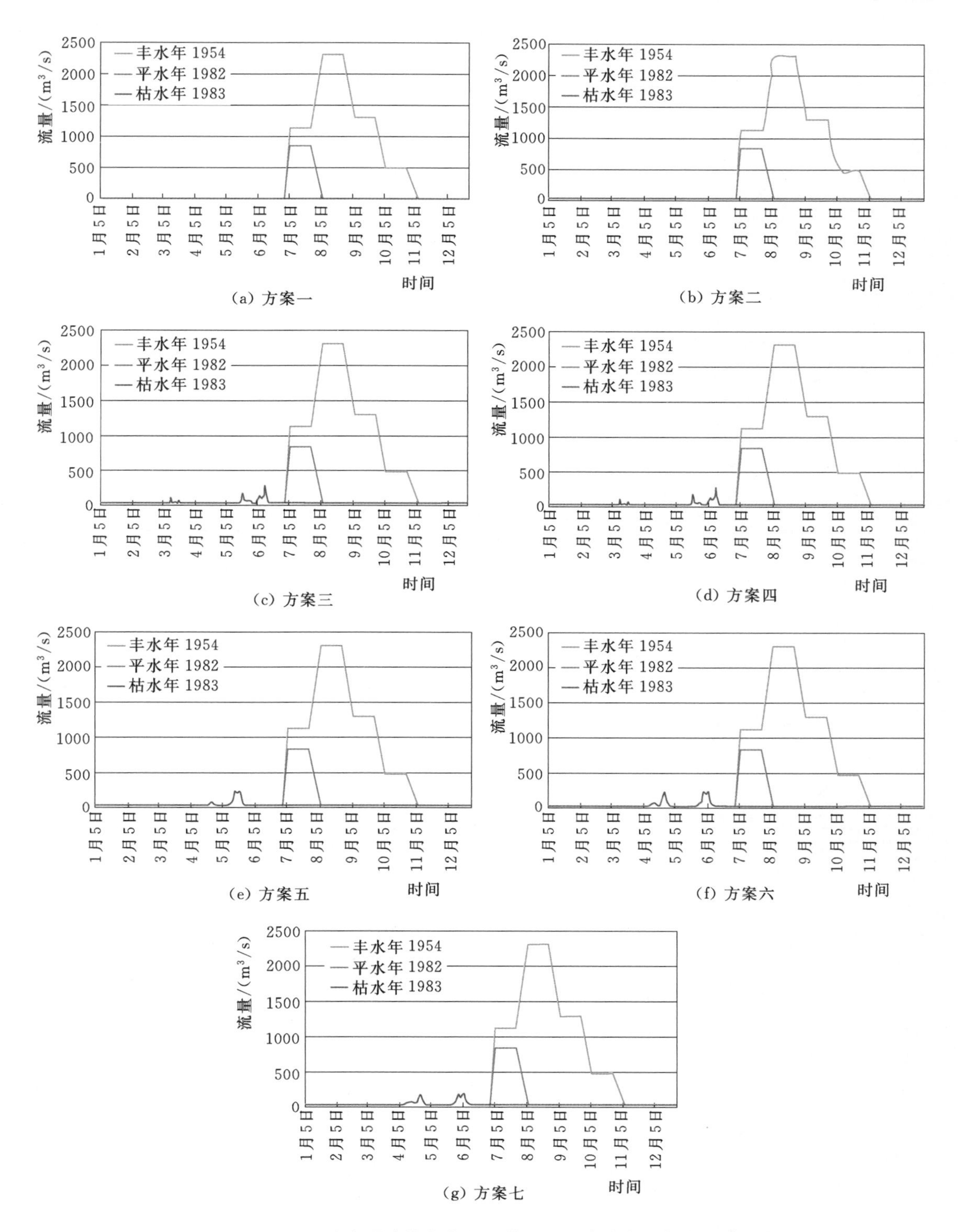

图 8.4-1 不同生态调度优化方案下锦屏大河湾减水河段流量过程线

表 8.4-4 发电评价指标与基本方案的对比表

方案名称	生态流量约束	水温调度	年发电收益/亿元	平枯期电量/(亿 kW·h)	水量利用率/%	电量耗水率/(m^3/kW)
方案一	无	否	1.54	2.08	−0.11	0
方案二	最小基流		0.15	0.17	0	0
方案三	基流+环评批复峰		0.03	0.05	0	0
方案四	基流+环评批复峰	是	0	0	0	0
方案五	基流+人造峰 1		−0.07	−0.26	0	0
方案六	基流+人造峰 2		−0.17	−0.24	0	0
方案七	基流+人造峰 3		−0.11	−0.18	0	0

根据提出的 7 种评价方案，结合鱼类生长与繁殖的习性及河道生境特点，对各生态目标的指标因子进行取值打分。通过设计一套评价表格，咨询河流生态方面的20位专家，综合取值而得到生态约束对应下的栖息地功能指标对应的分值。通过综合的权重进行计算，得到各方案的综合评价分值。不同方案相关指标权重、取值打分和综合评价得分见表 8.4-5。

表 8.4-5 不同方案相关指标权重、取值打分和综合评价得分对比表

指标（权重）	方案一	方案二	方案三	方案四	方案五	方案六	方案七
生态流量约束	无	最小基流	基流+环评批复洪峰	基流+环评批复洪峰	基流+人造洪峰 1	基流+人造洪峰 2	基流+人造洪峰 3
水温调度	否	否	否	是	是	是	是
年发电收益（0.38）	6.6	5.2	5.0	5.0	4.9	4.7	4.8
平枯期电量（0.18）	8.1	5.3	5.1	5.0	4.6	4.6	4.7
单位电量耗水率（0.05）	4.8	5.0	5.0	5.0	5.0	5.0	5.0
水量利用率（0.04）	5.0	5.0	5.0	5.0	5.0	5.0	5.0
一般用水期流量（0.01）	0.0	3.0	3.0	3.0	3.0	3.0	3.0
鱼类产卵期流量（0.04）	0.5	1.7	2.4	2.4	2.5	2.8	2.7
平均流速（0.03）	0.0	3.5	4.0	4.0	3.5	5.0	4.7
平均水深（0.03）	0.0	3.0	3.5	3.5	4.1	4.7	4.3
水温差值（0.07）	3.0	3.0	3.0	4.5	4.5	4.5	4.5
适宜产卵鱼类（0.08）	0.5	3.0	7.0	7.0	6.0	8.0	7.0
适宜产卵场面积（0.09）	0.5	2.0	6.8	6.8	5.0	9.0	7.5
综合评价得分	4.72	4.30	5.02	5.10	4.75	5.30	5.11
对应等级	一般	一般	较好	较好	一般	较好	较好

由表 8.4-5 可知，7 个评价方案中，方案六的综合效益得分最高，为 5.30 分，对应于较好的方案。各方案生态调度优劣等级，方案一、方案二、方案五对应一般，而方案三、方案四、方案六、方案七对应较好，说明这些方案在充分考虑鱼类产卵繁殖期的生态需求上与发电效益取得了较好的协调效果，和基本方案相比，发电效益有一定程度的减少，同时生态效益增加，使得整体的效益高于目前的基本方案。

8.5 推荐方案

根据综合效益评价结果，方案六的综合评价得分最高，因此，将方案六作为推荐方案。推荐的生态调度方案六在平水年时各梯级电站运行情况见表 8.5-1。

表 8.5-1　　推荐的生态调度方案六在平水年时各梯级电站运行情况

流量单位：m^3/s；水位、水头单位：m

水电站名称	时段	入库流量	出库流量	发电流量	弃水流量	上游水位	下游水位	净水头	减水段或保留段流量
锦屏一级	6月	1480	1480	1480	0	1800.00	1800.00	158.28	
	7月	4030	2793.81	2117.65	676.17	1833.18	1641.77	188.36	
	8月	1830	1830	1830	0	1859.06	1639.53	216.49	
	9月	2450	1832.72	1832.72	0	1869.96	1639.53	227.38	
	10月	1340	1340	1340	0	1880.00	1638.23	238.72	
	11月	696	712.8	712.8	0	1879.73	1636.10	240.58	
	12月	440	423.77	423.77	0	1879.73	1634.74	241.93	
	1月	311	483.91	483.91	0	1877.09	1635.07	238.97	
	2月	275	759.52	759.52	0	1866.59	1636.29	227.25	
	3月	295	784.05	784.05	0	1848.65	1848.65	208.53	
	4月	438	899.07	899.07	0	1828.00	1828.00	187.62	
	5月	849	1136.73	1136.73	0	1808.77	1808.77	167.94	
锦屏二级	6月	1480	1480	1393.83	0	1643.00	1643.00	290.7	86.17
	7月	2793.81	2793.81	1942.57	806.24	1643.00	1330.00	290.7	851.24
	8月	1830	1830	1785	0	1643.00	1330.00	290.7	45
	9月	1832.72	1832.72	1787.72	0	1643.00	1330.00	290.7	45
	10月	1340	1340	1295	0	1643.00	1330.00	290.7	45
	11月	712.8	712.8	667.8	0	1643.00	1330.00	290.7	45
	12月	423.77	423.77	378.77	0	1643.00	1330.00	290.7	45
	1月	483.91	483.91	438.91	0	1643.00	1330.00	290.7	45
	2月	759.52	759.52	714.52	0	1643.00	1330.00	290.7	45
	3月	784.05	784.05	739.05	0	1643.00	1643.00	290.7	45
	4月	899.07	899.07	812.37	0	1643.00	1643.00	290.7	86.7
	5月	1136.69	1136.69	1074.76	0	1643.00	1643.00	290.7	61.94
官地	6月	1640	1640	1640	0	1328.00	1328.00	116.95	
	7月	3293.81	3293.81	2455.29	838.52	1328.00	1210.54	113.47	
	8月	2020	2020	2020	0	1328.00	1207.97	116.03	
	9月	2182.72	2182.72	2182.72	0	1328.00	1208.36	115.64	

续表

水电站名称	时段	入库流量	出库流量	发电流量	弃水流量	上游水位	下游水位	净水头	减水段或保留段流量
官地	10 月	1520	1520	1520	0	1329.00	1206.76	118.24	
	11 月	829.8	829.8	829.8	0	1329.00	1204.88	120.12	
	12 月	490.77	490.77	490.77	0	1329.00	1203.35	121.65	
	1 月	541.91	541.91	541.91	0	1329.00	1203.68	121.32	
	2 月	804.52	804.52	804.52	0	1329.00	1204.79	120.21	
	3 月	829.05	829.05	829.05	0	1329.00	1329.00	120.12	
	4 月	945.07	945.07	945.07	0	1329.00	1329.00	119.7	
	5 月	1254.69	1254.69	1254.69	0	1329.00	1329.00	118.88	
二滩	6 月	1710	1710	1710	0	1155.00	1155.00	135.24	
	7 月	3773.81	2851.62	2253.81	597.82	1174.62	1016.12	152.63	
	8 月	2450	2257.82	2257.82	0	1192.81	1014.99	171.95	
	9 月	2712.72	2564.08	2200.66	363.42	1197.86	1015.57	176.42	
	10 月	1980	1980	1980	0	1200.00	1014.46	179.67	
	11 月	1026.8	1026.8	1026.8	0	1200.00	1012.44	181.69	
	12 月	637.77	637.77	637.77	0	1200.00	1011.46	182.67	
	1 月	648.91	648.93	648.93	0	1200.00	1011.49	182.65	
	2 月	895.52	1119.52	1119.52	0	1196.99	1012.63	178.49	
	3 月	912.05	1226.8	1226.8	0	1189.18	1189.18	170.61	
	4 月	1019.07	1269.5	1269.5	0	1180.61	1180.61	161.93	
	5 月	1327.69	1826.48	1826.48	0	1166.80	1166.80	147.35	
桐子林	6 月	1840	1840	1840	0	1012.00	1012.00	22.09	1840
	7 月	3321.62	3321.62	3321.62	0	1012.00	991.76	19.74	3321.62
	8 月	2507.82	2507.82	2507.82	0	1012.00	990.51	20.99	2507.82
	9 月	3044.08	3044.08	3044.08	0	1012.00	991.34	20.16	3044.08
	10 月	2340	2340	2340	0	1013.50	990.25	22.75	2340
	11 月	1166.8	1166.8	1166.8	0	1013.50	988.17	24.83	1166.8
	12 月	729.77	729.77	729.77	0	1013.50	987.30	25.7	729.77
	1 月	719.93	719.93	719.93	0	1013.50	987.28	25.72	719.93
	2 月	1165.52	1165.52	1165.52	0	1013.50	988.16	24.84	1165.52
	3 月	1271.8	1271.8	1271.8	0	1013.50	1013.50	24.63	1271.8
	4 月	1309.5	1309.5	1309.5	0	1013.50	1013.50	24.56	1309.5
	5 月	1886.42	1886.42	1886.42	0	1013.50	1013.50	23.51	1886.42

该推荐方案条件下，锦屏二级减水河段和桐子林坝下保留河段的流量过程见图 8.5-1。

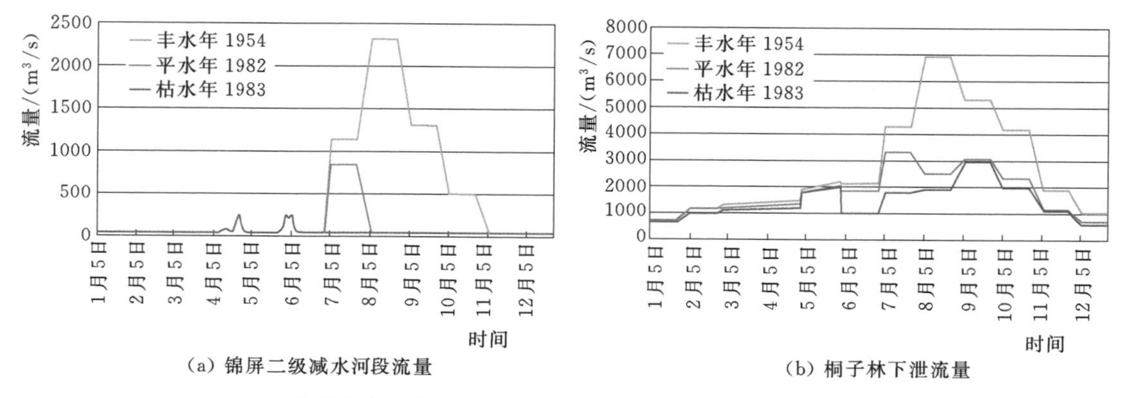

图 8.5-1 推荐方案在锦屏二级减水河段和桐子林坝下保留河段的流量过程

根据图 8.5-1 可知，对于锦屏二级减水河段来说，该推荐方案在 4 月以基本洪峰值和最佳洪峰值拟合了总计 20d 内的单峰流量过程，在 5 月底和 6 月初以最佳洪峰值拟合了 14d 内的双峰流量过程，这两个过程能够满足长丝裂腹鱼等大多数产黏沉性卵鱼类的产卵需求，同时在水温高于 15℃以上时对一些产漂流性卵和需要更大流速条件的产卵鱼类有更大的贡献；对于桐子林坝下保留河段来说，推荐方案在该河段的流量均在 1000m³/s，可以满足该河段的生态流量要求。综合以上两个方面，可以说明该方案的生态效益相对最高。另外，从发电效益上看，推荐方案较目前运行的基本方案（方案四）仅减少约 0.07 亿元，但推荐方案在实现生态目标的同时造成的发电损失量较小，因此采用推荐方案可以实现生态与发电综合效益最大化。

8.6 小结

生态调度是保护或修复水电开发河流生态的重要手段之一，它伴随水电站调度管理长期存在，对缓解水电站运行引起的河流水文情势变化及相应的水生生态影响，维护河流生态水文过程具有重要作用。锦屏一级水电站是雅砻江干流下游河段的控制性工程，对雅砻江下游生态水文过程的作用范围很大，工程建设者们早在水电站勘测设计阶段就开始思考如何通过水电站调度来更好地解决雅砻江下游水生生态保护的相关问题，随着水电站建设进度持续推进，在工程下泄生态流量和水温调度方案论证及措施设计方面不断深入研究，结合相关管理要求及雅砻江下游水电开发格局，尝试将水生生态对水文情势、水温的需求融入雅砻江梯级电站联合运行调度之中，在维护雅砻江下游生态水文过程方面取得了一系列开创性成果，逐渐把最初的思考付诸实践。通过对雅砻江下游梯级电站联合运行生态调度研究，为雅砻江下游梯级电站制定了较优的生态调度方案，在一定程度上实现了水电开发和生态保护相互协调。这些研究成果可为其他流域优化电站运行管理和科学实施生态调度提供借鉴。

第 9 章

结论与展望

9.1 结论

雅砻江水电资源普查工作始于20世纪50年代，迄今经历了数十年风风雨雨。开发与保护的话题不断演进，水库蓄水下游河道水温出现滞温效应，鱼类适宜空间压缩、鱼类资源下降等问题一一被提出。为此，锦屏一级水电站从规划设计到建设运行的数十年间，围绕锦屏河段水电开发和环境保护的协调问题，设计和建设各方竭尽心智，艰苦奋斗，在世界级水电站工程建成的同时，也建成了包括大坝分层取水、生态流量泄放、鱼类增殖放流站、鱼类种质资源库、栖息地保护修复等多种方式综合运用的水生生态保护措施体系。这一体系从无到有，从单一少量到多样丰富，攻克了诸多技术难题。

锦屏一级水电站作为雅砻江干流下游河段的控制性工程，生态水文过程的维持是水生生态保护体系构建的基石，为水生生物的生存繁衍提供必备基础，识别和制订生态水文过程是需要解决的第一个技术难题。研究人员在分析雅砻江长系列水文资料的基础上，结合裂腹鱼、圆口铜鱼等代表性物种的生物学特征和生态习性，采用数学模型和现场生态调查相结合的技术路线得出了生态水文过程。经过5年的运行检验，效果值得肯定。

水温是河流水体重要的环境因子之一，大型水库规模巨大、水温结构复杂。锦屏一级水库结合其自身规模大、支库长等特点，以及同流域二滩水库原型观测成果，首次建立了立面二维水温数学模型、主库与支库耦合模型。水库蓄水后的水温原型观测进一步证明了模型预测结果的可信，模型的预测方法已纳入水温计算规范，并在全国推广应用。叠梁门分层取水技术巧妙地解决了深水、大流量、场地狭小等工程技术难题，具有布置简单、可靠性较好且投资省等优点；运行以来，经过现场实施效果的监测，锦屏一级水电站叠梁门分层取水措施可以有效缓解水库低温水影响，可提高下泄水温约1℃；该技术已在国内溪洛渡、糯扎渡等多个巨型工程中使用。

锦屏·官地水电站鱼类增殖放流站是多目标综合的增殖放流中心站；其规模大，可同时满足锦屏一级、锦屏二级和官地三个水电站的增殖放流任务要求，集科研、人工繁育、亲鱼和苗种培育、放流于一身。2011年建成后实现当年首次放流，经过多年的努力，截至2019年，已突破短须裂腹鱼、长丝裂腹鱼、四川裂腹鱼、细鳞裂腹鱼和鲈鲤等鱼类的人工繁殖技术，放流短须裂腹鱼、长丝裂腹鱼、四川裂腹鱼、细鳞裂腹鱼、鲈鲤和长薄鳅等鱼类共约1000万尾。

雅砻江锦屏大河湾段起点为锦屏二级水电站闸址，终点为锦屏二级水电站厂址，长度约119km，现已由四川省人民政府划定为水产种质资源保护区。针对水电建设引起的锦屏大河湾鱼类栖息地水沙条件、径流过程、洪水脉冲变化，及采砂等人为干扰，在系统梳理国外、国内鱼类栖息地修复技术的基础上，运用理论研究、相似系统论、流域系统规划等多种方法，提出了锦屏大河湾鱼类栖息地的修复策略并制定了相应的管理措施。结合大河湾特点，构建了适合于锦屏大河湾鱼类栖息地保护效果评价的体系，在初步评价锦屏大河湾鱼类栖息地生态保护效果和鱼类生存繁衍状况的基础上，认为目前栖息地保护效果较好，多数鱼类能在锦屏大河湾完成完整生活史。

生态调度伴随长期的调度管理而存在，对河流水文情势变化减缓和生态影响的修复具有持续性、累积性的意义。随着国家对环保管理要求的提高与对河流生态保护认识的不断加深，锦屏工程结合水电调度规程开展了多梯级、多目标的雅砻江下游梯级电站生态调度研究，将更为精细化的生态流量泄放、水温调度融入水库调度之中。研究结果表明，通过优化调度模型计算和多指标评价体系，对多种生态约束条件下的生态效益与发电效益综合评价比选，可以为电站制定较优的生态调度方案，生态保护和水电开发可以实现相互协调。

锦屏河段水电开发将优势水力资源转化为经济效益，综合效益不断显现，增强了环保工作的经济基础保障，从而更好地推动生态环保向前发展。

9.2 展望

横断山脉，山水并行，在地势陡降和峰回路转中形成了一条条蜿蜒曲折的高山峡谷河流。雅砻江就是其中之一，这条发源于巴颜喀拉山冰川的河流，受如屏矗立的锦屏山阻挡，随山就势形成了“几”字形的锦屏大河湾。两岸群山雄伟挺拔，一条大江环绕奔流，其间孕育着丰富的水能资源。

水电能源是清洁、绿色、可再生的资源，水电工程可以承担防洪、发电、供水、生态保护、航运等多种任务，其综合开发利用效益是其他能源获取方式难以相比的。无论是开发水电资源还是进行生态保护，都是我们肩负的任务，应在开发中保护，在保护中开发。一方面我们必须树立“生态优先、确保底线”的环保意识，加强源头控制；另一方面又不能因噎废食，不发展，必须改变旧秩序，发展新秩序，提高综合生产力，积极治理环境问题，才能从根本上促进生态环境保护。

随着大批水电站的建成投运，我国即将进入后水电发展时代，电站和水库的调度运行与鱼类保护的关系更为紧密，将出现多梯级叠加的持续性、累积性影响。对鱼类保护的认识，以及保护措施技术本身也处于不断发展之中。人与自然和谐共生已凝聚为全社会的共识，生态文明实践势在必行。在后水电时代，江河脉动之中融入了人工调节的因素，万千变化，与时维新，唯有秉持更加“创新、协调、可持续”的生态发展理念，更加统筹地开展科学调度和管理，更加系统地实施修复治理工作，方能呵护一江碧水，守护一方净土，万物终究会生生不息。

参 考 文 献

[1] 蔡晓辉，2008. 河流的生态功能及水文变化的生物学效应 [J]. 河南水利与南水北调，(8)：340-343.

[2] 曹文宣，2000. 长江上游特有鱼类自然保护区的建设及相关问题的思考 [J]. 长江流域资源与环境，9 (2)：131-132.

[3] 陈进，李清清，2015. 三峡水库试验性运行期生态调度效果评价 [J]. 长江科学院院报，32 (4)：1-6.

[4] 陈凯麒，李洋，陶洁，2015. 河流生物栖息地环境影响评价思考 [J]. 环境影响评价，37 (3)：1-5.

[5] 陈礼强，吴青，郑曙明，2007. 细鳞裂腹鱼人工繁殖研究 [J]. 淡水渔业，37 (5)：60-63.

[6] 陈小红，1991. 分层型水库水温水质模拟预测研究 [D]. 武汉：武汉水利电力学院.

[7] 陈小红，1992. 湖泊水库垂向二维水温分布预测 [J]. 武汉水利电力学院学报，(4)：376-383.

[8] 陈永柏，廖文根，彭期冬，等，2009. 四大家鱼产卵水文水动力特性研究综述 [J]. 水生态学杂志，2 (2)：130-133.

[9] 单婕，顾洪宾，薛联芳，2016. 鱼类增殖放流站运行若干问题的探讨 [J]. 水力发电，42 (12)：10-12.

[10] 邓其祥，1985. 雅砻江鱼类调查报告 [J]. 南充师院学报（自然科学版），(1)：33-37.

[11] 邓其祥，1996. 雅砻江下游地区的鱼类区系和分布 [J]. 动物学杂志，31 (5)：5-12.

[12] 邓云，李嘉，李克锋，等，2003. 紫坪铺水库水温预测研究 [J]. 水利水电技术，34 (9)：50-52.

[13] 邓云，2003. 大型深水库的水温预测研究 [D]. 成都：四川大学.

[14] 丁瑞华，1994. 四川鱼类志 [M]. 成都：四川科学技术出版社.

[15] 丁则平，2002. 国际生态环境保护和恢复的发展动态 [J]. 海河水利，3：64-66.

[16] 董哲仁，孙东亚，彭静，2009. 河流生态修复理论技术及其应用 [J]. 水利水电技术，40 (1)：4-9.

[17] 董哲仁，孙东亚，赵进勇，等，2010. 河流生态系统结构功能整体性概念模型 [J]. 水科学进展，21 (4)：550-559.

[18] 董哲仁，张晶，2009. 洪水脉冲的生态效应 [J]. 水利学报，40 (3)：281-288.

[19] 董哲仁，张亚东，等，2007. 生态水利工程原理与技术 [M]. 北京：中国水利水电出版社.

[20] 董哲仁，2003. 生态水工学的理论框架 [J]. 水利学报，34 (1)：1-6.

[21] 董哲仁，2003. 水利工程对生态系统的胁迫 [J]. 水利水电技术，(7)：1-5.

[22] 董哲仁，2013. 河流生态修复 [M]. 北京：中国水利水电出版社.

[23] 杜效鹄，喻卫奇，芮建良，2008. 水电生态实践——分层取水结构 [J]. 水力发电，34 (12)：28-32.

[24] 甘维熊，邓龙君，曾如奎，等，2015. 短须裂腹鱼人工繁殖和早期仔鱼的培育 [J]. 江苏农业科学，43 (9)：259-260.

[25] 郭文献，王鸿翔，夏自强，等，2009. 三峡—葛洲坝梯级水库水温影响研究 [J]. 水力发电学报，28 (6)：182-187.

[26] 郭文献，夏自强，王远坤，等，2009. 三峡水库生态调度目标研究 [J]. 水科学进展，20 (4)：554-559.

[27] 郝增超，尚松浩，2008. 基于栖息地模拟的河道生态需水量多目标评价方法及其应用 [J]. 水利学报，39 (5)：557-561.

[28] 何大仁，1998. 鱼类行为学 [M]. 厦门：厦门大学出版社.

[29] 黄永坚，1986. 水库分层取水 [M]. 北京：水利电力出版社.

[30] 吉利娜，刘苏峡，吕宏兴，等，2006. 湿周法估算河道内最小生态需水量的理论分析 [J]. 西北农林科技大学学报（自然科学版），(2)：130-136.

[31] 蒋红，1999. 水库水温计算方法探讨 [J]. 水力发电学报，(2)：60-69.

[32] 李嘉，邓云，李克峰，等，2007. 锦屏一级水电站厂房进水口分层取水设计专题报告：分层取水水温研究分析 [R]. 成都：四川大学.

[33] 李晓文，张玲，方精云，2002. 指示种，伞护种与旗舰种：有关概念及其在保护生物学中的应用 [J]. 生物多样性，10 (1)：72-79.

[34] 李振基，陈小麟，2007. 生态学 [M]. 北京：科学出版社.

[35] 廖文根，李翀，等，2013. 筑坝河流的生态效应与调度补偿 [M]. 北京：中国水利水电出版社.

[36] 刘建康，曹文宣，1992. 长江流域的鱼类资源及其保护对策 [J]. 长江流域资源与环境，1 (1)：17-22.

[37] 刘立鹤，聂伟，徐金鹏，等，2014. 木薯渣等有机固态废弃物快速资源化利用的研究 [J]. 武汉轻工大学学报，33 (04)：1-7.

[38] 刘猛，渠晓东，彭文启，等，2016. 浑太河流域鱼类生物完整性指数构建与应用 [J]. 环境科学研究，29 (3)：343-352.

[39] 刘欣，陈能平，肖德序，等，2008. 光照水电站进水口分层取水设计 [J]. 贵州水力发电，22 (5)：33-35.

[40] 柳劲松，王丽华，宋秀娟，2003. 环境生态学基础 [M]. 北京：化学工业出版社.

[41] 鲁春霞，谢高地，成升魁，2001. 河流生态系统的休闲娱乐功能及其价值评估 [J]. 资源科学，23 (5)：77-81.

[42] 栾建国，陈文祥，2004. 河流生态系统的典型特征和服务功能 [J]. 人民长江，35 (9)：41-43.

[43] 雒文生，周志军，1997. 水库垂直二维湍流与水温水质耦合模型 [J]. 水电能源科学，15 (3)：2-8.

[44] 潘绪伟，杨林林，纪炜炜，等，2010. 增殖放流技术研究进展 [J]. 江苏农业科学，31 (4)：236-240.

[45] 渠晓东，刘志刚，张远，2012. 标准化方法筛选参照点构建大型底栖动物生物完整性指数 [J]. 生态学报，32 (15)：4661-4672.

[46] 芮建良，盛晟，白福青，等，2015. 安谷水电站鱼类栖息地生态保护与修复实践 [J]. 环境影响评价，37 (3)：18-21.

[47] 石瑞华，许士国，2008. 河流生物栖息地调查及评估方法 [J]. 应用生态学报，19 (9)：2081-2086.

[48] 时晓燕，李克峰，等，2016. 雅砻江圆口铜鱼种群消失的水力学因素探讨 [C]//第五届水利水电生态保护研讨会. 坝下最小下泄流量理论方法与实践会议论文集.

[49] 汤世飞，2011. 光照水电站叠梁门分层取水运行情况分析 [J]. 贵州水力发电，25 (4)：18-21.

[50] 汪恕诚，2004. 论大坝与生态 [J]. 水力发电，30 (4)：11-14.

[51] 王景福，2006. 水电开发与生态环境管理 [M]. 北京：中国环境科学出版社.

[52] 王俊娜，2011. 基于水文过程与生态过程耦合关系的三峡水库多目标优化调度研究 [D]. 北京：中国水利水电科学研究院.

[53] 王强，2011. 山地河流生境对河流生物多样性的影响研究 [D]. 重庆：重庆大学.

[54] 王玉蓉，李嘉，李克峰，等，2007. 雅砻江锦屏二级水电站减水河段生态需水量研究 [J]. 长江流域资源与环境，16 (1)：81-85.

[55] 王占兴，2009. 湿周法确定河流生态环境需水量临界点的应用 [J]. 东北水利水电，27 (6)：26-28.

[56] 危起伟，陈细华，杨德国，等，2005. 葛洲坝截流 24 年来中华鲟产卵群体结构的变化 [J]. 中国水产科学，12 (4)：452-457.

[57] 危起伟，杨德国，吴湘香，2005. 世界鱼类资源增殖放流概况 [C]//北京：2005 水电水力建设项目环境与水生生态保护技术政策研讨会，285-294.

[58] 吴江，吴明森，1986. 雅砻江的渔业自然资源 [J]. 四川动物，(1)：1-5，10.

[59] 吴莉莉，王惠民，吴时强，2007. 水库的水温分层及其改善措施 [J]. 水电站设计，23 (3)：97-100.

[60] 徐远杰，潘家军，艾红雷，等，2007. 锦屏一级水电站厂房进水口分层取水设计专题报告：进水口三维有限元静动力分析 [R]. 武汉：武汉大学.

[61] 许玉凤，董杰，段艺芳，2010. 河流生态系统服务功能退化的生态恢复 [J]. 安徽农业科学，38 (1)：320-323.

[62] 薛联芳，顾洪宾，冯云海，2016. 减缓水电工程水温影响的调控措施与建议 [J]. 环境影响评价，(5)：5-8.

[63] 杨坤，2017. 短须裂腹鱼、鲈鲤和长薄鳅早期鱼苗耳石标记及雅砻江锦屏段短须裂腹鱼增殖 [D]. 成都：四川大学.

[64] 杨小庆，2004. 美国拆坝情况简析 [J]. 中国水利，13：15-20.

[65] 易伯鲁，余志堂，等，1988. 葛洲坝水利枢纽与长江四大家鱼 [M]. 武汉：湖北科学技术出版社.

[66] 易雨君，张尚弘，2011. 长江四大家鱼产卵场栖息地适宜度模拟 [J]. 应用基础与工程科学学报，19：123-129.

[67] 殷旭旺，张远，渠晓东，等，2011. 浑河水系着生藻类的群落结构与生物完整性 [J]. 应用生态学报，22 (10)：2732-2740.

[68] 英晓明，2006. 基于 IFIM 方法的河流生态环境模拟研究 [D]. 南京：河海大学.

[69] 游文荪，许新发，2011. 生境因子对河流生态系统胁迫程度探讨 [J]. 中国农村水利水电，(12)：43-45.

[70] 游湘，唐碧华，章晋雄，等，2010. 锦屏一级水电站进水口叠梁门分层取水结构对流态及结构安全的影响 [J]. 水利水电科技进展，30 (4)：46-50.

[71] 余文公，夏自强，于国荣，等，2007. 三峡水库水温变化及其对中华鲟繁殖的影响 [J]. 河海大学学报（自然科学版），35 (1)：92-95.

[72] 张绍雄，2012. 大型水库分层取水下泄水温研究 [D]. 天津：天津大学.

[73] 张士杰，刘昌明，谭红武，等，2011. 水库低温水的生态影响及工程对策研究 [J]. 中国生态学报，19 (6)：1413-1416.

[74] 张文鸽，2008. 黄河干流水生态系统健康指标体系研究 [D]. 西安：西安理工大学.

[75] 赵进勇，董哲仁，孙东亚，2008. 河流生物栖息地评估研究进展 [J]. 科技导报，26 (17)：82-88.

[76] 周礼敬，詹会祥，宴宏，2012. 四川裂腹鱼一龄鱼种培育技术 [J]. 水产科技情报，39 (5)：224-226.

[77] 周雪，王珂，陈大庆，等，2019. 三峡水库生态调度对长江监利江段四大家鱼早期资源的影响 [J]. 水产学报，43 (8)：1781-1789.

[78] 周钟，游湘，刘平禄，等，2006. 锦屏一级水电站厂房进水口分层取水设计专题报告 [R]. 成都：中国水电顾问集团成都勘测设计研究院.

[79] 朱瑶，2005. 大坝对鱼类栖息地的影响及评价方法述评 [J]. 中国水利水电科学研究院学报，3 (2)：100-103.

[80] 邹淑珍，陶表红，吴志强，2015. 赣江水利工程对鱼类生态的影响及对策 [M]. 成都：西南交通大学出版社.

[81] Annear T C, Conder A L, 1984. Relative bias of several fisheries instream flowmethods [J]. North American Journal of Fisheries Management, 4 (4B): 531-539.

[82] Barbour M T, Gerritsen J, Snyder B D, et al., 1999. Rapid bioassessment protocols for use in streams and wadeable rivers: periphyton, benthicmacroinvertebrates and fish [M]. Washington, DC: US Environmental Protection Agency, Office of Water.

[83] Bartholow J, Hanna R B, Saito L, et al., 2001. Simulated limnological effects of the Shasta Lake temperature control device [J]. Environmental Management, 27 (4), 609-626.

[84] Bibby C J, 1999. Making the most of birds as environmental indicators. Ostrich, 70 (1): 81-88.

[85] Binns N A, Eiserman F M, 1979. Quantification of fluvial trout habitat in Wyoming [J]. Transactions of the American Fisheries Society, 108 (3): 215-228.

[86] Bonnet D, Mejdoubi S, Sommet A, et al., 2007. Acute hepatitis probably induced by Fumaria and Vitis vinifera tinctoria herbal products [J]. Gastroenterologie clinique et biologique, 31 (11): 1041.

[87] Bovee K D, 1982. A guide to stream habitat analysis using the instream flow incremental methodology [J]. Reports, 2: 19-28.

[88] Brooks W W, Bing O H, Conrad C H, et al., 1997. Captopril modifies gene expression in hypertrophied and failing hearts of aged spontaneously hypertensive rats [J]. Hypertension, 30 (6): 1362-1368.

[89] Cabrita A R, Vale J M P, Bessa R J B, et al., 2009. Effects of dietary starch source and buffers on milk responses and rumen fatty acid biohydrogenation in dairy cows fed maize silage-based diets [J]. Animal Feed Science and Technology, 152 (3): 267-277.

[90] Calow P P, Petts G E, 1994. The rivers handbook (Vol. 2) [M]. Oxford: Blackwell Scientific.

[91] Copp G H, 1992. An empirical model for predicting microhabitat of 0+ juvenile fishes in a lowland river catchment [J]. Oecologia, 91 (3): 338-345.

[92] Cude C G, 2001. Oregon water quality index: a tool for evaluating water quality management effectiveness [J]. Journal of the American Water Resources Association, 37 (1): 125-137.

[93] Do Prado A L, Heckman C W, Martins F R, 1994. The seasonal succession of biotic communities in wetlands of the tropical wet-and-dry climatic zone: Ⅱ. The Aquatic macrophyte Vegetation in the Pantanal of mato Grosso, Brazil [J]. Internationale Revue der gesamten Hydrobiologie und Hydrographie, 79 (4): 569-589.

[94] Fausch K D, Karr J R, Yant P R, 1984. Regional application of an index of biotic integrity based on stream fish communities [J]. Transactions of the American Fisheries Society, 113 (1): 39-55.

[95] Fausch K D, Lyons J, Karr J R, et al., 1990. Fish communities as indicators of environmental degradation [C]. American fisheries society symposium, 8 (1): 123-144.

[96] Gippel C J, Stewardsonm J, 1998. Use of wetted perimeter in defining minimum environmental flows [J]. Rivers Research & Applications, 14 (1): 53-67.

[97] Gore J A, 1989. Models for predicting benthic macroinvertebrate habitat suitability under regulated flows [C]. Alternatives in Regulated River Management. Boca Raton, Florida: CRC Press, Inc: 253-265.

[98] Hauer C, Unfer G, Schmutz S, et al., 2008. Morphodynamic effects on the habitat of juvenile cyprinids (Chondrostoma nasus) in a restored Austrian lowland river [J]. Environmental Management, 42 (2): 279.

[99] Joy M K, Death R G, 2002. Predictive modelling of freshwater fish as a biomonitoring tool in New Zealand [J]. Freshwater Biology, 47 (11): 2261-2275.

[100] Karr J R, Toth L A, Dudley D R, 1985. Fish communities of midwestern rivers: a history of degradation [J]. BioScience, 35 (2): 90-95.

[101] Karr J R, 1981. Assessment of biotic integrity using fish communities [J]. Fisheries, 6 (6): 21-27.

[102] Ladson A R, Tilleard J W, 1999. The Herbert River, Queensland, tropical Australia: community perception and river management [J]. Australian Geographical Studies, 37 (3): 284-299.

[103] Lohr S C, 1993. Wetted stream channel, fish-food organisms and trout relative to the wetted perimeter inflection point instream flowmethod [D]. Montana State University-Bozeman, College of Letters & Science.

[104] Luzón J I, Catalá A C, Carceller M A, et al., 2001. Subtotal arytenoidectomy and posterior cordectomy with CO_2 laser in the treatment of bilateral larynx immobility in adduction [J]. Anales otorrinolaringologicos ibero - americanos, 28 (4): 341 - 349.

[105] Meffe G K, Sheldon A L, 1988. The influence of habitat structure on fish assemblage composition in southeastern blackwater streams [J]. American midland Naturalist, 120 (2): 225 - 240.

[106] Minns C K, 1995. Allometry of home range size in lake and river fishes [J]. Canadian Journal of Fisheries and Aquatic Sciences, 52 (7): 1499 - 1508.

[107] Moir H J, Soulsby C, Youngson A, 1998. Hydraulic and sedimentary characteristics of habitat utilized by Atlantic salmon for spawning in the Girnock Burn, Scotland [J]. Fisheries Management and Ecology, 5 (3): 241 - 254.

[108] Mylonas C C, Zohar Y, et al., 1998. Hormone profiles of captive striped bass morone saxatilis during spermiation, and long - term enhancement of milt production [J]. Journal of the World Aquaculture society, 29 (4): 379 - 392.

[109] Naiman R J, Decamps H, Pollock M, 1993. The role of riparian corridors in maintaining regional biodiversity [J]. Ecological Applications, 3: 209 - 212.

[110] Oberdorff T, Hughes R M, 1992. Modification of an index of biotic integrity based on fish assemblages to characterize rivers of the Seine Basin, France [J]. Hydrobiologia, 228 (2): 117 - 130.

[111] Parker G W, Armstrong D S, Richards T A, 2004. Comparison of methods for determining streamflow requirements for aquatic habitat protection at selected sites on the Assabet and Charles Rivers, Eastern massachusetts, 2000 - 02 [J]. Center for Integrated Data Analytics Wisconsin Science Center.

[112] Pastor A V, Ludwig F, Biemans H, et al., 2014. Accounting for environmental flow requirements in global water assessments [J]. Hydrology and Earth System Sciences, 18 (12): 5041 - 5059.

[113] Petts G, 1984. Impounded rivers: perspectives for ecological management [M]. New York: Wiley, Chichebster.

[114] Poff N L, Allan J D, Bainm B, et al., 1997. The Natural Flow Regime [J]. Bioscience, 47 (11): 769 - 784.

[115] Poff N L, Allan J D, Bainm B, et al., 1997. The natural flow regime - a paradigm for river conservation and restoration [J]. Bioscience, 47: 1163 - 1174.

[116] Postel S L, 2003. Securing water for people, crops, and ecosystems: new mindset and new priorities [C]. Natural Resources Forum. Oxford, UK: Blackwell Publishing Ltd, 27 (2): 89 - 98.

[117] Postel S, Richter B, 2003. Rivers for life: managing water for people and nature [M]. Washington: Island Press.

[118] Randall C F, Bromage N R, Thorpe J E, et al., 1995. Melatonin Rhythms in Atlantic Salmon (Salmo salar) maintained under natural and out - of - phase photo periods [J]. General &Comparative Endocrinology, 98 (1): 73 - 86.

[119] Raven P J, 1998. River Habitat Quality: the physical character of rivers and streams in the UK and Isle of man [M]. Environment Agency.

[120] Richter B D, Warner A T, Meyer J L, et al., 2006. A collaborative and adaptive process for developing environmental flow recommendations [J]. River Research and Applications, 22 (3): 297 - 318.

[121] Rowntree K, Wadeson R, 2000. An Index of stream geomorphology for the assessment of river health: field manual for channel classification and condition assessment [M]. Institute for Water

Quality Studies, Department of Water Affairs and Forestry.
[122] Schmutz S, Jungwirth M, 1999. Fish as indicators of large river connectivity: the Danube and its tributaries [J]. Archiv fur Hydrobiologie. Supplementband. Large rivers. Stuttgart, 115 (3): 329 - 348.
[123] Schneider M, Jorde K, Zöllner F, et al., 2001. Development of a user - friendly software for ecological investigations on river systems, integration of a fuzzy rule - based approach [C]. Proceedings Environmental informatics 2001, 15th International Symposium, Informatics for Environmental Protection.
[124] Sparks R E, 1995. Need for ecosystem management of large rivers and their floodplains. BioScience, 45 (3), 168 - 182.
[125] Survey F, 2003. River habitat survey in Britain and Ireland: field survey guidance manual: 2003 Version [M]. Britain Environment Agency.
[126] The Nature Conservancy, 2007. Indicators of hydrologic alteration version 7 user's manual [M].
[127] Vannote R L, Minshall G W, Cumminus K W, et al., 1980. The river continuum concept [J]. Canadian Journal of Fisheries and Aquatic Science, 37: 130 - 137.
[128] Wilhelm J G O, Allan J D, Wessell K J, et al., 2005. Habitat assessment of non - wadeable rivers in Michigan [J]. Environmental Management, 36 (4): 592 - 609.
[129] Zohar Y, Mylonas C C, 2001. Endocrine manipulations of spawning in cultured fish: from hormones to genes [J]. Aquaculture, 197 (1): 99 - 136.
[130] Zuther S, Schulz H K, Lentzen - Godding A, et al., 2005. Development of a habitat suitability index for the noble crayfish Astacus astacus using fuzzy modelling [J]. Bulletin Français de la Pêche et de la Pisciculture, (376 - 377): 731 - 742.

索　引

《大国重器　中国超级水电工程·锦屏卷》编辑出版人员名单

总责任编辑　营幼峰

副总责任编辑　黄会明　王志媛　王照瑜

项目负责人　王照瑜　刘向杰　李忠良　范冬阳

项目执行人　冯红春　宋　晓

项目组成员　王海琴　刘　巍　任书杰　张　晓　邹　静
　　　　　　李丽辉　夏　爽　郝　英　李　哲

《水生生态保护研究与实践》

责任编辑　邹　静
文字编辑　邹　静
审稿编辑　王照瑜　柯尊斌　方　平
索引制作　蒋　红
封面设计　芦　博
版式设计　吴建军　孙　静　郭会东
责任校对　梁晓静　张伟娜
责任印制　崔志强　焦　岩　冯　强
排　　版　吴建军　孙　静　郭会东　丁英玲　聂彦环

Contents

cated to the publication of this book. We hereby present devout thanks to all of them!

We are fully aware that there are still shortcomings, flaws and mistakes in this monograph, and we sincerely invite our readers to criticize and correct us.

Authors

December 2020

Jinping's Big Bend, and ecological operation of cascade hydropower stations, respectively. The contents of Chapter 4, 5, 6, 7, and 8 include the status quo, research approaches and key points, engineering practice and application, and the effects of practice and application. Chapter 9 summarizes the entire book and proposes prospects.

Chapter 1 is written by Liu Jie, Li Ge, and Jiang Hong, Chapter 2 by Liu Jie and He Yueping, Chapter 3 by Liu Jie, Lang Jian, and Liu Meng, Chapter 4 by Ji Xiaopan, He Yueping, and Jiang Hong, Chapter 5 by Liu Shengyun, Liu Yuan, and You Xiang, Chapter 6 by Tang Jiantao, Zhang Hongwei, Lang Jian, Kang Zhaojun, and Wen Dian, Chapter 7 by Liu Meng and Liu Yuan, Chapter 8 by Ji Xiaopan and Peng Jintao, and Chapter 9 by Jiang Hong, Peng Jintao, and Liu Jie. The planning of this book is conducted by Jiang Hong, Zhou Zhong, and Liu Jie, and its final compilation by Jiang Hong and Liu Jie. The whole book is reviewed by Professor Li Kefeng from Sichuan University.

Results cited in this book mainly come from the feasibility study of Jinping - 1 Hydropower Station, all designs in construction drawings from bidding stage, and research accomplishments from the completion acceptance of environmental protection study for Jinping - 2 Hydropower Station. These results are acquired from the collaboration among Institute of Hydroecology, MWR&CAS, Yangtze River Fisheries Research Institute of Chinese Academy of Sciences (YFI), Sichuan University, Sichuan Academy of Agricultural Sciences, Southwest University, and other fellow institutes. Specifically, the research project for Jinping - 1 Hydropower Station during construction stage is sponsored by Yalong River Hydropower Development Company, LTD. The formulation of every achievement attributes to the strong support and assistance of eco - environment management departments at all levels, China Renewable Energy Engineering Institute (CREEI), and the construction corporation, Yalong River Hydropower Development Company, LTD. We hereby express sincere gratitude to the above institutes and corporations!

Moreover, leaders and colleagues at all levels from Power China Chengdu Engineering Corporation Limited have given substantial support and help during the compilation of this book. China Water & Power Press has also dedi-

area of 128400km^2, and an average annual flow of 1860m^3/s at the estuary. Jinping's cascade – I hydropower station is a controlled cascade power station in the lower reach of the Yalong River mainstream. It adopts dam – type development, with a maximum dam height of 305m, a normal water level of 1880m, and a storage capacity of 7.76 billion m^3. The power station performs annual regulatory function, with an installed capacity of 3600MW. Jinping Hydropower Station is a large – scale water conservancy and hydropower engineering project, which mainly functions to generate power while also serving comprehensive benefits of sediment retention, flood storage, and energy storage. In September 2005, the construction of Jinping Hydropower Station was officially approved to commence. In December 2006, mainstream closure was achieved. In August 2013, the first group of generator units of Jinping – 1 Hydropower Station began to generate electricity. In August 2014, Jinping – 1 Reservoir reached the normal water level of 1880m and was put into normal operation.

This book is compiled based on years of achievements from research, design, and assessment. It consists of nine chapters. Chapter 1, Introduction, introduces the basic concept of river aquatic ecosystem, the course of hydropower developments and aquatic ecological conservation, and the significance of aquatic ecological conservation in Jinping River. Chapter 2 presents a regional overview of Yalong River and Jinping River reach, the scale and characteristics of Jinping project, as well as geomorphic features, river systems, soil and vegetation conditions and other environmental backgrounds of the project. Chapter 3 establihses the principles and key measures of aquatic ecological conservation measure system on the basis of assessing the impacts of hydropower engineering activities on local aquatic ecology and determining the target species of conservation. The five key measures of aquatic ecological conservation identified in this chapter include: eco – hydrological process maintenance, structure of water temperature and stratified water intake for reservoirs, fish restocking and releasing, habitat conservation for Jinping's Big Bend, and ecological operation. Chapter 4, 5, 6, 7, and 8 expound on topics of eco – hydrological process maintenance, influences of water temperature in large reservoirs and stratified water intake, fish restocking and releasing, habitat conservation for fish in

Foreword

As the birthplace of human beings, rivers have nurtured human civilization. Meanwhile, rivers have also suffered from the disturbance and destruction by human activities. The conflict between the ecological strategic position and the service function of some rivers is becoming increasingly prominent. The healthy development of rivers has raised more and more attention and concern.

Great Powers – China Super Hydropower Projects (Jinping Volume) – Research and Practice of Aquatic Ecological Conservation is a summary of achievements from *Ecological Regulation Research about the Joint Operation of Cascade Hydropower Stations on Yalong River Basin*, *Aquatic Ecological Research for Yalong River*, *Study on Stratified Water Intake for Jinping – 1 Reservoir*, *Environmental Impact Assessment Documents for Jinping – 1 Hydropower Station*, and other research studies. Combining ecological theories and the practice of aquatic ecological conservation for Jinping – 1 Hydropower Station on Yalong River, we conduct systematic and in – depth research, which not only reinforces our understanding of aquatic ecological conservation, but also promotes the evolution of ecological conservation and restoration of hydropower developments. This book is both a summary and an extension of our research and practice.

Yalong River is the largest tributary of Jinsha River. It is called "Niyatqu" in Tibetan, meaning "water full of fish". This tributary is also one of the most hydropower – rich rivers in China. It originates from the southern foot of Bayan Kala Mountain, flows from northwest to southeast to Wali, and then from south to north; it turns southernly around Jinping Mountain to form the 150 – km – long Jinping's Big Bend, and eventually merges into the Jinsha River at Luoguo in Panzhihua City. Yalong River has a total length of 1,535km, a basin

I am glad to provide the preface and recommend this series of books to the readers.

Zhong Denghua
Academician of the Chinese Academy of Engineering
December 2020

mental protection. All these have technologically supported the successful construction of the Jinping - 1 Hydropower Station Project.

The Jinping - 1 Hydropower Station Project is located in an alpine and gorge region with steep topography, deep river valley, faults development, high in - situ stress, limited space and scarce social resources. I have led the team of TianjinUniversity to study on the "Key Technologies in Modeling and Analysis of Hydropower Engineering Geology" in the feasibility study stage of the Jinping - 1 Project. We have researched the theoretical method to model and analyze the hydropower engineering geology based on such engineering and technical issues as complex geological structure, great amount of information, real - time analysis and quick feedback in accordance with the engineering design and construction of major hydropower projects. Moreover, we have proposed a 3D unified modeling technology for hydropower engineering geology by coupling multi - source data, which wins the Second National Prize for Progress in Science and Technology. We have studied the "concrete construction quality and real - time control system for construction progress for high arch dam", proposed a dynamic acquisition system of dam construction information and a real - time control system for high arch dam concrete construction progress and an integrated system for high arch dam concrete construction information, and established a dynamic real - time control and warning mechanism for quality so that the dam construction quality and progress are always under control, providing technical support for the efficient and high - quality construction of Jinping - 1 Hydropower Station. I have visited the construction site for many times and remember the experience here vividly. Seeing the successful construction of Jinping - 1 Hydropower Station, I am deeply impressed by the hardships during the construction of Jinping - 1 Hydropower Station and proud of the great achievements.

This series of books, as a set of systematic and cross - discipline engineering books, is a systematic summary of the technical research and engineering practice of Jinping - 1 Hydropower Station by the designers of Chengdu Engineering Corporation Limited. I do believe that the publication of this series of books will be beneficial to the hydropower engineering technicians and make new contributions to the hydropower development.

charge and energy dissipation for high arch dam hub in narrow valley, safety monitoring analysis of high arch dams, and technical difficulties in research on and practice of aquatic ecosystem protection. Also, these books study the influence of deep cracks in the left bank on dam construction conditions, and establishes a rock body quality classification system under the influence of deep cracks. Moreover, the researchers propose the deformation stability analysis method for arch dam foundation controlled by the deformation coefficient of arch end, take measures to reinforce the arch dam resistance body, and also put forward the design concept and method for crack prevention of the arch dam structure. The researchers adopt the dissipated energy analysis method for surrounding rock stability, expanding analysis method for surrounding rock failure and long - term stability analysis method, reveal the evolutionary mechanism of progressive failure of surrounding rock of underground powerhouse and evaluate the long - term stability and safety of underground cavern surrounding rocks. For flood discharge and energy dissipation of high arch dams, the researchers propose and realize the energy dissipation technology by means of outflowing by multiple outlets without collision, which significantly reduces the effects of flood discharge atomization, and develop the method to mitigate aeration through super high - flow spillway tunnels and dissipate energy through dovetail - shaped flip buckets. The feedback analysis is performed for the working behavior safety monitoring of high arch dams and safety evaluation is conducted for the deformation and stress behavior during the operation period. Also, a safety monitoring system is established for the working behavior of the super high arch dam during the initial impoundment period and operation period. Jinping - 1 Hydropower Station sets up the environmental protection consciousness of "ecological priority without exceeding the bottom line", adheres to the social consensus of "harmonious coexistence between human - beings and the nature", coordinates the relationship between hydropower development and ecological protection and plans the ecological optimization and scheduling, long - term tracking monitoring and dynamic adjustment of countermeasures, which solves the difficulties in the significant hydro - fluctuation reservoir and protection of aquatic organisms in the Yalong River bent section, and actively promotes the sustainable development of ecological and environ-

Such hydropower projects with high arch dams were designed and completed at the beginning of the 21st century, including Jinping - 1, Xiluodu and Dagangshan ones. In addition, the high arch dams of Yebatan and Mengdigou were designed. Among them, the Jinping - 1 Hydropower Station, with the highest arch dam all over the world, is faced with quite complex engineering geological conditions and the greatest difficulty in foundation treatment. Also, the Xiluodu Hydropower Station is provided with the most flood discharge outlets on the dam body and the largest flood discharge capacity and the greatest difficulty in the design of arch dam structure. The seismic fortification horizontal acceleration of Dagangshan Project is $0.557g$, which is the most difficult in seismic design of arch dam. PowerChina Chengdu Engineering Corporation Limited has a complete set of core technologies in the design of arch dam shape, anti - sliding stability of arch dam abutment, aseismic design of arch dam, foundation treatment and design of arch dam under complex geological conditions, flood discharge and energy dissipation design of hub, temperature control and structure crack prevention design and three - dimensional design. It is bestowed with the international - leading design technology of high arch dams.

The Jinping - 1 Hydropower Station, with the highest arch dam all over the world, is located in a region with complex engineering geological conditions. Thus, it is faced with great technical difficulty. Chengdu Engineering Corporation Limited is brave in innovation and never stops. For the key technical difficulties involved in Jinping - 1 Hydropower Station, it cooperates with famous universities and scientific research institutes in China to carry out a large number of scientific researches during construction, make scientific and technological breakthroughs, and solve the major technical problems restricting the construction of Jinping - 1 Hydropower Station in combination with the on - site construction and geological conditions. In the series of books under the National Press Foundation, including *Great Powers - China Super Hydropower Project (Jinping Volume)*, the researchers summarize the major engineering geological difficulties in Jinping - 1 Hydropower Station, key technologies for design of super high arch dams, surrounding rock failure and deformation control for underground powerhouse cavern group, key technologies for flood dis-

Preface Ⅱ

The Yalong River extends for thousands of miles and the construction of high dams is vigorously developing. The Yalong River originates from the snow-covered mountains of the Qinghai - Tibet Plateau and flows into the deep valleys and ravines of the folded belt of the Hengduan Mountains after joining with many streams and rivers. It rushes down with majestic grandeur and magnificence and meets the world's highest dam in the great river bay of Jinping Mountains on Panxi Region, forming an area with high gorges and flat lakes, which is known as the Jinping - 1 Hydropower Station. Among the existing dam types, the arch dam transmits the water thrust to the mountains on both sides of the river through the pressure arch by making full use of the high compressive strength of concrete. It has a good loading and adjustment ability, which, to some extent, can adapt to the changes of complex geological conditions, structural form and load case. The arch dam is featured by good anti - seismic property, small work quantities and economical investment as well as strong overload capacity and favorable economic security. Jinping - 1 Hydropower Station is located in an alpine and gorge region, the rock body of dam foundation rock is dominated by marbles and the upper elevation part of left bank is composed of sandstones and slates, with the width - to - height ratio of the valley being 1. 64. Therefore, a concrete double - arch dam is the best choice.

Currently, the design and construction technology of high arch dams has gained rapid development. PowerChina Chengdu Engineering Corporation Limited designed and completed the Ertan and Shapai High Arch Dams at the end of the 20th century. The Ertan Dam, with a maximum dam height of 240m, is the first concrete dam reaching 200m in China. The roller compacted concrete dam of Shapai Hydropower Station, with a maximum dam height of 132m, was the highest roller compacted concrete arch dam all over the word at that time.

arch dam hub in narrow valley, safety monitoring analysis of high arch dams, and design & scientific research achievements from the research on and practice of aquatic ecosystem protection. These books are deep in research and informative in contents, showing theoretical and practical significance for promoting the design, construction and development of super high arch dams in China. Therefore, I recommend these books to the design, construction and management personnel related to hydropower projects.

Ma Hongqi
Academician of the Chinese Academy of Engineering
December 2020

and warning system during engineering construction, water storage and operation period. Aquatic ecosystem protection in the development and construction of hydropower stations, especially which of Yalong River Bent Section at Jinping Site, is of great significance. This research elaborates the ecological and environmental protection issues including the maintenance of eco – hydrological process, the influence of water temperature in large reservoirs, water intake by layers, fish enhancement and releasing, the protection of fish habitat in Yalong River Bent at Jinping site, and the ecological operation of cascade power station. The main technological research achievements of Jinping – 1 Hydropower Station reach the international leading level. The engineering design and scientific research project of Jinping – 1 Hydropower Station have won one National Award for Technological Invention, 5 National Prizes for Progress in Science and Technology, 16 first or special prices at provincial or ministerial level for progress in science and technology, and 12 first prizes at provincial or ministerial level for excellent design. Jinping – 1 Hydropower Station was awarded the title of "highest dam" by Guinness World Records in 2016, and won Zhan Tianyou civil engineering award in 2017, FIDIC Project Awards for Outstanding Achievements in 2018, and the National Quality Engineering Gold Award in 2019. The Jinping – 1 Hydropower Station has been operating safely for 6 years, and its innovative technological achievements have been popularized and applied in many hydropower projects such as Dagangshan, Wudongde, Baihetan and Yebatan ones. Jinping – 1 Hydropower Station is considered as a new milestone in the construction of high arch dams, especially those with a height of about 300m.

As the leader of the expert group under the special advisory group for the construction of Jinping – 1 Hydropower Station, I have witnessed the whole construction progress of Jinping – 1 Hydropower Station. I am glad to see the compilation and publication of the National Press Foundation – *Great Powers – China Super Hydropower Project (Jinping Volume)*. This series of books summarize the study on major engineering geological difficulties in Jinping – 1 Hydropower Station, key technologies for design of super high arch dams, surrounding rock failure and deformation control for underground powerhouse cavern group, key technologies for flood discharge and energy dissipation for high

River Bent where the geological conditions are extremely complex. It encounters with major engineering geological challenges like regional stability, influence of deep cracks on the dam construction conditions, selection of engineering geological characteristics and parameters of rock body, stability of super high arch dam foundation rock and deformation & failure of underground cavern. The dam foundation is developed with lamprophyre vein and multiple large - scale faults and other fractured weak zones. The rock body on left bank is strongly unloaded due to the influence of specific structure and lithology. The large unloading depth and the development of deep cracks bring unprecedented challenges to the deformation control of arch dam foundation, reinforcement treatment and structural crack prevention design. The researchers put forward the optimize method of arch dam shape under complex geological conditions, propose the dam foundation reinforcement design technology of deformation resistance coefficient at arch end, and analyze and evaluate the influence of long - term deformation of side slope on arch dam structure. For the underground powerhouse cavern group, this research focuses on the failure of surrounding rock and time - dependent deformation caused by extremely low strength - stress ratio and poor geological structure, and analyzes the rock characteristics of triaxial loading - unloading and rheology, reveals the evolutionary mechanism of progressive failure of surrounding rock of underground powerhouse, and proposes a complete set of technologies to stabilize and control the deformation of surrounding rock of underground cavern group. The flood discharge and energy dissipation of high arch dam through collision has solved the difficulty involved in flood discharge and energy dissipation for high arch dam. However, the flood discharge atomization endangers the normal operation of E & M equipment and the stability of side slope. The research puts forward the energy dissipation technology by means of outflowing by multiple outlets without collision, which significantly reduces the effects of flood discharge atomization on bank slope. Under such complex environments as high waterhead, high seepage pressure, continuous deformation of high side slope at the dam abutment on the left bank and complicated geological conditions, the difficulties in safety monitoring and warning technology exceeds those in the existing projects at home and abroad. The research has been completed for safety monitoring

Arch dams are famous for their reasonable structure, beautiful shape, high safety capacity and small work quantities. When the geological conditions permit, an arch dam is usually preferred where a high dam is built over a narrow valley with a width - to - height - ratio less than 3. From the construction of Meishan Multi - arch Dam in 1950s to the end of the 20th century, China had completed 11 concrete arch dams with a height of more than 100m, accounting for half of the total arch dams in the world, ranking first all over the world. The Ertan Double - arch Dam completed in 1999 with a dam height of 240m ranks the fourth throughout the world, indicating that Chinese high arch dams have reached the international advanced level in terms of design & construction. Hydropower works in China have been rapidly developed in the 21st century. Currently, a number of high arch dams with a height of about 300m have been available, including Xiaowan Project with a dam height of 294. 5m, Jinping - 1 Project with a dam height of 305. 0m and Xiluodu Project with a dam height of 285. 5m. These projects not only have the characteristic of high dam height, large reservoir and large dam body volume, but also the flood discharge power and installed capacity scale are among the best in the world, which indicates that China's high arch dam design & construction technology has reached the international leading level.

The Jinping - 1 Hydropower Station is one of the most challenging hydropower projects, and developing Yalong River Bent at Jinping site has been the dream of several generations of Chinese hydropower workers. Jinping - 1 Hydropower Station is characterized by alpine and gorge region, high arch dam, high waterhead, high side slope, high in - situ stress and deep unloading. It is a huge hydropower project with the most complicated geological conditions, the worst construction environment and the greatest technological difficulty, ranking the first in the world in terms of arch dam height, complexity of super high arch dam foundation treatment, energy dissipation without collision between surface spillways and deep level outlets, deformation control for underground cavern group under low ratio of high in - situ stress to strength, height of hydropower station intakes where water is taken by layers and overall layout for construction of super high arch dam in alpine and gorge region. Jinping - 1 Hydropower Station is situated in the deep alpine and gorge region of Yalong

Preface Ⅰ

The wonderful motherland, beautiful mountains and rivers, peaks rising one higher than another. The Yalong River, as originating from the southern foot of the Bayan Har Mountains which are characterized by range upon range of pinnacles, runs along the Hengduan Mountains, experiencing ups and downs all the way and joining Jinsha River from north to south. Jinping - 1 Hydropower Station, located in Liangshan Yi Autonomous Prefecture, Sichuan Province, is the controlled reservoir cascade in the middle and lower reaches of Yalong River developed and planned for hydropower. Jinping - 1 Hydropower Station is huge in scale, and is a super hydropower project in China, with total install capacity of 3600MW and annual power generation capacity of 16.62 billion kWh. With a height of 305.0m, the dam is the highest arch dam in the world. The reservoir is provided with a full supply level of 1880.00m. The Jinping - 1 Hydropower Station is bestowed with annual regulation performance. The construction of Jinping - 1 Hydropower Station focuses on the concepts of "green Jinping, ecological Jinping and scientific Jinping" . Mainly for power generation, Jinping - 1 Hydropower Station stores water in flood season and mitigates the flood control burdens on the middle and lower reaches of the Yangtze River. Also, it can improve the downstream navigation, sediment retaining and ecological environment protection and other comprehensive benefits. The "Jinguan Direct Current Transmission" Project composed of Jinping - 1, Jinping - 2 Hydropower Stations and Guandi Hydropower Station, is the key of West - East Electricity Transmission Project, which can realize the optimal allocation of power resources throughout China. The completion of the station has improved the external and internal traffic conditions of the reservoir area, completed the development of resettlement and supporting works construction, and promoted the development of local energy, mineral and agricultural resources.

Informative Abstract

Research and Practice of Aquatic Ecological Conservation is a fascicule of *Great Powers – China Super Hydropower Project* (*Jinping Volume*), a National Press Foundtion Project. This fascicule sorts and concludes the major impacts of hydropower projects on local aquatic ecology upon the study of Yalong River basin, specifically the environmental background and characteristics of the aquatic ecosystem in Jinping River reach. The fascicule establishes a system of aquatic ecological conservation measures through analyzing primary problems and summarizing over a decade of practical experiences in the ecological conservation for Jinping Project. This fascicule also delves deeply into the key technological achievements of different measures, including maintenance of eco – hydrological processes, forecasting of the influences of water temperature in large reservoirs and water intake by layers, fish restocking and releasing, habitat conservation for fish in the Yalong River Bent at Jingping site, ecological operation for cascade hydropower stations, and other measures. Jinping Project, a critical engineering project of the "West – East – Electricity Transmission" of China's Western Development, has brought forth major, groundbreaking measures for aquatic conservation in China, pioneering the perpetual exploration and evolution of aquatic ecological conservation.

Research and Practice of Aquatic Ecological Conservation provides case studies for researchers in environmental sciences, environmental engineering, ecology, water conservancy and hydropower engineering, as well as many other fields, and serves as a reference for environmental protection department, water resources management department or other relevant administration departments, and for managers of hydroelectric enterprises.

Great Powers -China Super Hydropower Project

(*JinPing Volume*)

Research and Practice of Aquatic Ecological Conservation

Jiang Hong Liu Jie Lang Jian He Yueping et al.

· Beijing ·